生态学研究

广西北部湾典型海洋生态系统
——现状与挑战

范航清　黎广钊　周浩郎　等　著

科学出版社
北京

内 容 简 介

本书根据"广西重点生态区综合调查"和"广西红树林和珊瑚礁等重点生态系统综合评价"两个专项的工作成果，并结合以往的工作成果编写而成，反映了广西红树林研究中心多年来对广西红树林、珊瑚礁和海草床所开展的系统和综合的研究成果，包括广西北部湾滨海典型海洋生态系统的环境与生态、威胁与压力、利用与保护、变化与动态等方面的内容。

本书读者对象为海洋、林业、环保等部门的管理人员、科研人员，自然保护区工作人员、环保志愿者以及关注广西滨海湿地的人士。

图书在版编目(CIP)数据

广西北部湾典型海洋生态系统：现状与挑战/范航清，黎广钊，周浩郎等著.—北京：科学出版社，2015

（生态学研究）

ISBN 978-7-03-043618-4

Ⅰ.①广… Ⅱ.①范… ②黎… ③周… Ⅲ.①北部湾-海洋-生态系-研究-广西 Ⅳ.①Q178.53

中国版本图书馆 CIP 数据核字(2015) 第 045575 号

责任编辑：王海光 马 俊／责任校对：郑金红
责任印制：肖 兴／封面设计：北京铭轩堂广告设计有限公司

科 学 出 版 社 出版
北京东黄城根北街 16 号
邮政编码：100717
http://www.sciencep.com

北京厚诚则铭印刷科技有限公司 印刷
科学出版社发行 各地新华书店经销
*

2015 年 3 月第 一 版 开本：787×1092 1/16
2015 年 3 月第一次印刷 印张：16 1/2 插页：10
字数：420 000

POD定价：98.00元
（如有印装质量问题，我社负责调换）

《生态学研究》丛书专家委员会

主 任
李文华

专家委员会成员
（按拼音排序）

包维楷　陈利顶　陈亚宁　程积民　戈　峰
梁士楚　林光辉　刘世荣　吕永龙　吕宪国
闵庆文　欧阳志云　彭少麟　孙　松　王友绍
吴文良　解　焱　薛达元　于贵瑞　张金屯
张润志

本书著者名单
（按姓氏汉语拼音排序）

曹庆先　戴培建　范航清　葛文标
何斌源　兰国宝　黎广钊　梁　文
莫竹承　邱广龙　吴　斌　曾　聪
周浩郎

丛 书 序

生态学是当代发展最快的学科之一，其研究理论不断深入、研究领域不断扩大、研究技术手段不断更新，在推动学科研究进程的同时也在改善人类生产生活和保护环境等方面发挥着越来越重要的作用。生态学在其发展历程中，日益体现出系统性、综合性、多层次性和定量化的特点，形成了以多学科交叉为基础，以系统整合和分析并重、微观与宏观相结合的研究体系，为揭露包括人类在内的生物与生物、生物与环境之间的相互关系提供了广阔空间和必要条件。

目前，生态系统的可持续发展、生态系统管理、全球生态变化、生物多样性和生物入侵等领域的研究成为生态学研究的热点和前沿。在生态系统的理论和技术中，受损生态系统的恢复、重建和补偿机制已成为生态系统可持续发展的重要研究内容；在全球生态变化日益明显的现状下，其驱动因素和作用方式的研究备受关注；生物多样性的研究则更加重视生物多样性的功能，重视遗传、物种和生境多样性格局的自然变化和对人为干扰的反应；在生物入侵对生态系统的影响方面，注重稀有和濒危物种的保护、恢复、发展和全球变化对生物多样性影响的机制和过程。《国家中长期科学和技术发展规划纲要（2006—2020年）》将生态脆弱区域生态系统功能的恢复重建、海洋生态与环境保护、全球环境变化监测与对策、农林生物质综合开发利用等列为生态学的重点发展方向。而生态文明、绿色生态、生态经济等成为我国当前生态学发展的重要主题。党的十八大报告把生态文明建设放在了突出的地位。如何发展环境友好型产业，降低能耗和物耗，保护和修复生态环境；如何发展循环经济和低碳技术，使经济社会发展与自然相协调，将成为未来很长时间内生态学研究的重要课题。

当前，生态学进入历史上最好的发展时期。2011年，生态学提升为一级学科，其在国家科研战略和资源的布局中正在发生重大改变。在生态学领域中涌现出越来越多的重要科研成果。为了及时总结这些成果，科学出版社决定陆续出版一批学术质量高、创新性强的学术著作，以更好地为广大生态学领域的从业者服务，为我国的生态建设服务，《生态学研究》丛书应运而生。丛书成立了专家委员会，以协助出版社对丛书的质量进行咨询和把关。担任委员会成员的同行都是各自研究领域的领军专家或知名学者。专家委员会与出版社共同遴选出版物，主导丛书发展方向，以保证出版物的学术质量和出版质量。

我荣幸地受邀担任丛书专家委员会主任，将和委员会的同事们共同努力，与出版社紧密合作，并广泛征求生态学界朋友们的意见，争取把丛书办好。希望国内同行向丛书踊跃投稿或提出建议，共同推动生态学研究的蓬勃发展！

丛书专家委员会主任
2014年春

本书序

广西北部湾是我国南方美丽富饶的一片海,这里有蜿蜒曲折1628.6 km的海岸线,还有被誉为"南国蓬莱"的涠洲岛与斜阳岛。大自然慷慨地给华南的这片海域馈赠了丰富的资源,其中有重要的海洋生态系统——红树林、海草床和珊瑚礁等,它们构成了这片海域所拥有的较高生物多样性和生产力的根基,具有独特的生态功能并提供不可替代的生态服务,因此与人类的命运和发展息息相关。多年来,在与这些典型海洋生态系统的互动中,人类获益良多。它们是人类赖以生存和饕餮美食的金饭碗,是财源不断的自然银行,是坚忍不拔的海岸卫士,是赏心悦目的天然美景……它们的存在,构成了人类繁衍生息的物质基础,启迪了人类与自然和谐相处的智慧,促进了人类社会的发展进步。

然而,人类发展所导致的日益增长的需求,加重了广西的红树林、海草床和珊瑚礁等典型海洋生态系统所面临的压力和威胁,这些源于人类对它们的过度索取和片面短视的不合理利用。如何在谋求社会经济发展的同时,维持广西沿海固有的红树林、海草床和珊瑚礁等典型海洋生态系统并加以可持续的利用以造福人类,是我们所面临的亟待解决的紧迫课题。多年来,广西红树林研究中心在这些方面开展了系统和综合的研究工作,积累了大量数据,建立了相关理论,开发了应对技术并提出了解决之道。为了更深入地认识广西沿海的红树林、海草床和珊瑚礁等典型海洋生态系统,了解其动态与发展,广西国土资源厅"908"专项办公室特别设置了"广西重点生态区综合调查"专项任务和"广西红树林和珊瑚礁等重点生态系统综合评价"专项任务,由广西红树林研究中心牵头承担。该书即是广西红树林研究中心以往工作成果的提炼和执行该项任务的总结。

该书全景式地描绘了包括红树林、海草床和珊瑚礁等典型海洋生态系统在内的广西滨海湿地,涵盖了广西滨海湿地中典型海洋生态系统的环境、资源、生物多样性、功能与服务、演变发展、利用保护等方方面面的内容,体现了广西红树林研究中心20多年来致力于发展广西滨海湿地科学的成就。

生态文明建设任重道远,需要全社会的共同参与和科学的指引。该书的撰写,体现了广西红树林研究中心的工作人员在建设生态文明过程中的坚持,凝聚了广西红树林研究中心工作人员的辛劳、智慧和科学精神,反映了包括广西海洋局在内的政府部门对生态文明建设的重视、支持和引领。

该书有助于科学地认识广西北部湾典型海洋生态系统,可供有关管理者、科研人员、利益相关者和感兴趣的人士等阅读。

2014年6月14日

前　言

红树林、海草床和珊瑚礁是三类重要的海洋生态系统。

红树是生长在热带和亚热带咸水海岸生境中的乔木植物和灌木植物，主要分布于北纬25°到南纬25°之间，存在于118个国家和地区。红树林指的是由红树及其生境构成的生态系统。

海草是生长在海洋咸水环境中的开花植物，海草可大量生长成为草场，构成海草生态系统。

珊瑚礁是由珊瑚所分泌的碳酸钙所形成的水下构造，多由造礁石珊瑚的水螅体的骨骼经长年的生长而形成。珊瑚是一类聚集生长的称为水螅的一群腔肠动物。珊瑚礁常被称为"海中的热带雨林"，它形成了地球上最多样化的生态系统，仅占0.1%的海洋面积，却容纳了25%的海洋生物种类。

广西北部湾是一个半封闭的海湾，面积不大，却紧凑地分布了红树林、海草床和珊瑚礁三个重要的海洋生态系统。广西红树林广布于河口和海湾，其外通常生长着海草。广西的珊瑚礁分布于涠洲岛和斜阳岛，那里是北部湾内珊瑚礁分布的北缘。红树林、珊瑚礁、海草床构成了广西近岸海域的重要的特色自然资源。红树林享有"海岸卫士"、"海水净化器"、"海底森林"等美誉，珊瑚礁被称为"热带海洋沙漠中的绿洲"、"海洋中的热带雨林"，海草床被喻为"海洋牧场"和"海底草原"。红树林、珊瑚礁、海草床三大海洋生态系统是许多海洋生物，尤其是鱼、虾、蟹、贝类的优良繁殖场所，为在深水区活动的海洋生物提供了支持。

近二三十年来，不合理的海洋资源和海岸带开发、围填海工程、过度捕捞、陆源污染、全球气候变化、海平面上升、海水温度升高等人类活动和自然环境变化对海洋生态系统造成了巨大影响和严重破坏，广西三大海洋生态系统发生了退化且仍处在威胁中。

本书根据广西海洋局下达的"广西重点生态区综合调查"和"广西红树林和珊瑚礁等重点生态系统综合评价"两个"908"专项的工作成果，结合以往的工作成果编写而成，反映了广西红树林研究中心多年来对广西红树林、珊瑚礁和海草床所开展的系统和综合的研究成果，客观地反映了广西北部湾典型海洋生态系统现状、发展和变化，探讨了造成这些变化的原因，提出了应对广西北部湾典型海洋生态系统可持续发展所面临的挑战需要采取的对策和措施。

撰写此书的目的，在于总结广西红树林研究中心多年来针对广西北部湾典型海洋生态系统所开展的工作，为正在实施广西北部湾经济区发展战略中的广西沿海地区制订社会经济发展计划提供科学依据，为广西沿海地区社会与环境的协调和可持续发展提出想法和建议，为发现和解决有关广西北部湾典型海洋生态系统的科学问题提供数据，为开展跨国界的海洋生物多样性保护的国际合作提供科技支撑，为体现国家履行有关环境保护的国际公约提供证据，为生态文明建设奉献应尽的义务和能量。

本书的撰写与出版，得到了广西海洋局的大力支持与鼓励，得到了"广西红树林保护与利用重点实验室建设项目"和"广西海洋生物产业人才小高地建设项目"的支持，在此一并致谢。

本书的撰写，体现了作者的努力、知识、智慧及致力于广西北部湾典型海洋生态系统可持续发展的多年工作的坚持与积累，集有关广西北部湾典型海洋生态系统研究的最新资料和相关研究成果而成，以飨读者。

如本书有不足或疏漏，请同行与读者不吝指正。

著　者

2014 年 9 月

目 录

丛书序
本书序
前言
概述 ··· 1
第一章 广西沿海的气候与水文特征概述 ·· 4
    第一节 气候 ··· 4
        一、气候概况 ··· 4
        二、海洋水文 ··· 5
        三、陆地水系 ··· 6
    第二节 地理地貌 ··· 7
        一、近岸浅海地貌类型简述 ·· 7
        二、海岸线类型概述 ·· 8
第二章 广西海岸带滨海湿地 ··· 9
    第一节 广西海岸带滨海湿地的类型 ·· 9
    第二节 广西海岸带滨海湿地的面积分布 ··· 9
    第三节 广西海岸带滨海湿地及其空间分布 ·· 11
        一、自然湿地及其空间分布 ·· 11
        二、人工湿地及其空间分布 ·· 14
        三、广西海岛滨海湿地 ··· 15
第三章 广西典型海洋生态系统的环境特征 ··· 24
    第一节 典型生态系统的地貌特征 ·· 24
        一、红树林区地貌特征 ··· 24
        二、珊瑚礁区地貌特征 ··· 24
        三、海草床地貌特征 ·· 26
    第二节 典型生态系统的化学特征 ·· 26
        一、广西红树林海水化学特征 ··· 26
        二、广西红树林沉积化学特征 ··· 37
        三、广西红树林环境质量评价 ··· 40
        四、红树林生态区环境质量综合评价 ·· 46
        五、广西海草海水化学特征 ·· 51
        六、广西海草沉积化学特征 ·· 59
        七、广西海草生境环境质量评价 ·· 59

　　　　　八、广西珊瑚礁海水化学特征 ································· 64
　　　　　九、广西珊瑚礁环境质量评价 ································· 72

第四章　广西典型海洋生态系统的资源与分布现状 ······················· 81
　　第一节　红树林 ·· 81
　　　　　一、种类与群落类型 ··· 81
　　　　　二、红树林的面积与分布 ····································· 111
　　　　　三、人工红树林资源分布状况 ································· 116
　　第二节　海草床 ··· 123
　　　　　一、海草种类与群落类型 ····································· 123
　　　　　二、广西海草床的季节动态 ··································· 133
　　　　　三、广西主要海草床的密度与生物量 ························· 135
　　　　　四、广西海草床的分布 ······································· 139
　　第三节　珊瑚礁 ··· 142
　　　　　一、珊瑚的种类 ··· 142
　　　　　二、珊瑚礁分布面积 ·· 146
　　　　　三、珊瑚种群结构及其分带特征 ······························ 147
　　　　　四、珊瑚的死亡状况 ·· 152
　　　　　五、珊瑚的白化状况和受损害状况 ···························· 153

第五章　广西典型海洋生态系统的生物多样性 ·························· 156
　　第一节　鱼类浮游生物 ··· 156
　　　　　一、鱼卵和仔稚鱼种类组成 ··································· 156
　　　　　二、三个典型生态区鱼卵和仔稚鱼种类组成特点 ············ 157
　　　　　三、鱼卵及仔稚鱼的季节变化 ································ 158
　　　　　四、鱼卵及仔稚鱼种类分布及其生物密度 ···················· 160
　　　　　五、鱼卵及仔稚鱼常见种和新记录种的分布 ·················· 162
　　第二节　浮游生物 ·· 164
　　　　　一、浮游植物 ··· 164
　　　　　二、浮游动物 ··· 168
　　第三节　大型底栖生物 ·· 173
　　第四节　其他生物 ·· 176

第六章　广西典型海洋生态系统演化趋势与主要影响因素 ·············· 179
　　第一节　资源与环境演化趋势 ······································ 179
　　　　　一、红树林生态系统 ·· 179
　　　　　二、海草生态系统 ·· 180
　　　　　三、珊瑚礁生态系统 ·· 181
　　第二节　广西典型海洋生态系统退化的主要因素 ··················· 183

　　　　　　　　一、自然因素 …………………………………………………… 183
　　　　　　　　二、人为因素 …………………………………………………… 191
第七章　广西典型海洋生态系统保护恢复与管理回顾（近20年） ……………… 199
　　　　保护区机构与主要行动 ……………………………………………… 199
　　　　　　　　一、红树林保护与恢复 ………………………………………… 199
　　　　　　　　二、海草保护与恢复 …………………………………………… 207
　　　　　　　　三、珊瑚礁保护与监测 ………………………………………… 209
第八章　典型海洋生态系统的作用 ……………………………………………… 211
　　第一节　红树林生态系统服务功能分类 …………………………………… 211
　　　　　　　　一、资源功能 …………………………………………………… 211
　　　　　　　　二、环境功能 …………………………………………………… 213
　　　　　　　　三、人文功能 …………………………………………………… 214
　　第二节　红树林生态系统服务功能价值 …………………………………… 215
　　　　　　　　一、广西红树林的资源价值 …………………………………… 216
　　　　　　　　二、广西红树林的环境价值 …………………………………… 217
　　　　　　　　三、广西红树林的非使用价值 ………………………………… 220
　　　　　　　　四、广西红树林生态系统服务功能价值 ……………………… 220
　　第三节　珊瑚礁生态系统服务功能 ………………………………………… 221
　　　　　　　　一、维持海洋生态平衡、生物多样性功能 …………………… 221
　　　　　　　　二、珊瑚礁生态系统的美学景观、生态旅游功能 …………… 222
　　　　　　　　三、珊瑚礁生态系统的生态功能 ……………………………… 222
　　　　　　　　四、科研教育、科普功能 ……………………………………… 222
　　第四节　珊瑚礁生态系统的功能价值 ……………………………………… 223
　　　　　　　　一、珊瑚礁生态系统海洋渔业 ………………………………… 223
　　　　　　　　二、珊瑚礁生态系统生态旅游 ………………………………… 223
　　第五节　海草生态系统服务功能 …………………………………………… 224
第九章　广西典型海洋生态系统的保护、恢复与利用对策 …………………… 226
　　第一节　保护与恢复建议 …………………………………………………… 226
　　　　　　　　一、红树林生态系统管理保护建议 …………………………… 226
　　　　　　　　二、珊瑚礁生态系统保护与管理建议 ………………………… 227
　　　　　　　　三、广西海草床的保护措施与对策 …………………………… 228
　　第二节　可持续利用建议 …………………………………………………… 234
　　　　　　　　一、主流化典型海洋生态系统保护和可持续利用 …………… 234
　　　　　　　　二、采取基于生态系统的综合管理和建立保护区网络 ……… 234
　　　　　　　　三、建设典型海洋生态系统保护和可持续利用的能力 ……… 234
　　　　　　　　四、鼓励利益相关者的多方参与 ……………………………… 235

　　　　五、创新实现典型海洋生态系统保护和可持续利用的财务机制……… 235
　　　　六、加强典型海洋生态系统保护和可持续利用交流、合作与协调…… 235
参考文献……………………………………………………………………… 236
附录　广西北部湾物种名录………………………………………………… 244
　　　　一、红树林种类名录…………………………………………………… 244
　　　　二、珊瑚种类名录……………………………………………………… 244
　　　　三、海草种类名录……………………………………………………… 246
图版
　　　　I　　正文彩图
　　　　II　 滨海湿地分布图
　　　　III　红树种类
　　　　IV　珊瑚礁种类
　　　　V　　海草种类
　　　　VI　工作照

概　述

广西海岸东起两广交界的洗米河口，西至中越边界的北仑河口，蜿蜒曲折，长 1628.6 km，有 6 条主要河流入海。大陆沿岸有海草（潮下水生层）、岩石性海岸、砂质海岸、粉砂淤泥质海岸、滨岸沼泽、红树林、海岸潟湖、河口水域等自然湿地和水库、养殖池塘、水田、盐田等人工湿地，面积共 186 691.81 hm^2，其中自然湿地占 62.45%，人工湿地占 37.55%。广西海岛主要有海草、滩涂湿地、滨岸沼泽、红树林沼泽、海岸潟湖和河口水域等自然湿地，其中滩涂湿地包括岩石性海岸、砂质海岸和粉砂淤泥质海岸和水库、水田、养殖池（海水）等人工湿地，总面积 48 438.19 hm^2，其中自然湿地占 67%，人工湿地占 33%。

广西沿海分布有红树林、珊瑚礁和海草床生态系统。

广西沿海有红树 13 科、17 属、18 种，其中红树科 3 属各 1 种，主要树种有白骨壤（*Avicennia marina*）、桐花树（*Aegiceras corniculatum*）、秋茄（*Kandelia obovata*）、红海榄（*Rhizophora stylosa*）、木榄（*Bruguiera gymnorrhiza*）等。主要分布在南流江口、大冠沙、铁山港湾、英罗湾、丹兜海、茅尾海、珍珠湾、防城江口及渔洲坪一带。红树林总面积 9197 hm^2，其中天然林 7412 hm^2，人工林 1785 hm^2。北海市的红树林面积为 3416 hm^2，钦州市为 3421 hm^2，防城港市为 2360 hm^2。广西红树林群落类型大致可分为 11 个群系，即白骨壤群系、桐花树群系、秋茄群系、红海榄群系、木榄群系、无瓣海桑群系、银叶树群系、海漆群系、海芒果群系、黄槿群系、老鼠簕、卤蕨、桐花树群系。白骨壤群系的面积最大，达 2276.1 hm^2。外来种无瓣海桑群系面积有 182.2 hm^2，其中北海无瓣海桑 5 hm^2，钦州无瓣海桑 177.2 hm^2。

广西的海草有 4 科、5 属、8 种，海草面积约 936 hm^2，主要分布在铁山港湾和防城港的珍珠湾，两个海湾的海草面积占广西海草总面积的 72%，其中铁山港湾的海草面积所占比例最大。铁山港湾和珍珠湾的主要海草种类分别为卵叶喜盐草和矮大叶藻。广西的海草群落类型共有 17 种，其中以喜盐草单生群落所占面积最大，达 763.6 hm^2。矮大叶藻群落、喜盐草群落、流苏藻群落、贝克喜盐草群落、矮大叶藻-贝克喜盐草群落、喜盐草-矮大叶藻-二药藻群落、喜盐草-矮大叶藻-羽叶二药藻群落为广西主要的海草群落类型，该 7 种群落共有 49 处，占全区海草分布点总数的 83.1%，面积为 903.4 hm^2，占广西海草总面积的 95.9%。

广西的珊瑚主要分布在涠洲岛和斜阳岛，有造礁石珊瑚 1 目、10 科、22 属、46 种，占珊瑚种类数的 73.3%；柳珊瑚占 17.3%；软珊瑚、群体海葵的种类较少，分别占 5.3%、4%。涠洲岛沿岸珊瑚分布的岸线长度约 19.84 km，面积约为 29.05 km^2。活石珊瑚平均覆盖度以涠洲岛为最高，为 17.60%；斜阳岛次之，为 4.67%；白龙尾最低，为 0.9%。涠洲岛活石珊瑚的平均覆盖度以西北面最高，东北面、东南面、北面、西南面沿岸浅海次之，分别为 25.3%、24.58%、17.58%、12.1%、8.45%。涠洲岛、斜阳岛珊瑚优势属是角蜂巢珊瑚属（*Favites*）、滨珊瑚属（*Porites*）、蔷薇珊瑚属（*Montipora*）。在科级的组成上，蜂巢珊瑚科（Faviidae）、滨珊瑚科（Poritidae）、鹿角珊瑚科（Acroporidae）为优势类群，其科级重要值百分比分别为41.780%、24.908%、16.172%。涠洲岛、斜阳岛珊瑚优势属主要以块状珊瑚为主，与其他印度-太平洋区的热带珊瑚礁以枝状的鹿角珊瑚为优势种不同。

广西"908"专项调查记录的广西重点生态区的浮游植物种类有63种，硅藻为优势类群。在近岸的红树林和海草床区，浮游植物的种类、数量的季节变化不大，而在离岸较远的涠洲岛珊瑚礁区，秋季的浮游植物种类数量明显高于夏季。广西"908"专项调查记录的广西重点生态区的浮游动物有68种，桡足类为优势类群。浮游动物的种类数量季节变化不大。

广西"908"专项调查在广西红树林湿地发现了大型底栖动物135种，隶属于腔肠动物门、纽形动物门、环节动物门、星虫动物门、软体动物门、节肢动物门、腕足动物门、棘皮动物门和脊索动物门9个门，共计63科、104属，软体动物为主要类群。广西海草床中发现了大型底栖动物116种，分别隶属于腔肠动物门、纽形动物门、扁形动物门、环节动物门、星虫动物门、软体动物门、节肢动物门、腕足动物门、棘皮动物门和脊索动物门10个门，共计61科、95属。软体动物也是优势类群。

底栖生物中两种星虫——可口革囊星虫和光裸方格星虫是我国华南沿海的重要经济海产。可口革囊星虫俗称"泥丁"，常见于红树林滩涂；光裸方格星虫俗称"沙虫"，可生长于红树林沙质潮沟和海草滩涂。

有记录的分布于涠洲岛珊瑚礁海区的海藻有马尾藻（*Sargassum* spp.）、团扇藻（*Padina* spp.）、囊藻（*Colpomenia sinuosa*）、网胰藻（*Hydroclathrus clathratus*）、叉节藻（*Amphiroa* spp.）等30余种，其中马尾藻有10余种。底栖生物有279种，种类丰度在广西沿海岛屿中最高；鱼类有80种。石斑鱼、猪齿鱼、裸胸鳝、鲍鱼、海参等都是涠洲岛著名的经济海产。

广西"908"专项调查记录了鱼卵和仔稚鱼种类16种，分属7目、15科。它们均是广西沿海常见的经济鱼类。鰕虎鱼和小沙丁鱼仔鱼为红树林区出现频率最高的种类，多鳞鱚和鲾属仔鱼在珊瑚礁区出现的频率最高。

已记录的出现在广西红树林的鸟类有343种，隶属16目、58科。雀形目种类占优势，有24科、135种；非雀形目的鸟类共有15目、34科、208种。列入《国家重点保护野生动物名录》的鸟类有53种，其中Ⅰ级重点保护的鸟类有3种，即黑鹳（*Ciconia nigra*）、中华秋沙鸭（*Mergus squamatus*）和白肩雕（*Aquila heliac*）；Ⅱ级重点保护的鸟类有50种。列入2009年IUCN《世界濒危动物红皮书》名录中受威胁的鸟类有18种，列入《濒危野生动物植物种国际贸易公约》（CITES，2007）附录Ⅰ、Ⅱ中的鸟类有42种，列入《中华人民共和国政府与日本国政府保护候鸟及其栖息环境协定》的鸟类有139种，列入《中华人民共和国政府与澳大利亚政府保护候鸟及其栖息环境协定》的鸟类有53种。

红树林海区具有较高的初级生产力，变化范围为0.35~20.55 mg（O_2）/（$m^2 \cdot d$），年平均值为4.84 mg（O_2）/（$m^2 \cdot d$）。海草床生态区的初级生产力水平不高，秋季两个海区的总生产力均在0.76 mg（O_2）/（$m^2 \cdot d$）以下，处于初级生产力水平低下的状况。涠洲岛珊瑚礁海区水体初级生产力年平均为1.15 mg（O_2）/（$m^2 \cdot d$）。斜阳岛珊瑚礁海区水体初级生产力年平均为1.24 mg（O_2）/（$m^2 \cdot d$）。

红树林和海草床区的水体营养水平较高，贫营养海域已不存在，整个海区的营养水平已经全部达到和超过了微营养水平，其中径流影响最大的夏季营养水平最高。广西珊瑚礁海区水体以微营养水平为主。

影响红树林的主要人为因素有：工业发展和城市化的红树林生境占用、围海造田、海水养殖的红树林生境占用、陆源污染物影响等。影响红树林的主要自然因素有：红树林虫害、外来种入侵、异常低温寒害、溢油、风暴潮、气候变暖、污损生物。

影响海草的主要人为因素有：滩涂赶海、拖网捕鱼、围滩养殖、海水污染、疏浚工程、海沙工程。影响海草的主要自然因素有：风暴潮。

影响珊瑚的主要人为因素有：废水排海、捕捞和海水养殖、非法采挖、海岸工程、潜水观光。影响珊瑚的主要自然因素有：珊瑚病害、竞争生物、风暴潮和寒流、气候变暖。

据测算，广西海岸曾经有红树林 23 904 hm^2，但到了 1955 年减少了约 60.88%，仅剩下 9351.2 hm^2。1955 年以来，红树林面积下降幅度最大的时段是 1986~1988 年，其次是 2001~2004 年，再次是 1955~1977 年。1988 年时仅剩 4671.4 hm^2，之后在保护下逐渐恢复到 2007 年的 9197.4 hm^2。

1980 年，合浦海草床面积有 2970 hm^2；2008 年，铁山港与沙田海域海草床总面积为 788.6 hm^2。

2008 年记录的涠洲岛、斜阳岛珊瑚种类有 55 种，未显示珊瑚种类记录数量上的减少。但珊瑚优势种群呈现出较多的优势属种组合演化到相对少的优势属种组合的演变趋势，原多以鹿角珊瑚（枝状）、菊花珊瑚、扁脑珊瑚、蜂巢珊瑚、滨珊瑚等为优势种，现以角蜂巢珊瑚属、滨珊瑚属、蔷薇珊瑚属为优势属。

为保护广西典型海洋生态系统，广西目前已建立了国家级的广西山口红树林生态自然保护区、北仑河口自然保护区和省级的茅尾海红树林自然保护区，分别管理红树林面积 818.8 hm^2、1069.3 hm^2、1892.7 hm^2。广西合浦儒艮国家级自然保护区也承担了总面积为 350 km^2 的保护区内的海草的管理任务。涠洲岛的珊瑚礁在尚未设立保护区的情况下，由涠洲岛海洋生态站开展珊瑚礁的监测。以珊瑚礁为保护对象的涠洲岛海洋公园已获批建立。

第一章 广西沿海的气候与水文特征概述

第一节 气　　候

一、气候概况

广西沿海地区位于北回归线以南，属南亚热带气候区，受大气环流和海岸地形的共同影响，形成了典型的南亚热带海洋性季风气候。其主要特点是高温多雨、干湿分明、夏季长冬季短、季风盛行。

（一）气温

广西沿海地区各市所处的地理位置不同，从沿岸东部至西部依次为北海市、钦州市、防城港市。

根据北海市气象台 1972~2007 年 36 年气象观测资料统计分析，其结果表明历年年平均气温为 22.9℃；历年年极端最高气温为 37.1℃（出现在 1963 年 9 月 6 日）；历年年极端最低气温为 2℃（出现在 1975 年 12 月 14 日，1977 年 1 月 31 日）；历年最热月为 7 月，平均气温为 28.7℃；历年最冷月为 1 月，平均气温为 14.3℃。

根据钦州市气象站 1956~2007 年 52 年气象观测资料统计分析，其结果表明历年年平均气温为 21.1~23.4℃，历年月平均最高气温为 26.2℃，月平均最低气温为 19.2℃。历年最热月为 7 月，平均气温为 28.4℃，平均最高气温为 31.9℃；极端最高气温为 37.5℃（出现在 1963 年 7 月 16 日）；最冷月为 1 月，平均气温为 13.4℃；平均最低气温为 10.3℃；极端最低气温为 -1.8℃（出现在 1956 年 1 月 13 日）。

根据防城港市气象站 1994~2007 年 14 年气象观测资料统计分析，其结果表明历年年平均气温为 23.0℃；最热月为 7 月，平均气温为 29.0℃；最冷月为 1 月，平均气温为 14.7℃。历年年极端最高气温为 37.7℃（出现在 1998 年 7 月 24 日）；极端最低气温为 1.2℃（出现在 1994 年 12 月 29 日）。

（二）风况

广西沿岸为季风区，冬季盛行东北风，夏季盛行南风或西南风，春季是东北季风向西南季风过渡时期，秋季则是西南风向东北风过渡的季节。

北海市常风向为 N 向，频率为 22.1%；次风向为 ESE 向，频率为 10.8%；强风向为 SE 向，实测最大风速 29 m/s。该地区风向季节变化显著，冬季盛吹北风，夏季盛吹偏南风。据统计，风速≥17 m/s（8 级以上）的大风天数，历年最多 25 d，最少 3 d，平均 11.8 d。

钦州市沿海地区位于钦州湾沿岸，其平均风速大小在不同区域具有明显差异，钦州湾中部龙门居首，平均风速为 3.9 m/s，湾东岸犀牛脚次之，平均风速为 3.0 m/s，钦州市区最小，为 2.7 m/s，历年最大风速为 30 m/s。钦州市地区的风向以北风为主，南风次之，历年各月最多风向与频率见表 1-1。

表 1-1　钦州市历年风向频率（1956~2008 年）

月份	1	2	3	4	5	6	7	8	9	10	11	12	全年
风向	N	N	N	S	S	S	N	S	N	N	N	N	N
频率/%	40	34	26	17	21	20	24	16/14	20	31	35	34	22

钦州市风速≥17 m/s（8级以上）的大风天数历年年均为 5.1d，历年年最多大风天数为 9.0 d，明显少于北海市（平均 11.8 d）。

防城港市历年年平均风速为 3.1m/s，历年月平均最大风速出现在 12 月，为 3.9 m/s，其次出现在 1 月和 2 月，为 3.7 m/s；最小风速出现在 8 月，为 2.3 m/s。该区冬季风速比夏季风速大。防城港的常风为 NNE，频率为 30.9%；次常风向为 SSW，频率为 8.5%，强风向为 E，频率为 4.7%。

（三）降水

北海市雨量较为充沛，每年 5~9 月为雨季，降水量占全年降水量的 78.7%，10 月至翌年 4 月为旱季，降水量较少，为全年降水量的 21.3%。历年年平均降水量为 1663.7 mm，历年年最大降水量为 2211.2 mm；历年年最小降水量为 849.1 mm。

钦州市降水量的季节变化较大，全年降水量集中在 4~10 月，占全年降水量的 90%，而 6~8 月为降雨高峰期，这三个月的降水量占全年降水量的 57%。历年年平均降水量为 2057.7 mm，历年年最大降水量为 2807.7 mm（1970 年），历年年最小降水量为 1255.2 mm（1977 年）。

防城港市历年年平均降水量为 2102.2 mm，历年年最大降水量为 2911.19 mm。大部分降水集中在 6~8 月，降水量占全年平均降水量的 54%。1~8 月雨量逐月增多，其中 8 月是高峰期，月雨量达 416.0 mm；9~12 月雨量递减，其中，12 月雨量最少，月雨量仅为 24.1 mm。防城港 24 h 最大降水量为 365.3 mm（出现在 2001 年 7 月 23 日）。

（四）灾害性天气

广西沿海地区的灾害性天气较多，主要有台风（热带气旋）、强风和寒潮大风、低温阴雨等。沿海地区每年 5~10 月为台风季节，平均每年热带气旋影响 2~3 次，平均每 5~8 年有一次强台风危害，在强台风的严重影响下，较容易产生较大的台风暴潮，给工业、农业、海洋开发与安全带来威胁。强风和寒潮大风主要出现在 9 月至翌年 4 月，平均每月出现 6~9 d，这给海上渔业捕捞和运输安全带来影响。低温阴雨天气主要发生在每年的 2~3 月，这给种植业和海水养殖业带来危害。

二、海洋水文

（一）潮汐概况

广西沿海以全日潮为主，除铁山港和龙门港为非正规全日潮以外，其余均为正规全日潮，是一个典型的全日潮区，但每次大潮过后有 2~4 d 为半日潮。全日潮在一年当中占

60%~70%。全日潮潮差一般大于半日潮潮差。因此，广西沿岸潮差较大，各站最大潮差均大于 4 m，平均潮差为 1.96~2.55 m（表 1-2）。广西海岸属于强潮型海岸，最大潮差位于铁山港，达 6.41 m。

表 1-2　广西沿岸各站潮差　　　　　　　　　　（单位：m）

验潮站	珍珠港	防城港	企沙镇	龙门港	北海港	铁山港	涠洲岛
平均潮差	2.28	2.12	1.96	2.55	2.49	2.53	2.30
最大潮差	5.00	4.17	4.24	5.49	5.36	6.41	5.37

（二）潮流特征

广西沿岸潮流为往复类型，涨潮流向东北，落潮流向西南，表层、中层和底层潮流方向基本一致。根据潮流的强弱，广西沿岸浅海可分为东岸段和西岸段海区：北海市以东至铁山港海区潮流较强，最大平均流速为 2.0 cm/s 以上，北海市以西至江平一带海区潮流流速减弱，最大平均潮流流速为 1.25 cm/s，底层平均最大流速同样是东部大于西部，但底层略有减小。由于北部湾形成了规模较大的逆时针环流，冬季、夏季不变，因此，海流流速为 0.3~0.4 cm/s，湾顶又达 1.5 cm/s。逆时针环流在广西沿岸浅海流向稳定，为西南向，致使广西沿岸潮流增强。

（三）波浪

广西沿岸波浪的季节性变化异常明显，冬季以北东浪和北北东浪为主，最高达当月的 43%。夏季西部主要为南向浪，东部则以南南西向浪为主，其中 7 月南南西向浪占当月的 40%。波浪中，风浪与风速、风向的关系最为密切，根据白龙尾和涠洲岛观测，与风向一致，夏季盛行南向风浪。冬季偏北浪频率最大，涌浪只有偏南向。白龙尾站平均波高 0.5 m，最大波高 3.6 m，而涠洲岛平均波高同样为 0.5 m，但最大波高达 5.0 m；北海港平均波高和最大波高较小，分别为 0.3 m 和 2.0 m（表 1-3）。广西沿岸最大波高出现在东南方向，其次为西南向波浪。

表 1-3　广西沿岸各月最大波高　　　　　　　　（单位：m）

站名	1	2	3	4	5	6	7	8	9	10	11	12	全年
涠洲岛	2.3	2.2	1.9	2.2	5.0	3.9	4.2	4.0	4.6	4.6	1.8	1.8	5.0
北海港	1.3	1.2	1.3	1.1	1.2	1.3	1.0	1.5	1.6	1.6	2.0	2.0	2.0
白龙尾	2.0	1.5	1.7	1.9	2.8	3.6	4.1	3.7	3.5	3.6	2.0	2.2	3.6

三、陆地水系

注入广西沿岸浅海中的中小型河流有 120 余条，其中 95%为间歇性的季节性小河流，常年性的主要河流有南流江、大风江、钦江、茅岭江、防城江、北仑河 6 条（表 1-4）。其中，南流江发源于广西玉林市大容山，在合浦县总江口下游分三条支流呈网状河流入海，河长 287 km，流域面积 8635 km²，南流江多年平均径流总量为 68.3×10⁹ m³，多年平均输沙总量为 118.0×10⁴ t。大风江发源于广西灵山县伯劳乡万利村，于犀牛脚炮台角入海，河长 185 km，流域面积为 1927 km²，多年平均径流总量为 18.3×10⁹ m³，多年平均输沙总量为 11.77×10⁴ t。钦江发源于灵山县罗阳山，于钦州西南部附近呈网状河流注入茅尾海，河长 179 km，流域面积 2457 km²，多年平均径流总量为 19.6×10⁹ m³，多年平均年输沙总量为 31.1×10⁴ t。茅岭江发源于灵山县的罗岭，由北向南流经钦州境内于防城港市茅岭镇东南侧流入茅尾海，河长 121 km，流域面积 1949 km²，多年平均径流总量为 15.95×10⁹ m³，多年平均输沙总量为 31.86×10⁴ t。防城江发源于上思县十万大山附近，河长 100 km，流域面积 750 km²，多年平均径流总量为 17.9×10⁹ m³，于防城港渔澫岛北端分为东西两支，流入防城湾，多年平均输沙总量为 23.0×10⁴ t。北仑河发源于东兴市峒中镇捕老山东侧，自西北向东南流经东兴至竹山附近注入北部湾，河长 107 km，流域面积 1187 km²（部分面积在国界线以外），多年平均径流总量为 29.4×10⁹ m³，多年平均输沙总量为 22.7×10⁴ t。

表 1-4 广西主要河流多年平均输沙总量和径流总量

河流名称	河流长度/km	多年平均径流总量/×10⁹m³	多年平均输沙总量/×10⁴t	水文站	资料年限
南流江	287	68.3	118.0	常乐镇	1954~2006 年
钦江	179	19.6	31.1	钦州站	1954~2006 年
茅岭江	121	15.95	31.86	陆屋	1978~2006 年
防城江	100	17.9	23.0	防城湾	1955~2006 年
北仑河	107	29.4	22.7	东兴站	
大风江	185	18.3	11.77	—	

第二节 地理地貌

一、近岸浅海地貌类型简述

广西海岸带陆域自海岸线向陆延伸 5 km 范围内的地形海拔均小于 200 m，地势西北高、东南低，大体上以中部大风江为界，东西两部呈现不同的地形地貌特征。东部主要地貌类型是由第四系湛江组及北海组构成的古洪积-冲积平原，地势平坦，微向南面海岸倾斜，在古洪积-冲积平原上有零星侵蚀剥蚀残留台地点缀其间，铁山港湾北部沿岸分布有基岩侵蚀剥蚀台地，其次是南流江河口三角洲平原，第三为海积平原，地势平缓；西部主要地貌类型是由下古生界志留系、泥盆系及中生界侏罗系砂岩、粉砂岩、泥岩构成的多级基岩侵蚀剥蚀台地，其次是钦江-茅岭江复合河口三角洲平原，第三是江平一带的海积平原，地势起伏不平。广西沿海地区人工地貌突出，河口三角平原及海积平原已大面积开辟为海水养殖场。广西海岸带地貌类型的空间分布基本特征如图 1-1 所示。

从广西海岸带地貌图中的地貌成因类型可以看出（图 1-1），主要地貌类型有一级、二级、三级侵蚀剥台地，古洪积冲积平原，三角洲平原，冲积平原，海积平原，海积冲积平原，沿岸沙堤，潟湖堆积平原，岩熔台地，海蚀阶地，人工地貌包括养殖场、盐田、港口、海堤、水库等。

广西沿岸近岸浅海地貌类型主要有水下三角洲、海滩、沙泥滩、淤泥滩、红树林滩、潮流深槽、潮流沙脊、水下沙坝、潟湖、海底平原、河口沙坝、古滨海平原等。

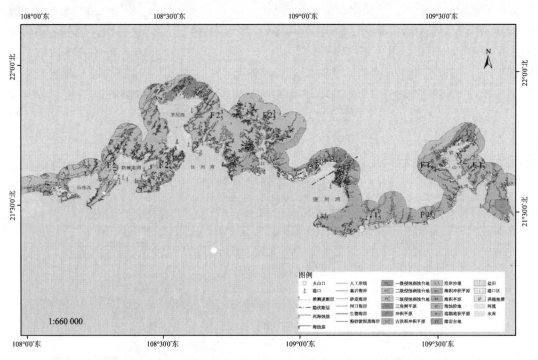

图1-1 广西海岸带地貌类型空间分布特征图（见图版彩图）

二、海岸线类型概述

广西海岸东起与广东廉江市高桥镇接壤的洗米河口，西至中越边界的北仑河口，南濒北部湾，岸线长1600.59 km。沿海北海、钦州、防城港三市的岸线长度不等，其中防城港市岸线最长，为549.96 km，其次是北海市，为526.68 km，钦州市最短，为523.95 km。广西沿岸基岩海岸的岸线为32.72 km，多集中在防城港市、钦州市沿岸，砂质海岸的岸线长112.72 km，粉砂淤泥质海岸的岸线长107.48 km，各类人工海岸的岸线长1258.77 km（图1-2）。

广西陆地海岸的岸线类型长度/km	砂质海岸	粉砂淤泥质海岸	生物海岸	基岩海岸	人工海岸	河口海岸	合计
北海市	51.38	4.64	28.22	3.28	436.36	2.8	526.68
钦州市	25.9	23.3	50.26	8.71	414.39	1.39	523.95
防城港市	35.44	79.54	5.5	20.73	408.02	0.73	549.96

图1-2 广西陆地海岸的岸线类型长度

第二章 广西海岸带滨海湿地

第一节 广西海岸带滨海湿地的类型

广西海岸带滨海湿地的类型多样,数量丰富,滨海 5 km 范围内的湿地类型见表 2-1。20 世纪 80 年代的海岸带调查中把水田、红树林沼泽和滨岸沼泽划分在植被系统中,分别作为水田农作物群落、红树林群落和水生植物群落。

表 2-1 广西海岸带滨海湿地类型体系表

一级湿地类型	二级湿地类型	含义说明
自然湿地	海草床(潮下水生层)	包括潮下藻类、海草、热带海草植物生长区
	岩石性海岸	底部基质 75%以上是岩石,盖度<30%的植被覆盖的硬质海岸,包括岩石性沿海岛屿、海岩峭壁
	砂质海岸	潮间植被盖度<30%,底质以砂、砾石为主
	粉砂淤泥质海岸	植被盖度<30%,底质以淤泥为主
	滨岸沼泽	盐沼生长区
	红树林沼泽	红树林生长区
	海岸潟湖	海岸带范围内的咸水、淡水潟湖
	河口水域	以不同大潮时海水影响到的相对稳定的近口段河流水域为潮区界(一般以盐度<5‰为准),以低潮时潮沟中淡水舌锋为外缘,两者之间的永久性水域
	三角洲湿地	河口区由沙岛、沙洲、沙嘴等发育而成的低冲积平原
人工湿地	水库	为灌溉、水电、防洪等目的而建造的人工蓄水设施
	养殖池塘	用于养殖鱼、虾、蟹等水生生物的人工水体,包括养殖池塘、进排水渠等
	水田	用于种植水稻等水生作物的土地,包括水旱轮作地
	盐田	用于盐业生产的人工水体,包括沉淀池、蒸发池、结晶池、进排水渠等

第二节 广西海岸带滨海湿地的面积分布

广西海岸带滨海零米等深线至海岸线向陆 5 km 范围内的滨海湿地总面积为 186 691.81 hm^2,其中自然湿地面积 116 585.5 hm^2,占总面积的 62.45%,人工湿地面积 70 106.31 hm^2,占总面积的 37.55%。二级湿地类型的各类湿地面积见表 2-2。

广西沿海三市的海岸线长度不同,主要滨海湿地类型不一致。北海市滨海湿地面积最大,达 88 063.88 hm^2;防城港市次之,为 54 709.48 hm^2;钦州市最小,为 43 918.45 hm^2。各市的自然湿地面积均比人工湿地面积大约 1 倍或更多。

广西沿海三市滨海湿地面积和滨海湿地类型见表 2-3。北海市海岸带滨海湿地类型齐全,砂质海岸、养殖池塘和水田面积较大,面积占比分别为 40.34%、23.86%和 12.74%,其

表 2-2 广西海岸带滨海湿地面积统计表

一级湿地类型	二级湿地类型	面积/hm²	占比/%
自然湿地	海草床	942.20	0.50
	岩石性海岸	1 108.42	0.59
	砂质海岸	57 549.70	30.83
	粉砂淤泥质海岸	12 729.26	6.82
	滨岸沼泽	350.23	0.19
	红树林	9 197.40	4.93
	海岸潟湖	111.07	0.06
	河口水域	34 597.22	18.53
	其中：三角洲湿地	55 662.89	
人工湿地	水库	3 465.08	1.86
	养殖池塘	34 090.84	18.26
	水田	29 809.02	15.97
	盐田	2 741.37	1.47
合计		186 691.81	100

注：三角洲湿地包含了养殖池塘、水田、库塘、滩涂、滨岸沼泽、红树林、河口水域等其他湿地类型，这些湿地的面积已计入滨海湿地总面积中，三角洲湿地的面积不再累加

他 9 种滨海湿地的面积较小，占比均在 10% 以下，总和为 23.06%。钦州市有 11 种滨海湿地，原有的海岸潟湖已被填海，砂质海岸、粉砂淤泥质海岸、河口水域、养殖池塘和水田的面积相当，其中河口水域面积最大，面积占比为 21.39%；钦江三角洲土地肥沃，分布着大面积的水田，面积占比为 19.56%；砂质海岸、粉砂淤泥质海岸和养殖池塘的面积占比分别为 14.73%、13.69% 和 16.90%；其余 6 种湿地面积较小，各自的面积占比不足 10%，总和为 13.73%。防城港市有 11 种滨海湿地，无海岸潟湖。河口水域、砂质海岸和水田面积较大，面积占比分别是 30.72%、28.43% 和 18.28%，合计占总面积的 77.43%；养殖池塘面积占比为 10.34%，其他 7 种滨海湿地的面积占比为 12.23%。

表 2-3 广西沿海三市各类滨海湿地面积的大小及各市滨海湿地类型结构状况 （单位：hm²）

一级湿地类型	二级湿地类型	北海市	钦州市	防城港市
自然湿地	海草	860.70	17.20	64.30
	岩石性海岸	38.67	403.98	665.77
	砂质海岸	35 525.99	6 470.79	15 552.92
	粉砂淤泥质海岸	5 451.19	6 013.25	1 264.82
	滨岸沼泽	82.12	218.01	50.10
	红树林	34 16.42	3 421.40	2 359.58
	海岸潟湖	111.07	—	—
	河口水域	8 395.86	9 392.28	16 809.08
	其中：三角洲湿地	19 673.27	35 623.64	365.98
人工湿地	水库	256.47	1 725.03	1 483.58
	养殖池塘	21 013.52	7 420.85	5 656.47
	水田	11 221.49	8 589.34	9 998.19
	盐田	1 690.38	246.32	804.67
合计		88 063.88	43 918.45	54 709.48

第三节 广西海岸带滨海湿地及其空间分布

一、自然湿地及其空间分布

（一）海草床及其空间分布

海草，是指在热带到温带海域沿岸柔软底部区域中生长的一类单子叶植物。和陆生植物一样，海草也有根、茎、叶的分化，还会开花和结果，它也是通过光合作用以获得自身生长所需能量的初级生产者。但是海草和陆生植物也有显著的不同，海草没有强壮的茎秆，它们的叶只需海水浮力的承托就足以抵挡波浪的冲击。海草与海藻也不同，海藻属孢子植物，没有真正的根、茎、叶的分化。大面积的连片海草称为海草床，海草床是生物圈中最重要、生产力最高的水生生态系统之一。海草床是国际濒危物种——儒艮（*Dugong dugong*）的摄食场所，还是许多经济鱼类、底栖生物的孵化场、觅食区、栖息地和庇护所，有"海洋牧场"之称。海草有助于维持近岸水质和改善海水的透明度，能起到"水体过滤器"的作用，减少水体富营养化和赤潮（藻类暴发）发生。为维持海洋生态环境做出贡献。可以说，海草是海洋生态系统中的关键一环，在热带和亚热带地区，海草床、红树林和珊瑚礁并称为三大典型海洋生态系统。

1. 海草床的种类组成

海草属沼生目，全世界共发现海草约 12 属、60 种，我国分布有 5 科、11 属、21 种，其中广西分布有 8 种（表 2-4），海草是广西典型滨海湿地资源之一。

表 2-4 广西分布的海草

科	种名（拉丁名）	中文种名
大叶藻科 Zostreraceae	*Zostera japonica*	矮大叶藻
海神草科 Cymodoceaceae	*Halodule uninervis*	二药藻
	Halodule pinifolia	羽叶二药藻
	Syringodium isoetifolium	针叶藻
水鳖科 Hydrocharitaceae	*Halophila ovalis*	喜盐草
	Halophila beccarii	贝克喜盐草
	Halophila minor	小喜盐草
眼子菜科 Potamogetonaceae	*Ruppia maritima*	流苏藻、川蔓藻

2. 海草床的空间分布

广西的海草面积约 936 hm^2，海草主要分布在铁山港湾和防城港的珍珠湾，两个海湾的海草面积占广西海草总面积的 72%，其中铁山港湾的海草面积所占比例最大。铁山港湾和珍珠湾的主要海草种类分别为喜盐草和矮大叶藻。

（1）北海市铁山港湾的海草床

铁山湾的海草主要分布于淀洲沙沙背、北暮、下龙尾和川江，优势海草种为卵叶喜盐草。在海草生长最密集的季节，海草面积为 673.14 hm²。该区属合浦儒艮国家级自然保护区的范围，曾是儒艮的生境。该区邻近北海市铁山港工业区，挖沙虫、耙螺、电鱼、养殖贝类等人为干扰强度较大。

（2）防城港市珍珠湾的海草床

海草主要分布于防城港交东、班埃一带，交东的海草场面积较大，小面积的矮大叶藻和贝克喜盐草可见于红树林区内。在海草生长盛期，该海域的海草面积约有 65 hm²。该海区海草场的优势种为矮大叶藻，草场毗邻广西北仑河口国家级自然保护区，附近海域无大规模工业，但挖沙虫、耙螺、抽沙等活动频繁，对海草床造成破坏。在该海区未见有儒艮出现的报道。

（二）滩涂湿地及其空间分布

复杂的潮间带沉积形成了各种类型的滩涂湿地。根据海岸地貌类型、沉积体系和动力因素，潮间带沉积可分为海滩沉积和潮滩沉积，则潮间带分为岩石性海岸、砂质海岸和粉砂淤泥质海岸，总面积为 71 387.38 hm²。

1. 岩石性海岸

岩石性海岸主要分布于白龙半岛、三娘湾、冠头岭一带等。岩滩一般较窄，只有几百米甚至几米，如三娘湾一带的岩石滩涂宽不到 200 m，大面墩一带宽仅几米。广西海岸带岩石性岩滩总面积为 1108.42 hm²，仅占滩涂湿地的 1.55%。

2. 砂质海岸

砂质海岸是侵蚀-堆积夷平海岸类型中的一个亚类。波浪的侵蚀和堆积作用使古洪积平原-冲积平原边缘受到改造而趋于夷平，而在其前缘发育形成侵蚀-堆积夷平海岸，其中大部分发育成砂质海岸，分布在高潮线至低潮线的范围。整个岸带砂质海岸的分布较广，主要分布于营盘至高德、西场、巫头至㳕尾等地的潮间带滩涂，总面积为 57 549.70 hm²，占滩涂湿地的 80.62%，比例最高。

3. 粉砂淤泥质海岸

粉砂淤泥质海岸主要分布于海湾顶部和河口地区，如铁山港、廉州湾、钦州湾、大风江口等，在港湾、弱谷地段与红树林海岸相间分布，总面积为 12 729.26 hm²，占滩涂湿地的 17.83%，比例次高。

（三）红树林及其空间分布

红树林是热带、亚热带海岸特有的湿地类型，生长着能适应潮间带恶劣生境的木本植物，由红树科和其他不同科属且具有相似生境要求的种类组成。红树林主要分布在海河交汇处或河口海湾、淤泥碎屑沉积形成的广阔的滩涂及其附近。这些环境风和流缓，利于海潮和内河带来的泥沙及碎屑物的沉积，形成红树林土壤。由于受土壤盐度、淡水和海岸地质等条件的影响，不同的红树林群落类型在潮汐带内大致与海岸线平行成带状分布。广西海岸带红树有 13 科、17 属、18 种，其中红树科 3 属各 1 种，主要树种有白骨壤（*Avicennia marina*）、桐花树（*Aegiceras corniculatum*）、秋茄（*Kandelia obovata*）、红海榄（*Rhizophora stylosa*）、木榄（*Bruguiera gymnorrhiza*）等。主要分布在南流江口、大冠沙、铁山港湾、英罗湾、丹兜海、茅尾海、珍珠湾、防城江口及渔洲坪一带。红树林总面积 9197 hm^2，其中天然林面积 7412 hm^2，人工林面积 1785 hm^2。北海市的红树林面积 3416 hm^2，钦州市面积为 3421 hm^2，防城港市面积为 2360 hm^2。

（四）滨岸沼泽及其空间分布

广西的滨岸沼泽主要为河口半咸水盐沼，主要分布在钦江、大榄江入海口，形成大面积的海积平原。淤泥滩广阔，曾广布茳芏和短叶茳芏群落，现几乎消亡，仅零散分布有芦苇和茳芏混生、桐花树和芦苇混生以及芦苇等群落。滨岸沼泽的总面积为 350.23 hm^2，其中北海市面积为 82.12 hm^2，钦州市面积为 218.01 hm^2，防城港市面积为 50.10 hm^2。

（五）河口水域及其空间分布

广西沿海各流域属丘陵山地，雨量充沛。河流的径流量与降水有关，夏季降雨量大，主要集中在 5~9 月，占全年降水量的 70%~80%，河流径流加强；冬季降雨少，12 月至翌年 2 月降水量最小，仅占全年降水量的 5%~7%，河流径流减弱，可见广西沿海各流域的径流量季节变化很大。淡水舌锋缘和近口段潮界同时受径流量和潮水的影响，故它们的位置不稳定，导致河口水域的分布范围发生相应变化。河口水域在本书的定义是，以不同大潮时海水影响到的相对稳定的近口段河流水域为潮区界（一般以盐度＜5°为准），以低潮时潮沟中淡水舌锋为外缘，两者之间的永久性水域为河口水域。北仑河、九曲江、防城江、茅岭江、钦江、大风江、南流江和那郊河河口水域总面积为 34 597.24 hm^2。其中由茅岭江和钦江入海后汇集，形成的河口水域面积最大，为 22 253.53 hm^2；其次为南流江，面积 5464.85 hm^2；大风江位居第三，面积 3525.63 hm^2；北仑河的最小，面积 130.04 hm^2；其他依次为防城江 1724.40 hm^2，那郊河 1295.29 hm^2，九曲江 203.50 hm^2。

（六）三角洲湿地及其空间分布

广西沿海发育的三角洲平原主要分布在南流江河口和钦江河口地区。据广西"908"专项调查数据，南流江三角洲湿地的面积为 19 673.27 hm^2，钦江三角洲湿地的面积为 35 989.62 hm^2。主要分布有河口水域、养殖池塘、砂质海岸、水田、红树林、库塘、粉砂淤泥质海岸、滨岸沼泽等湿地类型，面积分别为 27 717.89 hm^2、9395.683 hm^2、8017.695 hm^2、4780.486 hm^2、2866.65 hm^2、1470.39 hm^2、1196.081 hm^2、218.0119 hm^2。南流江三角洲和钦江三角洲原分布有大面积的水田，盛产大米，但现在大部分改作养殖池塘，仅有少量水田分布，面积分别为 894.93 hm^2 和 2443.56 hm^2，也有小部分水田丢荒变成沼泽或荒地。

（七）海岸潟湖及其空间分布

海岸潟湖是侵蚀-堆积夷平海岸类型中的一个亚类，侵蚀-堆积夷平海岸除大部分发育成砂质海岸外，局部地区因滨外坝的成长，阻隔了部分水域而形成沙坝-潟湖海岸。原广西沿海的潟湖分布在北海外沙、高德外沙、北海侨港和白虎头以及钦州犀牛脚水产站一带，现犀牛脚的潟湖已经被填海造陆，仅剩北海市的 4 处潟湖，总面积为 111.07 hm^2。北海外沙和高德外沙的两个潟湖是被滨外坝阻隔的水域，仅有狭窄的潮沟通道与海相通，目前是北海市的两个渔港，面积分别为 37 hm² 和 13 hm²。侨港和白虎头两个潟湖，其滨外坝阻隔的水域很少，白虎头只是形成比滨外坝稍低的沙滩，水很少，发育成不成熟的潟湖，经过人工筑堤和疏通潮流通道后，形成了小型的港口和避风港。侨港潟湖面积为 52 hm²，而白虎头潟湖的面积不足 10 hm²。

二、人工湿地及其空间分布

（一）水田及其空间分布

广西滨海连片面积最大的水田分布在南流江三角洲和钦江三角洲以及江平侏罗纪断陷盆地等，是广西沿海的粮仓。广西海岸带的水热条件能满足栽培作物一年三熟，20 世纪 80 年代的调查，记录的基本为一年三熟栽培方式。现在，随着经济的发展，农民谋生的方式多样化，生产方式随之改变，大量水田转变为养殖池塘，部分水田完全进行其他经济作物轮作，很少在双季稻后还继续种植冬季作物。部分水田改造成虾塘，使得周围的水田变成了咸田，迫使剩余稻田又被改造成养殖池塘，甚至丢荒。现广西滨海水田的总面积为 29 809 hm²，其中北海市 11 222 hm²，钦州市 8589 hm²，防城港市 9998 hm²。其中南流江三角洲和钦江三角洲水田的面积分别为 895 hm² 和 2444 hm²，分别占北海市和钦州市水田面积的 8.0%和 28.5%。

（二）养殖池塘及其空间分布

海水养殖最初为潮间带围网养殖和围塘养殖，现已进入潮上带的平原（主要为农田）和更高海拔的丘陵坡地。1949 年后，广西沿海开始海水养殖，较大规模的有企沙镇天堂坡国营虾塘和江平镇交东国营虾塘。群众性养殖始于 1979 年，养殖池塘最初主要由沿岸的毁弃盐碱荒地、小部分滩涂地和水田改造而成，面积较小，分布零散，不成规模。20 世纪 90 年代末期，一些盐滩地、滨岸沼泽地和低海拔台地陆续被开发为虾塘。2001 年后，大量的水田、耕地、盐田和坡地被改建为虾塘，甚至在铁山港生鸡岭一带海拔 21 m 的坡地上也出现虾塘。现广西滨海虾塘的总面积为 34 091 hm²，散布于各海岸段，主要见于那郊河口、铁山港湾顶、北海大冠沙一带、南流江三角洲、西场镇沿海、钦江三角洲和江平一带，以西场镇的规模最大。

养殖池塘的用地来源多样化。水田平坦开阔且具水面优势，成为养殖池塘最大的用地来源，其中又以北海市占的比例最大，主要分布在南流江三角洲、西场镇一带；其次是钦州市，主要分布在钦江三角洲一带；防城港市的最小，主要分布在江平一带。盐田为第二大养殖池塘用地来源。由于食盐生产利润相对较低，盐田陆续被开发为养殖池塘。第三大养殖池塘用地来源是陆缘的盐滩地。占用红树林地的养殖池塘很少，且多开发于 20 世纪 90 年代。近十几年来，红树林保护力度不断加大，破坏红树林的现象被基本杜绝。其他用地类型主要有坡地、丘陵和台地。

（三）盐田及其空间分布

广西海岸带年日照时数为 1560.9~2252.9 h，相当于每天平均 4.3~6.2 h，平均每天获得的太阳辐射量为 115.27 kcal[①]/cm^2。本岸带的年平均气温 22~23℃，是全国海岸带热量最丰富的地区之一。北海以东岸段多为轻壤土和中壤土，北海至大风江口多为重壤土和轻黏土，钦州犀牛脚以西岸段为沙壤土和轻壤土。这些土壤的含盐量很高，平均含盐量为 0.557~1.520，为中盐土以上。广西沿海无大型河流注入，海水盐度高而稳定，这些都是发展盐业的有利因素。广西沿海曾有大面积的盐场，但由于生产工艺落后，设备不配套，机械化程度低，手工作业加上盐田抗灾能力差，造成盐场的盈利低。咸水养殖的快速发展促使部分盐场进行产业调整，利用盐田广阔的水面优势及劳力开展虾、鱼、蟹等的养殖，发展多种经营。仍然进行食盐生产的盐田约有 2741 hm^2，主要见于北海市的榄子根、铁山湾口和大冠沙，钦州市的犀牛脚一带，防城港市的企沙半岛和江平镇，面积分别是 1690 hm^2、246 hm^2 和 805 hm^2。

（四）水库及其空间分布

水库担负着拦洪减灾、蓄水兴利等重要作用。广西滨海水库数量少，蓄水量小，仅供小型农业生产和生活之需。闸口水库位于北海市闸口江的入海口，涨潮时海水和水库连在一起，面积约 147 hm^2。高德镇七星江水库、龙头江水库、后沟江水库都是小型水库，面积均不足 50 hm^2。钦州市九河渡水库，在九河入海处筑堤拦截九河水而形成，面积约 170 hm^2。防城港市的东兴水库，面积 1366 hm^2，距离海岸约 5 km，是滨海较大型的水库。除了以上所列水库外，还有很多面积不等的无名小型库塘，在雨季的时候蓄积地表径流，供农业生产、其他生产和生活之用。

三、广西海岛滨海湿地

（一）广西海岛滨海湿地的类型

广西海岛滨海湿地类型较丰富。自然湿地主要有潮下水生层（海草）、滩涂湿地、滨岸沼泽、红树林沼泽、海岸潟湖和河口水域等，其中滩涂湿地包括岩石性海岸、砂质海岸和粉砂淤泥质海岸。人工湿地主要有水库、水田、养殖池塘（海水）等。各滨海湿地类型的含义与海岸带滨海湿地类型的含义相同，具体见表 2-5。

表 2-5 广西海岛滨海湿地面积统计表

一级湿地类型	二级湿地类型	面积/hm^2	占比/%
自然湿地	海草	0.09	0.00
	岩石性海岸	169.88	0.35
	砂质海岸	15 781.52	32.58
	粉砂淤泥质海岸	3 238.94	6.69
	滨岸沼泽	15.25	0.03
	红树林沼泽	5 111.58	10.55
	海岸潟湖	36.50	0.08
	河口水域	8 242.00	17.02
	小计	32 595.76	

---

① 1 cal = 4.1868 J，下同。

续表

一级湿地类型	二级湿地类型	面积/hm²	占比/%
人工湿地	水库	33.15	0.07
	养殖池塘	14 516.08	29.97
	水田	1 293.20	2.67
	小计	15 842.43	
总计		48 438.19	100

（二）广西海岛滨海湿地的面积分布

广西的海岛除了涠洲岛和斜阳岛为火山岛外，其他都为大陆性岛屿，离岸很近且面积小，为小岛或岛礁，有的仅有几公顷或不足 1 hm²，有些无名岛礁面积甚至不足 0.1 hm²。本书对这些岛屿或岛礁的滨海湿地面积未进行单个统计。

广西海岛滨海湿地的空间资源丰富，其零米等深线以上区域滨海湿地总面积为 48 438.19 hm²，其中自然湿地 32 595.76 hm²，占总面积的 67.29%，人工湿地 15 842.43 hm²，占总面积的 32.71%，自然湿地面积是人工湿地面积的 2 倍之多。

砂质海岸为广西海岛滨海面积最大的湿地类型，面积 15 781.52 hm²，占海岛滨海湿地总面积的 32.58%；其次为养殖池塘，面积 14 516.08 hm²，约占总面积的 29.97%；河口水域面积 8242.00 hm²，占总面积的 17.02%，位居第三。其他依次为红树林沼泽、粉砂淤泥质海岸、水田、岩石性海岸、海岸潟湖、水库、滨岸沼泽、海草，面积分布及其占总面积的比例见表 2-5。

由表 2-6 可知，广西沿海三市海岛滨海湿地面积大小不等。北海市和防城港市海岛滨海湿地面积较大，分别为 20 004.35 hm² 和 17 208.66 hm²，钦州市海岛滨海湿地面积为 11 225.18 hm²。各市的自然湿地面积均大于人工湿地面积，其中北海市和防城港市自然湿地的面积明显大于人工湿地面积，自然湿地面积分别是人工湿地面积的 2.06 倍和 2.39 倍，钦州市的为 1.65 倍。

表 2-6 给出了广西沿海三市海岛滨海湿地各类型的面积及类型结构状况。北海市有 9 种海岛滨海湿地类型，主要为砂质海岸、养殖池塘和河口水域。其中砂质海岸面积最大，约占北海市海岛滨海湿地总面积的 41.9%；其次为养殖池塘，占总面积的 29.9%；河口水域占总面积的 16.3%，位居第三；其他 6 种类型面积之和仅占总面积的 11.9%，依次为红树林、水田、粉砂淤泥质海岸、岩石性海岸、海岸潟湖、水库。钦州市有 10 种海岛滨海湿地类型，其中养殖池塘面积最大，占钦州市海岛滨海湿地总面积的 33.8%；粉砂淤泥质海岸、红树林、河口水域的面积基本相当，分别占钦州市海岛滨海湿地总面积的 17.5%、18.3%、22.5%；面积最小的为海草床，所占比例几乎为 0；岩石性海岸、粉砂淤泥质海岸和水田的面积之和约占总面积的 8%。防城港市有 7 种海岛滨海湿地类型，其中砂质海岸、河口水域和养殖池塘面积较大，分别占防城港市海岛滨海湿地总面积的 40.6%、14.2% 和 27.5%，三者面积之和约占总面积的 82%；红树林沼泽占 10.3%；岩石性海岸、粉砂淤泥质海岸和稻田面积之和不到总面积的 8%。

第二章 广西海岸带滨海湿地

表 2-6　广西沿海三市海岛滨海湿地面积统计表　　（单位：hm²）

一级湿地类型	二级湿地类型	北海市	钦州市	防城港市
自然湿地	海草床	—	0.09	—
	岩石性海岸	79.72	12.43	77.73
	砂质海岸	8374.9	415.8	6990.82
	粉砂淤泥质海岸	433.2	1967.15	838.59
	滨岸沼泽	—	15.25	—
	红树林沼泽	1280.53	2051.99	1779.06
	海岸潟湖	36.5	—	—
	河口水域	3265.06	2530.92	2446.02
人工湿地	水库	29.67	3.48	—
	养殖池塘	5986.79	3792.76	4736.53
	水田	517.98	435.31	339.91

从表 2-7 可知，龙门岛和西村岛滨海湿地类型最多，包括了 7 种类型，其次为针鱼岭和长榄岛。有居民岛滨海湿地面积最大的是砂质海岸，主要分布在南流江诸岛和渔澫岛周围，分别占南流江诸岛和渔澫岛滨海湿地面积的 56.75% 和 79.87%；其次为养殖池塘，主要分布在南流江诸岛、龙门岛和西村岛，分别占南流江诸岛、龙门岛和西村岛滨海湿地的 31.58% 和 63.46%；红树林沼泽位居第三，主要分布在大新围岛、山心岛和南流江诸岛，分别占它们海岛滨海湿地的 30.49%、48.58% 和 5.71%。其他依次为粉砂淤泥质海岸、稻田、岩石性海岸和水库。水库仅有涠洲岛的涠洲水库和西村岛的低径水库。涠洲岛以砂质海岸为主，占该岛滨海湿地面积的 61.44%。斜阳岛仅有岩石性海岸一种滨海湿地类型。麻蓝头岛主要为砂质海岸，占该岛滨海湿地面积的 96.13%。

表 2-7　广西有居民海岛滨海湿地面积统计表　　（单位：hm²）

一级湿地类型	二级湿地类型	涠洲岛	斜阳岛	麻蓝头岛	南流江诸岛	龙门岛和西村岛	渔澫岛	针鱼岭和长榄岛	山心岛	大新围岛	合计
自然湿地	岩石性海岸	43.56	36.16	—	—	8.77	16.73	0.22	—	—	105.44
	砂质海岸	244.45	—	123.08	4927.81	240.48	2595.93	155.23	39.12	—	8326.10
	粉砂淤泥质海岸	80.19	—	—	—	284.89	—	0.80	—	820.36	1186.24
	红树林沼泽	—	—	4.96	495.80	110.06	291.00	226.33	532.25	826.06	2486.46
人工湿地	水库	29.67	—	—	—	3.48	—	—	—	—	33.15
	养殖池塘	—	—	—	2741.85	1229.04	346.71	269.03	310.22	910.35	5807.20
	稻田	—	—	—	517.98	59.88	—	2.94	214.10	152.46	947.36

（三）广西海岛滨海湿地及其空间分布

1. 自然湿地及其空间分布

（1）海草床及其空间分布

广西海岛的海草床面积很小，共 0.09 hm²，仅见于大新围岛沙井村附近，主要种类为流苏藻。

（2）岩石性海岸及其空间分布

广西海岛的岩石性海岸总面积 170 hm^2，主要分布于白龙半岛西面的珍珠墩、龙珍墩、香炉墩、港中墩等，七十二泾的部分海岛，涠洲岛的坑仔、湾仔海岸、大岭、后背塘至梓桐木海滩、龙鸡坪南部海岸斜阳岛沿岸等。

（3）砂质海岸及其空间分布

广西海岛砂质海岸面积 15 782 hm^2，主要分布于山心岛红树林外围，渔漓岛的东海岸，龙门港镇西村岛的东北部至北部海岸，麻蓝头岛、七星岛、南域岛、渔江岛的南部海岸，北海外沙以及涠洲岛的部分海岸。

（4）粉砂淤泥质海岸及其空间分布

广西海岛的粉砂淤泥质海岸面积 3239 hm^2，主要分布于大新围岛的西海岸、龙门西村岛群的海岸和大风江入海口部分岛屿的海岸等。

（5）红树林及其空间分布

广西海岛红树林的主要树种有白骨壤、桐花树、秋茄、红海榄、木榄等。广西海岛红树林总面积为 5112 hm^2，主要分布于山心岛、大新围岛、南流江诸岛周围，防城湾内的岛屿、龙门和西村岛群、七十二泾岛群等也有少量分布。

（6）滨海沼泽及其空间分布

广西的滨岸沼泽为河口半咸水盐沼，主要分布在钦江和大榄江入海口，现已几乎消亡，仅零散分布有芦苇和茳芏混生、桐花树和芦苇混生以及芦苇等类型的群落。广西海岛的滨岸沼泽面积很小，仅 15 hm^2，分布于大新围岛沙井村海岸。

（7）海岸潟湖及其空间分布

海岸潟湖是侵蚀–堆积夷平海岸类型中的一个亚类，侵蚀–堆积夷平海岸除大部分发育成砂质海岸外，局部地区因滨外坝的成长，阻隔了部分水域而形成沙坝–潟湖海岸。广西仅有北海外沙岛的潟湖，面积为 37 hm^2。

（8）河口水域及其空间分布

河口水域已在海岸带里作了定义。流经海岛的河流主要有江平江、防城江、钦江、大榄江、大风江、南流江等，形成了 8242 hm^2 的河口水域。

2. 人工湿地及其空间分布

（1）水库及其空间分布

广西海岛的水库数量少，蓄水量小，仅供小型农业生产和生活之用，主要有涠洲岛水库和西村岛低径水库，面积共 33 hm^2。

（2）养殖池塘及其空间分布

广西海岛的咸水养殖业与大陆沿岸的咸水养殖业的发展过程基本相同，群众性养殖始于 1979 年，快速发展于 20 世纪 90 年代末期。2001 年后，大量的滨海滩涂、水田、坡地、盐田等开发为养殖池塘，至 2008 年，广西海岛滨海的养殖池塘面积达 14 516 hm^2，其中最大的分布区在七星岛、南域岛、渔江岛和大新围岛等。

（3）水田及其空间分布

广西的海岛大多为大陆性岛屿，气候与海岸带相同，热量条件满足一年三熟制，农业种植的组合熟制也与海岸带一致。20世纪80年代调查时，有黄麻-花生-晚稻、双季稻-冬菜（冬绿肥）等种植组合。现在，随着经济的发展，农民谋生的方式多样化，生产方式随之改变，种植熟制减少或水田改作他用。现广西海岛水田面积仅有1293 hm^2，主要分布于山心岛、七星岛、渔江岛、南域岛等岛屿。

（四）广西海岸带和海岛滨海湿地的变化和面临的威胁

1. 滨海湿地的变化分析

广西滨海的湿地分布广，数量较大，资源丰富，海岸带滨海5 km范围内湿地的总面积为207 590 hm^2，海岛滨海湿地的总面积为51 556 hm^2，它们在整个生态系统中占有突出地位，具有很高的综合价值。但是随着广西沿海经济的快速发展，大量的滨海湿地资源转变为港口、道路、城市和其他用地，还有盐沼、浅海盐滩地等和大量的水田、盐田以及坡地等转变为咸水养殖池等。滨海过渡带是海陆相互作用的中心区域，生态环境敏感而脆弱，人为活动最为密集，过度的开发利用，特别是滨海不断扩大的咸水养殖业，已严重破坏滨海湿地生态环境。但滨海湿地资源的丧失、退化和过度利用所产生的负面效应并未引起足够的关注和重视，多种湿地资源仍面临严重的威胁。

（1）短叶茳芏、茳芏群落基本消失

短叶茳芏及其群落属盐沼泽植被，曾在茅尾海和南流江口一带咸淡水不断交流的淤泥底质沼泽地带大面积密集连片分布，面积最大，是农民、渔民广泛利用的天然经济植物。但现在仅茅尾海一带有片状分布，其他地方以单株或团状零散分布。除虾塘占用使其面积明显减少外，其他原因不明。

（2）海岸带红树林天然林变化不大，人工林有所增加

1998年前，广西海岸带的红树林面积为8014.27 hm^2。当时渔瀚岛北部的小岛周围，稀疏分布有以桐花树为主的红树林片或林丛，长榄岛和针鱼岭周边的潮间带上发育茂盛的桐花树林和海漆-卤蕨半红树林。至2008年，海岸带的红树林共有9197.40 hm^2，其中天然林7412.42 hm^2，人工林1784.98 hm^2。防城湾北部小岛屿周围的红树林现已开发为港口或咸水养殖池，大部分被填埋或砍伐。长榄岛和针鱼岭全部开发成虾塘，部分虾塘向滩涂扩展，使两岛北半部的半红树林和大部分桐花树林被毁。1986年的广西海岸带调查资料记录红树科植物角果木在广西海岸还有零星分布，然而1991年广西红树林研究中心成立后，一直没有在广西海岸发现角果木种群，说明该种群可能已经在广西海岸消失，红海榄、榄李、银叶树、老鼠簕等种群已明显退化。

（3）养殖池塘的面积迅速增加

广西滨海湿地类型中，分布面积变化最大的为咸水养殖池塘（虾塘）。广西自1979年开始群众性咸水养殖，但面积都较小，分布零散，不成规模。20世纪90年代末期，一些滩涂、滨岸沼泽和低海拔台地陆续被开发为虾塘。自2001年开始，大量的水田、耕地、盐田和坡地改建为虾塘。至2008年，海岸带滨海共有虾塘34 091 hm^2，海岛滨海共有虾塘14 516 hm^2，分别占海岸带滨海湿地和海岛滨海湿地总面积的16.42%和28.16%。长榄岛和针鱼岭整岛开发成虾塘，还向滩涂扩展。这种"虾塘化"现象对维持近海生态环境的平衡极其不利。

2. 滨海湿地面临的主要威胁

（1）海草面临的威胁

海草对于人类和自然都具有重要的意义，但它们面临着严峻的危机。近年来，世界各地海草的退化已经引起全世界的广泛关注，许多沿海地区包括北美洲、大洋洲、欧洲和非洲等都报道了海草栖息地普遍退化的现象。海草死亡可能是自然事件（如风暴潮等）或频繁的人类活动影响的结果。在广西，耙贝、挖沙虫、海水养殖、非法设置渔箔、毒鱼虾、电鱼虾、炸鱼、底网拖鱼、陆源污染等人类活动都可能对海草床产生很大危害，尤其是高强度的耙贝与挖沙虫活动，圈地式的贝类与沙虫养殖，以及伴随的翻地式的采收活动，在一些地方对海草几乎造成了毁灭性的破坏。

（2）过度开发咸水养殖存在的多种威胁

1）土壤、人饮水和农业用水咸化。土壤咸化的表现，其一是虾塘底部及其周围土壤的盐分因虾塘渗水和排水不断累积，盐度越来越高，土壤被不可逆转地咸化，特别是在较高海拔处的养殖造成坡地迅速咸化；其二是虾塘通过沟渠输灌海水的过程，使海水流过的土壤咸化。通常，虾塘经过 4~5 年的养殖后，会出现虾的产量和质量都降低的现象，因老化而被废弃或改作他用，新的虾塘又被建造，于是土地的盐碱化不断扩大，丢荒的盐碱地不断增加，滨海景观不断虾塘化。海水的输入和渗透，还会污染饮用水和农业用水，如北海市大冠沙大面积的海水养殖，已经使养殖区的井水变咸。广西的海岛陆域面积普遍都小，淡水资源缺乏，如果在海岛上开发咸水养殖，饮用水和农业用水会被咸化，海岛淡水资源将更少。广西北部湾沿海在地理上属于干旱地区，必须注重合理开发，优化产业结构，避免水资源破坏影响可持续发展。

2）咸水养殖的废水成为浅海的主要污染源。养殖池排出的废水含有大量的消毒剂、抗生素、环境激素以及残留的饵料和排泄物等，使近岸水体具有一定的毒性或富营养化。2004 年广西局部海域发生赤潮和白骨壤遭受严重的病虫害，2005 年文蛤大面积发生病害等，已经提醒我们，不能对养殖引发的污染掉以轻心。反过来，环境的恶化，又会加剧养殖风险，形成恶性循环。

3）海岸抵抗自然灾害的能力下降。建造养殖池会破坏大面积的滨海植被或小部分的红树林和海岸防护林等，失去了这些天然屏障的海岸，抵抗自然灾害的能力大大下降。泥土堤坝因有利于养殖被作为虾塘的围基，很容易被风暴潮冲垮而造成海水直接进入农用地、村庄、养殖池等，严重威胁生命财产安全和造成直接的经济损失。例如，1990~2004 年，台风暴潮给北海、钦州造成的经济损失累计为 83.56 亿元，超过同期对虾养殖的总产值（78.44 亿元）。广西红树林研究中心曾初步评估，红树林海岸的珍珠养殖效益比无红树林海岸的高 13 倍左右。虾塘还会阻滞地表水流向海洋，特别是建在河岸和河口区的虾塘，对排洪造成了很大的影响。

4）经济畸形发展。虾塘的过度开发，使滨海水田和盐田明显减少，粮食和食盐的生产量大大下降。养殖还是高风险的生产活动，如 2008 年 6 月的特大潮加特大暴雨，北海市近岸就有1000多亩[①]的虾塘被海水淹没，对虾养殖损失惨重，造成虾农生活的不稳定。

虾塘的大规模无序开发，造成大量的水田、坡地、饮用水和农业用水等咸化。这种状况与上海30多年前的情况非常相似，上海不得已耗费巨资，向地下灌压淡水，减缓海水逆渗和地面沉降。广西北部湾的开发应避免重蹈覆辙。

（五）广西海岸带和海岛滨海湿地的景观格局

1. 景观多样性指数（H）

在景观生态学中，景观的多样性常用景观的多样性指数来衡量，其值大小反映景观中斑块类型的多少及其所占比例的变化。参考Shannon-Wiener指数，景观多样性指数的计算公式为

$$H = \sum_{i=1}^{m}(P_i) \times \log_2 P_i \qquad (2-1)$$

式中，H为多样性指数；P_i为景观类型i所占面积的比例；m为景观类型的数目。

2. 优势度指数（Y）

优势度指数表示景观多样性对最大多样性的偏离程度，或描述景观由少数几个主要的景观类型所控制的程度。优势度指数计算公式为

$$Y = H_{max} + \sum_{i=1}^{m}(A_i) \times \log_2 A_i \qquad (2-2)$$

式中，Y为景观优势度指数；H_{max}为最大多样性指数，$H_{max} = \log_2(m)$；m为景观类型总数；A_i为景观类型i所占面积的比例。

3. 均匀度指数（E）

均匀度指数描述不同景观类型的分配均匀程度。其计算公式为

$$E = \left(H / H_{max}\right) \times 100\% \qquad (2-3)$$

4. 破碎度指数（C）

破碎度指数即把单位面积上的斑块数量（个/km²）作为景观破碎程度特征的指标。其计算公式为

$$C = \frac{\sum N_i}{\sum A_i} \qquad (2-4)$$

式中，i为某种土地利用类型；N为总斑块数；A为斑块的总面积。研究景观的破碎度对景观中（尤其是湿地景观）生物和资源的保护具有重要意义。

5. 斑块的分形维数（S）

以斑块为研究对象可通过斑块的特征来反映景观的空间格局，所以分形维数是采用面积-周长法来测定，即：

$$S = \frac{2\ln(P_i/4)}{\ln A_i} \qquad (2-5)$$

[①] 1亩≈667m²，下同。

式中，A_i 为斑块的面积；P_i 为斑块的周长。

（六）广西海岸带滨海湿地的景观格局

在描述广西海岸带滨海湿地的景观格局时，借鉴《湿地公约》（《关于特别是作为水禽栖息地的国际重要湿地公约》）中的湿地分类系统，参照中国目前湿地调查标准《全国湿地资源调查与监测技术规程》，将广西海岸带滨海湿地类型分为12种，其中自然湿地8种[海草（潮下水生层）、岩石性海岸、砂质海岸、粉砂淤泥质海岸、滨岸沼泽、红树林沼泽、海岸潟湖、河口水域]，人工湿地4种（水库、养殖池塘、水田、盐田）。

根据数据和相关指数的计算公式，计算得出反映广西海岸带滨海湿地景观格局的相关指数（表2-8）。

表2-8 广西海岸带滨海湿地景观格局的相关指数

景观多样性指数（H）	优势度指数（Y）	均匀度指数（E）	破碎度指数（C）
2.62	0.96	73.21%	5.48

破碎度指数（图2-1）反映的是湿地斑块数与湿地面积（km^2）的比值，数值大表明该类型湿地在单位面积湿地上斑块多，即破碎度高，数值小则反之。

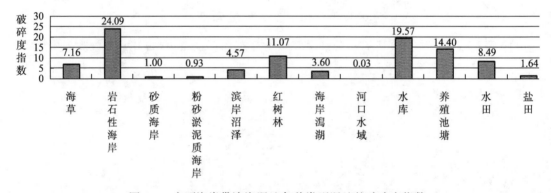

图2-1 广西海岸带滨海湿地各种类型湿地的破碎度指数

（七）广西海岛滨海湿地的景观格局

参照描述广西海岸带滨海湿地的景观格局的方法，广西海岛滨海湿地的类型可以分为11种，其中自然湿地8种（海草、岩石性海岸、砂质海岸、粉砂淤泥质海岸、滨岸沼泽、红树林沼泽、海岸潟湖、河口水域）和人工湿地3种（水库、养殖池塘、水田）。

根据表2-5所列的数据和相关指数的计算公式，计算得出反映广西海岸带滨海湿地景观格局的相关指数（表2-9）。

表2-9 广西海岛滨海湿地景观格局的相关指数

景观多样性指数（H）	优势度指数（Y）	均匀度指数（E）	破碎度指数（C）
2.27	1.31	63.41%	6.71

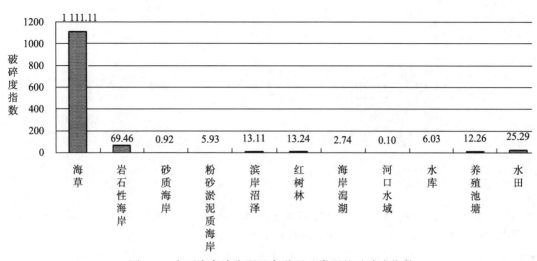

图 2-2 广西海岛滨海湿地各种湿地类型的破碎度指数

第三章　广西典型海洋生态系统的环境特征

第一节　典型生态系统的地貌特征

一、红树林区地貌特征

红树林海岸基本地貌单元主要分为红树林潮滩、林外裸滩和潮沟系 3 种类型。在生态区中面积较大的红树林，如山口国家级红树林生态自然保护区、北仑河口自然保护区（北仑河口–珍珠港湾）、廉州湾南流江口红树林分布区、钦州湾茅尾海红树林分布区等，体现出上述红树林地貌单元的组成格局。

红树林海岸基本地貌单元各具有不同的形态、沉积、功能和演化特点。一般红树林潮滩和林外裸滩的分界大致位于当地的平均海面，成为一条十分重要的红树林生物地貌界线。红树林潮滩多集中分布于受淡水影响较大的岸段和河口或河口湾区域，如有南流江注入的廉州湾顶部的南流江口、钦江注入的钦州湾茅尾海，江平河和黄竹江注入的珍珠港湾、白沙河注入的铁山港山口国家级红树林生态自然保护区中丹兜海等港湾顶部。红树林除沿海岸从高潮滩向低潮滩方向正常分布外，还可沿注入港湾的河道两岸漫滩分布，可上溯数百米至几千米不等，大致与盐水影响范围相当，如廉州湾南流江口，近年来，红树林有上溯迹象。红树林潮滩通常为平均海面以上的高滩，而裸滩则是平均海面以下的低滩。红树林一般不能随意地向裸滩生长和发展，无论是发育天然幼苗或人工种植幼苗，均以滩面高程已淤涨至平均海面或以上为前提。这也是长期以来对红树林生长与海岸沉积过程的争论，已形成基本统一的认识。

红树林潮沟系的发育与红树林宽度有关。当红树林宽度大于 200 m 时，沿滩坡一般发育有潮沟系，加速疏通潮汐水流在红树林区的漫溢和排泄。

红树林可以生长在各种底质的海岸潮滩中，以淤泥质潮滩最普遍，并生长最好。广西红树林多生长、发育于粉砂质黏土、砂–粉砂质黏土为主的潮滩中，主要分布于溺谷湾和河口三角洲海岸上的潮间带上部。然而，也有少数岸段的红树林在砂砾质潮滩上生长，如广西北海大冠沙则有部分白骨壤稀疏灌丛生长于砂质潮滩上，其砂和砂砾含量通常在80%以上，这种海岸沙滩红树林通常是由暴风浪形成的海滩沙脊向海岸移动形成的。

值得注意的是山口国家级红树林生态自然保护区中的英罗港红树林滩外发育有水下沙坝，低潮时部分沙坝露出水面，位于沙坝向海一侧则生长有稀疏的海草床。这种红树林生态区地貌具有沙坝-潟湖功能，是该地海岸红树林生长茂盛的重要原因之一。

二、珊瑚礁区地貌特征

广西沿岸珊瑚礁生态区包括涠洲岛、斜阳岛、白龙尾 3 个区域。斜阳岛、白龙尾沿岸珊瑚种数少，分布稀疏，没有形成珊瑚岸礁，仅涠洲岛沿岸珊瑚种类丰富，形成有珊瑚岸礁。因此，以涠洲岛沿岸为代表阐述珊瑚礁生态区珊瑚礁地貌特征。

（一）礁坪地貌

礁坪地貌主要见于涠洲岛北部、东部、西南部沿岸。涠洲岛珊瑚岸礁发育，但分布不均匀，各向岸礁发育程度极不相同，北部沿岸发育最好，东部和西南部沿岸次之，而西部和南湾沿岸则不成礁。该岛北部后背塘-北港-苏牛角坑一带沿岸是珊瑚礁体较宽的岸段，沿岸广泛接受沉积，滨外珊瑚礁发育良好，礁后沙堤海滩、水下沙坝发育齐全、宽阔，礁坪宽达1025 m，块状珊瑚占优势，优势种为橙黄珊瑚、秘密角蜂巢珊瑚、交替扁脑珊瑚；局部有枝状珊瑚密集生长，主要属种有匍匐鹿角珊瑚、美丽鹿角珊瑚。珊瑚生长带宽660 m，为堆积岸段。东南部石盘河滩一带为基岩海岸，礁坪活珊瑚分布有块状的秘密角蜂巢珊瑚、交替扁脑珊瑚、普哥滨珊瑚和枝状匍匐状鹿角珊瑚、多枝鹿角珊瑚等，优势种不明显。西部大岭-高岭一带也为基岩海岸，因西南向风浪作用强烈，对珊瑚的生长不利（仅在3～7 m水深区域见有珊瑚礁及活珊瑚），海蚀平台外礁坪宽只有10～20 m，属于侵蚀岸段。西南部滴水村一带则介于前两种类型之间，地貌形态不明显，面积也较小，属于过渡型岸段，活珊瑚以秘密角蜂巢珊瑚、交替扁脑珊瑚为优势种，常见种有直枝鹿角珊瑚、多枝鹿角珊瑚、叶状蔷薇珊瑚。在礁坪靠岸一侧的局部岸段分布有小面积的洼地，如涠洲岛西南部的西角、北部的北港、东部的石盘河等地小河入海口附近形成有呈带状的海积-冲积洼地，一般宽20～250 m，长100～1500 m，标高2～4 m。洼地周围有1.0～1.5 m高的陡坎。在大潮和风暴潮期间，仍受到海水的作用。洼地内沉积物为灰黑色、灰黄色含少量生物碎屑的淤泥质砂。

（二）珊瑚礁海岸沉积分带

1. 潮上带

沉积物已见成岩作用，两期海滩岩，含珊瑚、贝壳碎屑，其中高位海滩岩海拔5~12 m，向海倾斜<10°，^{14}C绝对年龄测年值为距今3105~6900年；低位海滩岩海拔3.5 m，^{14}C绝对年龄测年值为距今1290~2690年。

2. 潮间带

沉积物为珊瑚屑-贝壳屑-陆源碎屑的混合沉积类型，珊瑚礁岸段海滩沉积物成分百分含量为珊瑚屑、贝壳屑含量最高，分别为36.5%、37.1%，其次为陆源碎屑，含量为21.6%，其余钙质藻屑、棘皮动物屑、其他钙屑含量均很小，分别为2.1%、1.8%、0.9%。

3. 潮下带（0~12.5 m）

潮下带为造礁石珊瑚丛生带。主要由玄武岩、火山角砾岩、沉凝灰岩基底和岩块、砂砾、珊瑚礁块组成，在涠洲岛的北部、东部和西南部沿岸潮下带海域均有活造礁石珊瑚生长在这些基岩、岩块、砂砾、珊瑚礁块上，珊瑚生长一般良好，可形成密集的珊瑚生长带。根据广西红树林研究中心对涠洲岛、斜阳岛珊瑚礁生态区2007~2009年的调查资料，涠洲岛、斜阳岛浅海造礁石珊瑚有10科、22属、46种。

三、海草床地貌特征

广西沿岸海草床主要有喜盐草和矮大叶藻两大类,其地貌单元简单。其中喜盐草通常生长、发育于广西沿岸东部沙质含量较高的沙质底和泥质沙底的潮间带中部和下部或潮流沙脊上,如北海东部铁山港湾流深槽东侧的沙背潮流沙脊、铁山港湾下龙尾及川江、山口乌坭沿岸、铁山港湾流深槽西侧北暮盐场沿岸的中潮和低潮带沙滩等。铁山港湾流深槽东侧的沙背潮流沙脊喜盐草海草床面积最大,达 283.1 hm^2,其次为北暮盐场沿岸的中潮和低潮带沙滩喜盐草海草床(170.1 hm^2),均呈片状分布特征,在潮下带也有少部分生长;矮大叶藻则主要生长、发育于广西沿岸西部的珍珠港湾淤泥质底的潮间带中部和上部,如珍珠港湾顶部的交东村和班埃村沿岸淤泥质潮滩,是广西面积最大、生长最好的矮大叶藻海草床,面积 41.6 hm^2,呈块状分布。

第二节 典型生态系统的化学特征

一、广西红树林海水化学特征

(一)水温

受亚热带季风气候影响,广西红树林生态系统的水温变化呈冬暖夏凉特征,各季度月变化范围为 16.49~35.00℃,各季度月平均值为 26.54℃,呈春季、夏季高,秋季次之,冬季较低的变化特征,但在不同季节、不同区域的水温变化较大,见表 3-1。

表 3-1 广西红树林生态区各季度月水温的变化范围及平均值 (单位:℃)

海区	变化范围及平均值	春季	夏季	秋季	冬季
珍珠湾海区	变化范围	20.64~28.60	26.89~28.28	25.59~28.15	22.91~23.49
	平均值	25.77	27.73	26.68	23.18
钦州湾海区	变化范围	28.94~32.17	30.27~32.10	25.00~27.55	16.49~23.33
	平均值	30.51	31.18	25.93	20.92
廉州湾海区	变化范围	28.79~35.00	26.70~31.64	24.12~27.74	17.09~21.33
	平均值	32.05	28.69	26.46	19.75
铁山港海区	变化范围	27.91~30.88	30.98~33.10	19.95~24.76	21.09~22.12
	平均值	29.36	31.94	22.91	21.57
全海区	变化范围	20.64~35.00	26.70~33.10	19.95~28.15	16.49~23.49
	平均值	29.42	29.89	25.50	21.36

(二)透明度

红树林分布海区位于近岸,受沿岸水和潮汐等水体混合作用影响较大,透明度不高,为 0.1~2.1 m,年平均值为 0.9 m。以秋季、冬季较高,春季次之,夏季最低;在区域上,随季节与海况的变化差异明显,见表 3-2。

表 3-2　广西红树林生态区各季度月透明度的变化范围及平均值（单位：m）

海区	变化范围及平均值	春季	夏季	秋季	冬季
珍珠湾海区	变化范围	1.1~1.9	0.4~1.1	0.9~2.1	1.0~1.9
	平均值	1.6	0.9	1.5	1.5
钦州湾海区	变化范围	0.4~1.0	0.2~0.5	0.6~1.0	0.5~1.8
	平均值	0.7	0.4	0.9	1.1
廉州湾海区	变化范围	0.2~0.5	0.1~0.3	0.1~1.0	0.4~0.9
	平均值	0.3	0.2	0.6	0.6
铁山港海区	变化范围	0.2~0.8	0.2~1.2	0.8~2.1	0.5~2.0
	平均值	0.4	0.6	1.2	1.3
全海区	变化范围	0.2~1.9	0.1~1.2	0.1~2.1	0.4~2.0
	平均值	0.8	0.5	1.0	1.1

（三）盐度

广西红树林生态区盐度的变化较大，变化范围为 0.15~32.24，年平均值为 17.95；呈冬季高，春季、秋季适中，夏季最低的变化特征；不同季节其区域性变化也很大，见表 3-3。

表 3-3　广西红树林生态区各季度月盐度的变化范围及平均值

海区	变化范围及平均值	春季	夏季	秋季	冬季
珍珠湾海区	变化范围	12.21~32.24	0.15~17.87	5.65~23.67	24.54~30.35
	平均值	26.13	8.03	19.96	27.79
钦州湾海区	变化范围	15.50~29.33	0.55~8.88	8.62~21.02	19.46~28.14
	平均值	22.66	3.68	14.23	23.38
廉州湾海区	变化范围	1.19~21.36	0.50~5.24	1.77~25.20	23.75~26.63
	平均值	12.69	2.47	17.67	25.05
铁山港海区	变化范围	2.80~23.68	10.55~19.98	22.21~26.32	28.79~30.50
	平均值	16.17	15.67	24.84	29.79
全海区	变化范围	1.19~32.24	0.15~19.98	1.77~26.32	19.46~30.50
	平均值	19.41	7.46	18.43	26.50

（四）pH

本红树林海区由于位于沿岸水影响较大的近岸海域，pH 不高，变化范围为 6.40~8.09，年平均值为 7.75；季节性变化也不十分明显，但仍显示出冬季高，春季、秋季适中，夏季较低的变化特征；但在不同季节，其区域性变化则较为明显，见表 3-4。

表 3-4　广西红树林生态区各季度月 pH 的变化范围及平均值

海区	变化范围及平均值	春季	夏季	秋季	冬季
珍珠湾海区	变化范围	7.39~8.05	6.40~7.78	7.40~8.05	7.75~7.91
	平均值	7.81	7.28	7.75	7.82
钦州湾海区	变化范围	7.54~7.97	7.49~7.66	7.66~7.93	7.71~8.01
	平均值	7.75	7.59	7.77	7.85

续表

海区	变化范围及平均值	春季	夏季	秋季	冬季
廉州湾海区	变化范围	7.37~8.09	7.26~7.66	7.55~7.81	7.89~7.96
	平均值	7.85	7.52	7.72	7.92
铁山港海区	变化范围	7.49~8.04	7.30~7.95	7.67~8.01	7.81~8.05
	平均值	7.80	7.70	7.83	7.96
全海区	变化范围	7.37~8.09	6.40~7.95	7.40~8.05	7.71~8.05
	平均值	7.80	7.52	7.77	7.89

（五）溶解氧

本红树林海区溶解氧含量变化范围为 3.63~13.18 mg/L，年平均值为 6.86 mg/L。最高值出现在水温最高的夏季，春季次之，秋季、冬季水温最低，溶解氧含量也最低。但在不同季节，不同海区的溶解氧含量变化较大，见表3-5。

表3-5 广西红树林生态区各季度月溶解氧的变化范围及平均值 （单位：mg/L）

海区	变化范围及平均值	春季	夏季	秋季	冬季
珍珠湾海区	变化范围	4.82~7.39	5.74~7.21	6.40~7.17	6.45~6.97
	平均值	6.52	6.37	6.63	6.62
钦州湾海区	变化范围	6.19~8.16	6.86~8.65	6.23~6.90	6.54~7.80
	平均值	7.01	7.56	6.61	7.26
廉州湾海区	变化范围	5.44~13.18	6.54~7.34	5.96~7.92	6.15~7.41
	平均值	8.52	6.80	6.81	6.89
铁山港海区	变化范围	3.94~6.47	5.51~8.70	6.10~7.54	3.63~7.00
	平均值	5.35	7.37	7.05	6.32
全海区	变化范围	3.94~13.18	5.51~8.70	5.96~7.92	3.63~7.80
	平均值	6.85	7.03	6.77	6.77

（六）总碱度

广西"908"专项红树林海区总碱度含量变化范围为 0.05~2.11 mmol/L，年平均值为 1.32 mmol/L；冬季量值最高，春季、秋季适中，夏季最低；不同季节的区域性差异明显，见表3-6。

表3-6 广西红树林生态区各季度月总碱度的变化范围及平均值 （单位：mmol/L）

海区	变化范围及平均值	春季	夏季	秋季	冬季
珍珠湾海区	变化范围	1.87~2.11	0.050~1.02	0.44~1.64	1.63~1.92
	平均值	1.99	0.54	1.18	1.81
钦州湾海区	变化范围	0.88~1.70	0.39~0.79	0.94~1.37	1.31~1.78
	平均值	1.23	0.65	1.17	1.52
廉州湾海区	变化范围	0.71~1.51	0.45~0.95	0.68~1.69	1.64~1.82
	平均值	1.17	0.67	1.37	1.74
铁山港海区	变化范围	0.67~1.73	0.89~1.26	1.59~1.82	1.96~2.08
	平均值	1.26	1.07	1.74	2.01
全海区	变化范围	0.67~2.11	0.05~1.26	0.44~1.82	1.31~2.08
	平均值	1.41	0.73	1.37	1.77

（七）悬浮物

本红树林海区悬浮物的含量变化很大，其变化范围为 0.9~1219.7 mg/L，平均值为 35.5 mg/L，夏季含量最高，春季、秋季适中，冬季最低，但随着季节和区域不同，其量值变化较大，见表 3-7。

表 3-7　广西红树林生态区各季度月悬浮物的变化范围及平均值　（单位：mg/L）

海区	变化范围及平均值	春季	夏季	秋季	冬季
珍珠湾海区	变化范围	3.9~16.6	2.7~8.4	4.0~5.9	2.4~13.0
	平均值	7.8	5.9	4.8	4.6
钦州湾海区	变化范围	5.7~29.1	12.3~67.7	5.1~11.2	3.4~6.7
	平均值	14.2	39.2	8.3	5.3
廉州湾海区	变化范围	23.4~82.5	39.2~1219.7	13.4~242.3	10.8~31.6
	平均值	48.2	277.3	48.9	18.2
铁山港海区	变化范围	10.0~66.0	5.6~70.0	4.9~20.3	0.9~33.5
	平均值	29.7	34.4	10.3	10.1
全海区	变化范围	3.9~82.5	2.7~1219.7	4.0~242.3	0.9~33.5
	平均值	25.0	89.2	18.1	9.6

（八）有机碳

本红树林海区的有机碳含量变化范围为 0.26~6.22 mg/L，平均值为 2.33 mg/L；在季节变化上表现为春季含量最高，冬季、夏季次之，秋季最低；但在不同季节，区域性变化较大，见表 3-8。

表 3-8　广西红树林生态区各季度月有机碳的变化范围及平均值　（单位：mg/L）

海区	变化范围及平均值	春季	夏季	秋季	冬季
珍珠湾海区	变化范围	1.80~3.45	0.89~2.19	0.30~1.61	1.82~6.05
	平均值	2.62	1.37	1.08	3.93
钦州湾海区	变化范围	2.13~3.44	2.07~3.90	0.26~1.49	1.15~2.85
	平均值	2.73	2.95	1.06	1.84
廉州湾海区	变化范围	3.73~6.22	1.60~3.21	0.40~1.58	2.12~2.58
	平均值	4.87	2.50	1.00	2.42
铁山港海区	变化范围	2.14~4.03	2.23~3.41	1.04~1.52	1.26~2.14
	平均值	3.18	2.77	1.20	1.72
全海区	变化范围	1.80~6.22	0.89~3.90	0.26~1.61	1.15~6.05
	平均值	3.35	2.40	1.09	2.48

（九）硝酸盐

本红树林海区的硝酸盐含量较高，其变化范围为 0.0022~2.82 mg/L，年平均值为 0.41 mg/L；

夏季含量最高，春季次之，秋季、冬季较低；不同季节的区域性变化极大，见表3-9。

表3-9 广西红树林生态区各季度月硝酸盐的变化范围及平均值 （单位：mg/L）

海区	变化范围及平均值	春季	夏季	秋季	冬季
珍珠湾海区	变化范围	0.0031~0.30	0.11~0.45	0.045~0.35	0.015~0.18
	平均值	0.087	0.25	0.16	0.064
钦州湾海区	变化范围	0.019~0.69	0.41~0.98	0.17~0.53	0.018~0.19
	平均值	0.28	0.70	0.37	0.12
廉州湾海区	变化范围	0.0022~2.82	1.58~2.62	0.20~0.96	0.051~0.29
	平均值	1.23	1.91	0.47	0.18
铁山港海区	变化范围	0.15~0.68	0.16~0.44	0.010~0.11	0.0065~0.030
	平均值	0.34	0.32	0.067	0.019
全海区	变化范围	0.0022~2.82	0.11~2.62	0.010~0.96	0.0065~0.29
	平均值	0.48	0.79	0.27	0.096

（十）亚硝酸盐

本红树林海区的亚硝酸盐含量变化范围为 0.000 12~0.16 mg/L，年平均值为 0.025 mg/L；在季节上以夏季含量最高，春季次之，秋季居中，冬季最低；但在不同季节，不同海区变化较大，见表3-10。

表3-10 广西红树林生态区各季度月亚硝酸盐的变化范围及平均值 （单位：mg/L）

海区	变化范围及平均值	春季	夏季	秋季	冬季
珍珠湾海区	变化范围	0.000 36~0.056	0.007 3~0.019	0.005 5~0.021	0.001 3~0.016
	平均值	0.017	0.011	0.011	0.005 7
钦州湾海区	变化范围	0.0021~0.049	0.023~0.079	0.022~0.055	0.001 8~0.012
	平均值	0.021	0.047	0.037	0.007 4
廉州湾海区	变化范围	0.001 3~0.16	0.075~0.12	0.014~0.024	0.003 6~0.014
	平均值	0.065	0.085	0.019	0.008 6
铁山港海区	变化范围	0.011~0.038	0.020~0.062	0.002 0~0.008 9	0.000 12~0.002 7
	平均值	0.026	0.036	0.005 7	0.0016
全海区	变化范围	0.000 36~0.16	0.007 3~0.12	0.002 0~0.055	0.000 12~0.014
	平均值	0.032	0.045	0.018	0.005 8

（十一）氨氮

本红树林海区的氨氮含量较高，均为 0.0051~0.49 mg/L，年平均值为 0.094 mg/L；在季节变化上以夏季最高，秋季次之，冬季、春季较低；其区域性变化则随季节改变明显，见表3-11。

表 3-11　广西红树林生态区各季度月氨氮的变化范围及平均值（单位：mg/L）

海区	变化范围及平均值	春季	夏季	秋季	冬季
珍珠湾海区	变化范围	0.0051~0.22	0.10~0.20	0.024~0.31	0.015~0.19
	平均值	0.078	0.16	0.11	0.067
钦州湾海区	变化范围	0.030~0.069	0.029~0.13	0.035~0.12	0.015~0.065
	平均值	0.052	0.086	0.084	0.031
廉州湾海区	变化范围	0.0066~0.052	0.17~0.49	0.050~0.39	0.039~0.13
	平均值	0.026	0.35	0.16	0.084
铁山港海区	变化范围	0.083~0.17	0.0073~0.069	0.0077~0.061	0.014~0.022
	平均值	0.12	0.032	0.031	0.019
全海区	变化范围	0.0051~0.22	0.0073~0.49	0.0077~0.39	0.014~0.13
	平均值	0.070	0.16	0.096	0.050

（十二）无机氮

本红树林海区无机氮的含量较高，变化范围为 0.010~3.01 mg/L，年平均值为 0.53 mg/L；具有夏季高、春季次之、秋季适中、冬季最低的季节变化特征；但在不同季度月，区域性变化较大，见表 3-12。

表 3-12　广西红树林生态区各季度月无机氮的变化范围及平均值（单位：mg/L）

海区	变化范围及平均值	春季	夏季	秋季	冬季
珍珠湾海区	变化范围	0.013~0.57	0.27~0.61	0.075~0.68	0.031~0.39
	平均值	0.18	0.43	0.27	0.14
钦州湾海区	变化范围	0.051~0.81	0.46~1.17	0.29~0.68	0.039~0.27
	平均值	0.35	0.83	0.49	0.16
廉州湾海区	变化范围	0.010~3.01	1.99~3.01	0.26~1.37	0.094~0.43
	平均值	1.32	2.35	0.65	0.28
铁山港海区	变化范围	0.26~0.88	0.20~0.53	0.030~0.17	0.021~0.054
	平均值	0.49	0.39	0.10	0.039
全海区	变化范围	0.010~3.01	0.20~3.01	0.030~1.37	0.021~0.43
	平均值	0.58	1.00	0.38	0.15

（十三）溶解态氮

本红树林海区的溶解态氮含量较高，均为 0.19~3.60 mg/L，年平均值为 0.71 mg/L；具有夏季最高、春季次之、秋季居中、冬季最低的季节性变化特征；但在不同季节，各海区的含量变化较大，见表 3-13。

表 3-13　广西红树林生态区各季度月溶解态氮的变化范围及平均值（单位：mg/L）

海区	变化范围及平均值	春季	夏季	秋季	冬季
珍珠湾海区	变化范围	0.19~0.79	0.42~1.02	0.27~0.88	0.18~0.62
	平均值	0.36	0.60	0.51	0.30
钦州湾海区	变化范围	0.30~1.25	0.55~1.49	0.55~0.91	0.21~0.42
	平均值	0.56	1.09	0.67	0.28
廉州湾海区	变化范围	0.37~3.60	2.01~3.38	0.54~1.82	0.21~0.78
	平均值	1.66	2.55	0.92	0.52
铁山港海区	变化范围	0.31~0.92	0.45~0.85	0.21~0.52	0.20~0.31
	平均值	0.56	0.68	0.36	0.25
全海区	变化范围	0.19~3.60	0.42~3.38	0.21~1.82	0.20~0.78
	平均值	0.79	1.23	0.62	0.34

（十四）总氮

本红树林海区总氮含量较高，变化范围为 0.21~4.21 mg/L，年平均值达 0.90 mg/L；具有夏季含量最高、春季次之、秋季适中、冬季最低的季节变化特征；但随着季节变换，各海区显示出明显不同的变化特征，见表 3-14。

表 3-14　广西红树林生态区各季度月总氮的变化范围及平均值（单位：mg/L）

海区	变化范围及平均值	春季	夏季	秋季	冬季
珍珠湾海区	变化范围	0.23~1.34	0.49~1.39	0.35~1.10	0.27~0.66
	平均值	0.51	0.72	0.63	0.37
钦州湾海区	变化范围	0.34~2.15	0.94~1.95	0.60~1.11	0.23~0.43
	平均值	0.88	1.46	0.79	0.33
廉州湾海区	变化范围	0.98~3.95	2.06~4.21	0.75~1.92	0.40~0.89
	平均值	2.07	3.12	1.10	0.63
铁山港海区	变化范围	0.42~1.54	0.50~1.13	0.27~0.68	0.21~0.32
	平均值	0.87	0.82	0.44	0.28
全海区	变化范围	0.23~3.95	0.49~4.21	0.27~1.92	0.21~0.89
	平均值	1.08	1.53	0.74	0.40

（十五）无机磷

本红树林海区无机磷的含量变化范围为 0.0004~0.10 mg/L，年平均值为 0.016 mg/L；具有春季高，夏季、秋季次之，冬季较低的季节变化特征；各海区随季节变化明显，且具有明显不同的变化特征，见表 3-15。

表 3-15　广西红树林生态区各季度月无机磷的变化范围及平均值（单位：mg/L）

海区	变化范围及平均值	春季	夏季	秋季	冬季
珍珠湾海区	变化范围	0.0017~0.057	0.0059~0.010	0.0017~0.028	0.0050~0.020
	平均值	0.017	0.0074	0.0073	0.0099
钦州湾海区	变化范围	0.0017~0.021	0.0059~0.013	0.013~0.020	0.0081~0.014
	平均值	0.0088	0.0086	0.016	0.011
廉州湾海区	变化范围	0.0087~0.10	0.0073~0.064	0.020~0.045	0.0045~0.051
	平均值	0.042	0.040	0.032	0.022
铁山港海区	变化范围	0.0073~0.035	0.0017~0.013	0.0008~0.014	0.0004~0.0087
	平均值	0.018	0.0051	0.0086	0.0059
全海区	变化范围	0.0017~0.10	0.0017~0.064	0.0008~0.045	0.0004~0.051
	平均值	0.021	0.015	0.016	0.012

（十六）溶解态磷

本红树林海区溶解态磷含量变化范围为 0.0027~0.36 mg/L，年平均值为 0.036 mg/L；具有夏季含量高，春季次之，秋季、冬季较低的季节变化特征；但在不同季度月，溶解态磷的区域性变化较大，见表 3-16。

表 3-16　广西红树林生态区各季度月溶解态磷的变化范围及平均值（单位：mg/L）

海区	变化范围及平均值	春季	夏季	秋季	冬季
珍珠湾海区	变化范围	0.0027~0.095	0.012~0.025	0.0074~0.034	0.0077~0.021
	平均值	0.029	0.017	0.017	0.012
钦州湾海区	变化范围	0.0027~0.023	0.013~0.037	0.019~0.024	0.012~0.019
	平均值	0.015	0.027	0.021	0.016
廉州湾海区	变化范围	0.034~0.17	0.040~0.36	0.031~0.12	0.031~0.078
	平均值	0.097	0.13	0.062	0.045
铁山港海区	变化范围	0.019~0.078	0.0089~0.031	0.0074~0.021	0.010~0.017
	平均值	0.038	0.019	0.014	0.014
全海区	变化范围	0.0027~0.17	0.0089~0.36	0.0074~0.12	0.0077~0.078
	平均值	0.045	0.048	0.028	0.022

（十七）总磷

本红树林海区总磷的含量为 0.0086~0.62 mg/L，年平均值为 0.067 mg/L；具有夏季高，春季、秋季次之，冬季较低的季节性变化特征；不同海区随季节变化明显，见表 3-17。

表 3-17　广西红树林生态区各季度月总磷的变化范围及平均值（单位：mg/L）

海区	变化范围及平均值	春季	夏季	秋季	冬季
珍珠湾海区	变化范围	0.0086~0.098	0.018~0.044	0.016~0.047	0.012~0.028
	平均值	0.036	0.030	0.028	0.019
钦州湾海区	变化范围	0.014~0.053	0.041~0.16	0.031~0.047	0.020~0.039
	平均值	0.032	0.094	0.037	0.026
廉州湾海区	变化范围	0.062~0.22	0.11~0.62	0.061~0.38	0.042~0.091
	平均值	0.13	0.24	0.12	0.061
铁山港海区	变化范围	0.038~0.20	0.019~0.089	0.015~0.041	0.013~0.036
	平均值	0.089	0.053	0.027	0.022
全海区	变化范围	0.0086~0.22	0.018~0.62	0.015~0.38	0.013~0.091
	平均值	0.072	0.11	0.054	0.032

（十八）活性硅酸盐

本红树林海区活性硅酸盐含量较高，变化范围为 0.062~4.56 mg/L，平均值高达 1.46 mg/L；呈夏季高、秋季次之、春季居中、冬季较低的季节性变化特征，与盐度的季节性变化相一致；但不同海区随季节变化明显，见表 3-18。

表 3-18　广西红树林生态区各季度月活性硅酸盐的变化范围及平均值（单位：mg/L）

海区	变化范围及平均值	春季	夏季	秋季	冬季
珍珠湾海区	变化范围	0.062~1.65	1.50~4.56	0.60~3.75	0.28~1.41
	平均值	0.64	2.75	1.67	0.70
钦州湾海区	变化范围	0.15~1.67	1.38~2.16	1.06~3.39	0.29~1.22
	平均值	0.89	1.71	2.36	0.81
廉州湾海区	变化范围	1.42~3.50	2.53~4.41	0.87~4.18	0.48~0.84
	平均值	2.28	3.48	1.95	0.64
铁山港海区	变化范围	0.57~1.45	0.13~2.29	0.29~1.16	0.22~0.75
	平均值	1.06	1.27	0.75	0.45
全海区	变化范围	0.062~3.50	0.13~4.56	0.29~4.18	0.22~1.41
	平均值	1.22	2.30	1.68	0.65

（十九）油类

广西"908"专项红树林海区的油类含量变化范围为 0.0089~0.13 mg/L，年平均值为 0.037 mg/L；4 个季度月的含量差异不大，具有冬季高，春季、夏季次之，秋季较低的季节性变化特征；但不同海区在不同季节变化却较大，见表 3-19。

表 3-19 广西红树林生态区各季度月油类的变化范围及平均值（单位：mg/L）

海区	变化范围及平均值	春季	夏季	秋季	冬季
珍珠湾海区	变化范围	0.010~0.062	0.014~0.039	0.022~0.035	0.040~0.13
	平均值	0.029	0.031	0.028	0.091
钦州湾海区	变化范围	0.0089~0.052	0.019~0.037	0.020~0.038	0.021~0.068
	平均值	0.028	0.028	0.024	0.040
廉州湾海区	变化范围	0.029~0.070	0.029~0.066	0.023~0.048	0.018~0.044
	平均值	0.052	0.049	0.031	0.033
铁山港海区	变化范围	0.025~0.059	0.016~0.048	0.017~0.039	0.026~0.058
	平均值	0.037	0.026	0.025	0.034
全海区	变化范围	0.0089~0.070	0.014~0.066	0.017~0.048	0.018~0.13
	平均值	0.037	0.033	0.027	0.050

（二十）砷

本红树林海区砷含量变化范围为 0.12~17.93 μg/L，年平均值为 2.48 μg/L；具有秋季高，春季、夏季次之，冬季较低的季节性变化特征；在不同季节，各海区砷的含量变化较大，见表 3-20。

表 3-20 广西红树林生态区各季度月砷的变化范围及平均值（单位：μg/L）

海区	变化范围及平均值	春季	夏季	秋季	冬季
珍珠湾海区	变化范围	0.20~4.48	0.15~0.83	0.50~10.56	0.12~2.91
	平均值	2.22	0.51	2.64	1.13
钦州湾海区	变化范围	0.29~3.73	0.59~1.20	0.17~16.09	0.12~3.65
	平均值	1.29	0.85	2.69	0.98
廉州湾海区	变化范围	1.41~4.41	2.14~10.95	1.70~5.18	1.00~3.35
	平均值	2.67	4.61	2.44	2.13
铁山港海区	变化范围	0.29~2.26	1.12~1.98	0.87~17.93	1.00~2.91
	平均值	1.27	1.52	10.93	1.85
全海区	变化范围	0.20~4.48	0.15~10.95	0.17~17.93	0.12~3.65
	平均值	1.86	1.87	4.67	1.52

（二十一）铜

本红树林海区的铜含量变化范围为 0.12~8.51 μg/L，年平均值为 1.89 μg/L；具有夏季高，冬季、春季次之，秋季较低的季节性变化特征；但在不同季节，不同海区的铜含量差异较大，见表 3-21。

表 3-21　广西红树林生态区各季度月重金属的变化范围及平均值　（单位：µg/L）

季节	海区	铜		铅		锌	
		变化范围	平均值	变化范围	平均值	变化范围	平均值
春季	珍珠湾	0.68~2.75	1.33	0.078~1.43	0.71	3.82~55.43	17.16
	钦州湾	0.83~6.26	2.21	0.076~1.15	0.30	8.95~54.04	27.99
	廉州湾	0.83~2.72	2.04	0.21~0.97	0.61	7.95~46.83	19.89
	铁山港	0.98~1.96	1.47	0.31~2.81	0.97	4.00~8.05	5.98
	全海区	0.68~6.26	1.76	0.076~2.81	0.65	3.82~55.43	17.76
夏季	珍珠湾	0.64~1.58	1.16	0.095~0.86	0.39	11.38~50.73	33.28
	钦州湾	1.44~4.72	2.62	0.46~0.87	0.60	10.27~63.02	39.94
	廉州湾	2.25~8.51	4.51	0.54~0.94	0.71	24.72~59.13	44.50
	铁山港	1.36~5.23	2.20	0.23~1.02	0.60	12.07~62.00	38.84
	全海区	0.64~8.51	2.62	0.10~1.02	0.57	10.27~63.02	39.14
秋季	珍珠湾	0.49~8.47	1.56	0.31~1.36	0.68	19.72~47.57	30.82
	钦州湾	0.36~4.46	1.18	0.089~1.11	0.51	20.68~79.41	35.21
	廉州湾	0.88~4.87	1.95	0.19~0.83	0.46	5.85~25.01	16.93
	铁山港	0.81~1.90	1.34	0.32~2.00	0.67	25.28~56.36	38.63
	全海区	0.36~8.47	1.51	0.089~2.00	0.58	5.85~79.41	30.40
冬季	珍珠湾	0.63~6.76	2.11	0.79~2.67	1.51	20.50~41.37	31.87
	钦州湾	1.24~2.50	1.70	0.13~1.53	0.42	7.05~23.14	15.00
	廉州湾	0.40~2.62	1.75	0.10~2.39	0.85	5.48~19.77	10.91
	铁山港	0.12~5.41	1.14	0.15~3.21	0.93	1.28~24.87	10.99
	全海区	0.12~6.76	1.68	0.10~3.21	0.93	1.28~41.37	17.19

（二十二）铅

本红树林海区的铅含量为 0.076~3.21 µg/L，年平均值为 0.68 µg/L；具有冬季高，春季次之，夏季、秋季较低的季节性变化特征；但在不同季节，不同海区的铅含量差异较大，见表 3-21。

（二十三）锌

本红树林海区的锌含量为 1.28~79.41 µg/L，年平均值为 26.12 µg/L；具有夏季高，秋季次之，冬季、春季较低的季节性变化特征；但不同海区随季节变化较大，见表 3-21。

（二十四）镉

本红树林海区的镉含量为 0.0011~0.16 µg/L，年平均值为 0.030 µg/L；具有秋季高、冬季次之、夏季居中、春季较低的季节性变化特征；但随着季节改变，不同海区的镉含量变化较大，见表 3-22。

表 3-22　广西红树林生态区各季度月重金属的变化范围及平均值　（单位：μg/L）

季节	海区	镉		铬		汞	
		变化范围	平均值	变化范围	平均值	变化范围	平均值
春季	珍珠湾	0.0013~0.034	0.016	0.16~4.51	0.98	0.073~0.20	0.12
	钦州湾	0.0069~0.047	0.024	0.13~1.76	0.69	0.035~0.23	0.090
	廉州湾	0.0012~0.042	0.015	0.10~2.31	1.08	0.035~0.11	0.060
	铁山港	0.0011~0.017	0.0062	0.27~2.94	1.62	0.014~0.17	0.10
	全海区	0.0011~0.047	0.015	0.10~4.51	1.09	0.014~0.23	0.093
夏季	珍珠湾	0.0056~0.025	0.012	0.38~1.47	0.94	0.076~0.18	0.11
	钦州湾	0.013~0.028	0.019	0.68~4.17	1.77	0.10~0.19	0.13
	廉州湾	0.010~0.10	0.037	0.63~2.66	1.47	0.10~0.17	0.14
	铁山港	0.020~0.095	0.048	0.38~1.50	1.12	0.066~0.15	0.10
	全海区	0.0056~0.10	0.029	0.38~4.17	1.32	0.066~0.19	0.12
秋季	珍珠湾	0.0073~0.041	0.021	0.088~0.55	0.22	0.052~0.30	0.22
	钦州湾	0.029~0.16	0.077	0.12~0.35	0.21	0.026~0.16	0.12
	廉州湾	0.026~0.071	0.046	0.37~2.79	0.81	0.055~0.38	0.21
	铁山港	0.0092~0.045	0.021	0.62~1.36	1.03	0.10~0.38	0.23
	全海区	0.0073~0.16	0.041	0.088~2.79	0.57	0.026~0.38	0.19
冬季	珍珠湾	0.0082~0.070	0.042	0.17~0.49	0.28	0.080~0.16	0.10
	钦州湾	0.010~0.067	0.042	0.049~0.63	0.39	0.20~0.34	0.26
	廉州湾	0.0013~0.075	0.027	0.65~1.58	0.87	0.22~0.27	0.25
	铁山港	0.0090~0.044	0.027	0.12~0.52	0.36	0.068~0.15	0.11
	全海区	0.0013~0.075	0.034	0.049~1.58	0.47	0.068~0.34	0.18

（二十五）铬

本红树林海区铬含量为 0.049~4.51 μg/L，年平均值为 0.86 μg/L；具有夏季高，春季次之，秋季、冬季较低的季节变化特征；但在不同季节，不同海区铬的含量有明显差别，见表 3-22。

（二十六）汞

本红树林海区汞含量为 0.014~0.38 μg/L，年平均值为 0.15 μg/L；以秋季、冬季高，夏季次之，春季较低的季节变化特征出现；但在不同季节，各海区汞的含量变化较大，见表 3-22。

二、广西红树林沉积化学特征

（一）有机碳

红树林海区沉积物中的有机碳含量为 0.01×10^{-2}~1.85×10^{-2}，平均值为 1.21×10^{-2}；具有廉州湾海区含量较高、钦州湾海区和珍珠湾海区含量次之、铁山港海区含量较低的区域性变化特征，见表 3-23。

表 3-23　广西红树林生态区沉积物中主要环境因子的变化范围及平均值

海区	变化范围及平均值	有机碳 $\times 10^{-2}$	总氮 $\times 10^{-2}$	总磷 $\times 10^{-6}$	硫化物 $\times 10^{-6}$	油类 $\times 10^{-6}$	砷 $\times 10^{-6}$
珍珠湾海区	变化范围	0.70~1.74	1.26~1.55	5.67~8.10	37.94~56.72	14.96~192.48	4.15~7.37
	平均值	1.31	1.40	7.06	47.33	111.80	6.14
钦州湾海区	变化范围	0.98~1.55	1.51~1.97	20.27~22.02	78.83~79.05	22.13~155.74	7.76~9.63
	平均值	1.34	1.71	21.20	79.94	71.72	8.90
廉州湾海区	变化范围	1.35~1.85	0.25~2.21	22.02~25.84	39.16~545.30	26.27~825.43	9.67~10.03
	平均值	1.50	1.55	23.41	292.23	311.25	9.91
铁山港海区	变化范围	0.01~1.09	0.24~1.02	4.97~8.10	1.99~233.77	72.55~152.33	4.09~4.79
	平均值	0.67	0.75	6.71	120.68	101.75	4.35
全海区	变化范围	0.01~1.85	0.24~2.21	4.97~25.84	1.99~545.30	14.96~825.43	4.09~10.03
	平均值	1.21	1.35	14.60	135.05	149.13	7.33

（二）总氮

红树林海区沉积物中总氮的含量为 0.24×10^{-2}~2.21×10^{-2}，平均值为 1.35×10^{-2}；具有钦州湾海区含量较高、廉州湾海区和珍珠湾海区含量次之、铁山港海区含量较低的区域性变化特征，见表 3-23。

（三）总磷

红树林海区沉积物中总磷的含量为 4.97×10^{-6}~25.84×10^{-6}，平均值为 14.60×10^{-6}；具有廉州湾海区和钦州湾海区含量较高、珍珠湾海区和铁山港海区含量较低的区域性变化特征，见表 3-23。

（四）硫化物

红树林海区沉积物中硫化物的含量为 1.99×10^{-6}~545.30×10^{-6}，平均值为 135.05×10^{-6}；具有廉州湾海区含量较高、铁山港海区含量次之、钦州湾海区和珍珠湾海区含量较低的区域性变化特征，见表 3-23。

（五）油类

红树林海区沉积物中油类的含量为 14.96×10^{-6}~825.43×10^{-6}，平均值为 149.13×10^{-6}；具有廉州湾海区含量较高、珍珠湾海区和铁山港海区含量次之、钦州湾海区含量较低的区域性变化特征，见表 3-23。

（六）砷

红树林海区沉积物中砷的含量为 4.09×10^{-6}~10.03×10^{-6}，平均值为 7.33×10^{-6}；具有廉州湾海区含量较高、钦州湾海区含量次之、珍珠湾海区和铁山港海区含量较低的区域性变化特征，见表 3-23。

(七)铜

红树林海区沉积物中铜的含量为 $1.84\times10^{-6}\sim26.57\times10^{-6}$，平均值为 12.03×10^{-6}；具有廉州湾海区含量较高、钦州湾海区次之、铁山港海区和珍珠湾海区含量较低的区域性变化特征，见表3-24。

表3-24 广西红树林生态区沉积物中重金属的变化范围及平均值 （单位：$\times10^{-6}$）

海区	变化范围及平均值	铜	铅	锌	镉	铬	汞
珍珠湾海区	变化范围	3.89~4.37	1.63~3.65	40.13~66.80	0.035~0.060	8.17~8.97	0.022~0.056
	平均值	4.07	2.46	51.80	0.044	8.44	0.033
钦州湾海区	变化范围	10.26~26.57	1.96~3.96	52.13~151.12	0.029~0.087	7.91~22.61	0.071~0.084
	平均值	18.57	2.85	97.69	0.055	16.89	0.077
廉州湾海区	变化范围	20.15~21.68	3.04~4.59	90.91~116.17	0.021~0.076	15.58~23.86	0.0061~0.11
	平均值	20.89	3.78	100.49	0.050	20.79	0.065
铁山港海区	变化范围	1.84~6.37	0.30~1.69	10.42~44.11	0.013~0.044	0.063~10.81	0.0010~0.035
	平均值	4.58	1.20	26.82	0.026	5.07	0.016
全海区	变化范围	1.84~26.57	0.30~4.59	10.42~151.12	0.013~0.087	0.063~23.86	0.0010~0.11
	平均值	12.03	2.57	69.20	0.044	12.80	0.048

(八)铅

红树林海区沉积物中铅的含量为 $0.30\times10^{-6}\sim4.59\times10^{-6}$，平均值为 2.57×10^{-6}；仍具有廉州湾海区含量较高、钦州湾海区含量次之、珍珠湾海区和铁山港海区含量较低的区域性变化特征，见表3-24。

(九)锌

红树林海区沉积物中锌的含量为 $10.42\times10^{-6}\sim151.12\times10^{-6}$，平均值为 69.20×10^{-6}；区域变化特征与铅相一致，廉州湾海区含量较高、钦州湾海区含量次之、珍珠湾海区和铁山港海区含量较低，见表3-24。

(十)镉

红树林海区沉积物中镉的含量为 $0.013\times10^{-6}\sim0.087\times10^{-6}$，平均值为 0.044×10^{-6}；钦州湾海区和廉州湾海区含量较高、珍珠湾海区含量次之、铁山港海区含量较低，见表3-24。

(十一)铬

红树林海区沉积物中铬的含量为 $0.063\times10^{-6}\sim23.86\times10^{-6}$，平均值为 12.80×10^{-6}；区域变化特征与铅和锌相一致，廉州湾海区含量较高、钦州湾海区含量次之、珍珠湾海区和铁山港海区含量较低，见表3-24。

(十二)汞

红树林海区沉积物中汞的含量为 $0.0010\times10^{-6}\sim0.11\times10^{-6}$，平均值为 0.048×10^{-6}；区域变化特征与镉相一致，钦州湾海区和廉州湾海区含量较高、珍珠湾海区含量次之、铁山港海区含量较低, 见表 3-24。

三、广西红树林环境质量评价

(一) 海水化学环境现状评价

红树林海区 4 个季度月海水环境质量的评价结果见表 3-25。

表 3-25 广西红树林生态区海水环境现状的评价结果

评价因子	春季（站数：36）			夏季（站数：36）			秋季（站数：36）			冬季（站数：36）		
	平均 Pi 值	超标站数	超标率/%	平均 Pi 值	超标站数	超标率/%	平均 Pi 值	超标站数	超标率/%	平均 Pi 值	超标站数	超标率/%
pH	0.99	18	50.00	1.80	30	83.33	1.09	21	58.33	0.75	8	53.47
溶解氧	1.92	20	55.55	1.08	15	41.67	0.51	1	2.78	0.59	1	25.69
有机碳	1.12	20	55.55	0.80	8	22.22	0.36	0	0	0.83	8	25.00
无机氮	2.90	23	63.89	4.99	35	97.22	1.91	21	58.33	0.76	13	63.89
无机磷	1.42	13	36.11	1.02	8	22.22	1.07	17	47.22	0.80	9	32.64
铜	0.35	1	2.78	0.52	4	11.11	0.30	1	2.78	0.34	2	5.56
铅	0.64	6	16.67	0.58	1	2.78	0.59	3	8.33	0.97	11	14.58
锌	0.89	11	30.56	1.96	32	88.89	1.52	28	77.78	0.86	12	57.64
镉	0.015	0	0	0.030	0	0	0.041	0	0	0.030	0	0
铬	0.022	0	0	0.030	0	0	0.011	0	0	0.010	0	0
汞	2.34	28	77.78	2.43	36	100	3.89	34	94.44	3.59	36	93.06
砷	0.093	0	0	0.090	0	0	0.23	0	0	0.080	0	0
油类	0.73	10	27.78	0.67	4	11.11	0.54	0	0	0.99	9	15.97

由表 3-25 的评价结果得知, 本红树林海区的主要污染因子按其超标率依次排列为: 汞、无机氮、锌、pH、无机磷、溶解氧、有机碳、油类、铅、铜。

1. pH

红树林海区 pH 的 P_i 值较高, 平均为 1.16, 在 4 个季度月中均出现了超一类海水标准状况, 超标率已达 53.47%。

春季, 尽管径流影响相对较小, 但 pH 的平均 P_i 值仍达 0.99; 有 18 个测站出现超标状况, 超标率为 50.00%。尤以钦州湾海区和铁山港海区较为明显, 已有 2 个断面出现超标, 珍珠湾海区和廉州湾海区则各有 1 个断面超标。

夏季, 径流影响最大, pH 的平均 P_i 值也最高, 已达 1.80; 出现超标测站也最多, 已有 30 个测站超标, 超标率高达 83.33%。除铁山港海区英罗港断面和榄子根断面 6 个测站未超标外, 其余海区和测站均已超标。

秋季, 随着径流影响减弱, pH 的 P_i 值也随之下降, 平均为 1.09; 超标测站也降至 21 个, 超标率降至 58.33%。以钦州湾海区和廉州湾海区出现概率较大, 珍珠湾海区和铁山港海区出现概率较小。

冬季, 径流影响最小, pH 的 P_i 值也最低, 平均为 0.75; 超标测站也降至 8 个, 超标率为 22.22%，只有钦州湾海区和珍珠湾海区的 8 个测站超标。从 pH 超标的状况看，超标率具有随径流影响大而上升的规律，陆源冲淡水的影响是导致本红树林海区 pH 超标的主要原因。

2. 溶解氧

红树林海区溶解氧的平均 Pi 值与 pH 相当，年平均值已达 1.03；在 4 个季度月中均出现了超标状况，超标率已达 25.69%。

春季，溶解氧的 Pi 值最高，平均为 1.92，超标率已高达 55.55%。其中廉州湾海区和铁山港海区已各有 6 个测站超标，只有榄子根断面 Pi 值在 0.69 以下。珍珠湾海区除石角断面 Pi 值较低外，其余 2 个断面已有 5 个测站超标。钦州湾海区超标最少，只有大冲口断面超标，其余断面 Pi 值均在 0.79 以下。

夏季，溶解氧的平均 Pi 值已下降至 1.08，超标率也降至 41.67%。但铁山港海区的平均 Pi 值却高达 2.34，出现了所有测站超标的状况，超标率高达 100%。珍珠湾海区的超标测站已降至 4 个，分别出现于班埃断面和石角断面的远岸海域。钦州湾海区的超标测站已降至 2 个，均出现于大冲口断面，其余测站 Pi 值多在 0.5 以下。廉州湾海区所有测站的 Pi 值均在 0.65 以下。

秋季、冬季溶解氧的平均 Pi 值分别为 0.51 和 0.59。其中秋季只有廉州湾海区草头村断面中部出现 1 个超标测站；冬季只有铁山港海区榄子根断面中部出现 1 个超标测站，Pi 值高达 4.56。

3. 有机碳

红树林海区有机碳的年均 Pi 值虽然不高，仅为 0.78，但已有 25.69% 的测站超标；但随着季节的改变，有机碳的 Pi 值差别明显。

春季，有机碳的 Pi 值已高达 1.12，20 个测站已超过一类海水标准。以廉州湾海区超标最为显著，所有测站已全部超标，超标率高达 100%；其次是铁山港海区，除榄子根断面 Pi 值低于 0.82 外，其余断面已全部超标，超标率已达 66.67%；珍珠湾海区则除竹山断面超标外，其余断面的 Pi 值均为 0.60~0.89；钦州湾海区虽然只有 2 个测站超标，但其余测站的 Pi 值已多在 0.81 以上，环境容量并不大。

夏季，有机碳的 Pi 值已降至 0.80，整个海区只有 8 个测站超标，超标率为 22.22%。其中 4 个超标测站主要出现在钦州湾海区大冲口断面和沙环断面的近岸海域，其余 4 个超标测站则分别出现在廉州湾海区的木案断面和铁山港海区的英罗港断面；珍珠湾海区 Pi 值较低。

秋季，有机碳的 Pi 值仅为 0.36，整个海区均无超标测站出现。

冬季，有机碳的 Pi 值与夏季相当，平均为 0.83。有 8 个测站已经超标，而且全部出现在珍珠湾海区，廉州湾、钦州湾、铁山港海区均未出现超标。

4. 无机氮

红树林海区无机氮的 Pi 值较高，年平均值高达 2.64，超标率也高达 63.89%，在所有评价因子中已位居第二。

春季，Pi 值以次高值出现，平均为 2.90，全海区已有 23 个测站超标。尤以铁山港海区最为显著，所有测站已全部超标，超标率已高达 100%。廉州湾海区和钦州湾海区次之，除草头村断面和大冲口断面 Pi 值较低外，其余断面已全部超标，超标率达 66.67%；而珍珠湾海区除竹山断面 Pi 值较高且有 2 个测站超标外，其余断面的 Pi 值均在 0.14 以下。

夏季，随着径流影响增强，沿岸流域带入了大量的含氮化合物，无机氮出现了大面积超标状况，平均 Pi 值高达 4.99；除 1 个测站的 Pi 值为 0.99 外，其余 35 个测站已全部超标，超标率高达 97.22%。

秋季，径流影响明显减弱，无机氮的 Pi 值下降明显，平均为 1.91；超标的范围也明显缩小，只有 21 个测站超标，超标率下降至 58.33%。除廉州湾海区和钦州湾海区仍以全部测站超标出现外，珍珠湾海区只有北仑河影响最大的竹山断面超标，其余断面 Pi 值多在 0.72 以下；铁山港海区的全部测站则均在一类海水范围内，其中榄子根断面的 Pi 值均在 0.19 以下。

冬季，无机氮的 Pi 值以明显下降的趋势出现，平均为 0.76，但仍有 13 个测站出现超标状况。虽然出现的海区仍以廉州湾海区和钦州湾海区为主，但已分别下降至 6 个和 4 个测站，其余测站 Pi 值多在 0.63 以下，其中大冲口断面的 Pi 值均在 0.20 以下，海区的环境质量多呈良好状态。

5. 无机磷

红树林海区无机磷的 Pi 值较高，年平均值已达 1.08；已有 47 个测站超标，超标率达 32.64%；但在不同季节，无机磷的 Pi 值变化较大。

春季，无机磷的 Pi 值最高，平均达 1.42；整个红树林海区已有 13 个测站出现超标，而且遍布 4 个海区。其中以廉州湾海区出现超标测站最多，东江口断面和木案断面均已成为超标区域；铁山港海区和珍珠湾海区也各有一条断面超标，分别出现在丹兜海断面和竹山断面，其余断面的 Pi 值均在 0.87 以下，尤以珍珠湾海区的班埃和石角断面最低，均小于 0.21。

夏季，虽为径流影响最大的季节，但无机磷的 Pi 值却明显下降，平均为 1.02；超标率已由春季的 36.11%下降至 22.22%。超标的 8 个测站全部出现在廉州湾海区，其余海区的 Pi 值均在 0.57 以下，尤以铁山港海区的 Pi 值最低，平均仅为 0.34。

秋季，径流影响虽然明显减弱，但无机磷的 Pi 值却以高于夏季出现，平均为 1.07；超标率已上升至 47.22%，整个海区已有 17 个测站超标。其中廉州湾海区的 9 个测站全部超标；钦州湾海区已从夏季的无超标测站上升为 7 个测站超标；铁山港海区虽无超标测站出现，但 Pi 值已呈明显上升趋势；而珍珠湾海区虽有 1 个超标测站出现，但有 2 条断面的 Pi 值均在 0.39 以下。

冬季，无机磷的 Pi 值下降明显，平均为 0.80，但仍有 9 个测站超标。其中 6 个测站仍出现在廉州湾海区，只有东江口断面的 Pi 值下降明显，均在 0.49 以下；其余 3 个超标测站出现在珍珠湾海区的竹山断面，其余断面的 Pi 值均在 0.54 以下；钦州湾海区和铁山港海区均无超标测站出现，环境质量呈较好状态。

6. 铜

红树林海区铜的 Pi 值较低，年平均值仅为 0.38；但已有 8 个测站超标，超标率为 5.56%。

春季，铜的 Pi 值以略低于年均值出现，平均为 0.35；除钦州湾大冲口断面 1 个测站超标外，其余测站的 Pi 值均在 0.56 以下，具有较大的环境容量。

夏季，铜的 Pi 值呈明显上升趋势，平均为 0.52，已有 4 个测站超标；其中 3 个测站出现在廉州湾海区的东江口断面，1 个测站出现在铁山港海区的榄子根断面。廉州湾海区 Pi 值较高，平均值已达 0.90，但木案断面和草头村断面的 Pi 值较低，均在 0.67 以下；钦州湾海区次之，平均值为 0.52，尤以大冲口断面最低；铁山港海区的平均 Pi 值为 0.44，绝大部分测站均在 0.40 以下；珍珠湾海区的 Pi 值最低，平均只有 0.23。

秋季，铜的 Pi 值为 4 个季度月的最低值，平均为 0.30。但仍出现 1 个超标测站，位于珍珠湾海区的石角断面；绝大部分测站 Pi 值均较低，各海区的 Pi 值均为 0.24~0.39。

冬季，铜的 Pi 值与春季相当，平均 Pi 值为 0.34。但有 2 个超标测站出现，分别出现于珍珠湾海区的竹山断面和铁山港海区的榄子根断面，其余测站的 Pi 值较低，各海区的 Pi 值均为 0.23~0.42，与秋季极为接近。

7. 铅

红树林海区铅的 Pi 值居中，年平均值为 0.70；已有 21 个测站超标，超标率为 14.58%。

春季，铅的 Pi 值以次高值出现，平均为 0.64；有 6 个测站已超标，其中有 3 个测站出现在铁山港海区的英罗港断面和丹兜海断面，2 个测站出现在珍珠湾海区的竹山断面和石角断面，1 个测站出现在钦州湾海区的大冲口断面，大部分测站 Pi 值均在 0.5 以上。

夏季，铅的 Pi 值略有下降，平均为 0.58；超标测站明显减少，只有铁山港海区丹兜海断面的 1 个测站超标。

秋季，铅的 Pi 值与夏季相当，平均为 0.59；但超标测站增加至 3 个，分别出现在珍珠湾海区的石角断面、钦州湾海区的沙井断面和铁山港海区的英罗港断面。各海区的 Pi 值均为 0.46~0.68，其中珍珠湾海区和铁山港海区 Pi 值较高，钦州湾海区和廉州湾海区 Pi 值较低且量值接近。

冬季，铅的 Pi 值明显升高，平均达 0.97；已有 11 个测站超标，超标率达 30.56%。其中珍珠湾海区的平均 Pi 值高达 1.51，超标测站已上升至 6 个，遍布 3 个断面；廉州湾海区和铁山港海区的 Pi 值已分别达 0.85 和 0.93，均有 2 个测站超标；钦州湾海区虽有 1 个测站超标，但该海区的平均 Pi 值只有 0.42，尚有较大的环境容量。

8. 锌

红树林海区锌的 Pi 值较高，年平均值已高达 1.31；有 83 个测站已超标，超标率达 57.64%，在评价因子中排列第三，仅次于汞和无机氮。

春季，锌的 Pi 值较低，平均为 0.89，已有 11 个测站超标。其中 5 个测站出现在钦州湾海区，而且遍布 3 条断面，平均 Pi 值已达 1.40；6 个测站分别出现在珍珠湾海区和廉州湾海区，平均 Pi 值分别为 0.86 和 0.99，环境容量已处于有限状态；只有铁山港海区具有较大的环境容量，平均 Pi 值仅为 0.30。

夏季，锌的 Pi 值上升显著，平均为 1.96，超标测站也迅速上升至 32 个。除珍珠湾海区竹山断面、钦州湾海区大冲口断面的 1 个测站和铁山港海区丹兜海断面的 2 个测站没有超标，而且尚有一定容量外，其余测站均已超标，尤以廉州湾海区最为显著，超标率已高达100%。

秋季，锌的平均Pi值已降至1.52，但还有28个测站超标，超标率仍达77.78%。其中钦州湾海区和铁山港海区的超标率已上升至100%，珍珠湾海区保持了夏季的超标率，只有廉州湾海区的超标率呈现明显下降趋势，超标测站仅为2个。

冬季，锌的Pi值下降显著，平均为0.86，超标测站也迅速下降至12个。除珍珠湾海区上升为100%测站超标外，钦州湾海区的超标测站已下降为2个，铁山港海区下降为1个，廉州湾海区无超标测站出现，多数测站具有较大的环境容量。

9. 镉

红树林海区镉的Pi值较低，年平均值仅为0.029；4个季度月均无超标测站出现，而且Pi值均在0.041以下，具有很大的环境容量。

10. 铬

红树林海区铬的Pi值最低，年平均值仅为0.018，是所有评价因子中Pi值最低的环境因子；4个季度月的Pi值均在0.030以下。

11. 汞

红树林海区汞的Pi值是所有评价因子最高的，年平均值高达3.06；超标率高达93.06%，在所有评价因子中已位居首位。

春季，汞的Pi值以最低值出现，但平均值仍达2.34；全海区已有28个测站超标，超标率仍达77.78%。除廉州湾海区的4个测站、钦州湾海区沙井断面的2个测站、铁山港海区榄子根断面的1个测站Pi值较低，没有超过一类海水标准外，其余测站均已超标。

夏季，汞的Pi值略有上升，平均值已达2.43；但超标率已突破100%，而且4个海区的平均Pi值均在2.0以上，尤以钦州湾海区和廉州湾海区为高。

秋季，汞的Pi值位居4个季度月最高，平均值高达3.89，但超标率已下降至94.44%。钦州湾海区大冲口断面出现了2个未超标测站，而其余3个海区的平均Pi值已高达4.14~4.67，处于严重超标状态。

冬季，汞的Pi值虽略有下降，但仍高达3.59，超标率又恢复到100%。其中钦州湾海区和廉州湾海区的Pi值仍以上升趋势出现，分别高达5.16和4.98；铁山港海区和珍珠湾海区则已降至2.09~2.14。

12. 砷

红树林海区砷的Pi值较低，年平均值仅为0.12；4个季度月均无超标测站出现，而且Pi值均在0.23以下，均符合一类海水质量标准。

13. 油类

红树林海区油类的Pi值居中，年平均值为0.73，但在4个季度月中已有3个季度月出现了超标测站。

春季，油类的Pi值虽以次高值出现，平均为0.73；但却有10个测站超标，超标率达27.78%，为4个季度月最高。其中廉州湾海区以6个超标测站出现，遍及3条断面；铁山港海区以2个超标测站出现，主要出现在丹兜海断面和英罗港断面；钦州湾海区和珍珠湾海区则以 1 个超标测站出现，主要出现在竹山断面和沙井断面；但绝大部分测站的 Pi 值均在 0.6 以下。

夏季，油类的 Pi 值呈下降趋势，平均 Pi 值为 0.67；超标测站也下降至 4 个，超标率只有 11.11%。除廉州湾海区仍以 4 个超标测站出现外，其余海区均在一类海水范围内，而且平均 Pi 值均为 0.52~0.62。

秋季，油类的 Pi 值最低，平均为 0.54；所有测站均在一类海水范围内，各海区的 Pi 值也均为 0.48~0.62。

冬季，油类的 Pi 值最高，平均为 0.99；有 9 个测站超标，超标率仅次于春季，为 25.00%。珍珠湾海区出现超标测站最多，除石角断面 Pi 值低于 0.84 外，其余 2 个断面全部超标；钦州湾海区有 2 个测站超标，分别出现在沙井断面和沙环断面；铁山港海区有 1 个测站超标，出现于英罗港断面；只有廉州湾海区均在一类海水范围内。

根据广西红树林生态区沉积物环境因子的分布变化状况，我们采用单项污染指数评价法对该海区的沉积物环境现状进行分析评价，红树林海区沉积物环境质量的评价结果，见表 3-26。

表 3-26 广西红树林生态区沉积物环境现状的评价结果

评价因子	珍珠湾海区（3 站）		钦州湾海区（3 站）		廉州湾海区（3 站）		铁山港海区（3 站）	
	平均 Pi 值	超标率/%	平均 Pi 值	超标率/%	平均 Pi 值	超标率/%	平均 Pi 值	超标率/%
有机碳	0.66	0	0.67	0	0.78	0	0.34	0
硫化物	0.16	0	0.26	0	0.97	33.3	0.40	0
油类	0.22	0	0.14	0	0.62	33.3	0.20	0
铜	0.12	0	0.53	0	0.60	0	0.13	0
铅	0.041	0	0.048	0	0.063	0	0.020	0
锌	0.35	0	0.65	33.3	0.67	0	0.18	0
镉	0.088	0	0.11	0	0.099	0	0.051	0
铬	0.11	0	0.21	0	0.26	0	0.063	0
汞	0.17	0	0.39	0	0.33	0	0.082	0
砷	0.31	0	0.45	0	0.50	0	0.22	0

表 3-26 的结果表明，本红树林海区沉积物的污染指数不高，整个海区仅有 3 个测站出现超标状况，分别出现于廉州湾海区和钦州湾海区，污染因子为硫化物、油类和锌。但随着海区不同，各评价因子的 Pi 值存在明显差异。

（二）沉积物环境现状评价

1. 珍珠湾海区

该海区所有评价因子的平均 Pi 值均在 0.66 以下，所有测站均未出现超标状况。但以有机碳的 Pi 值较高，各测站 Pi 值均为 0.35~0.87，以竹山断面最低，班埃断面 Pi 值较高；其余评价因子 Pi 值均较低，尤以硫化物、铜、铅、镉、铬最为明显，所有测站均小于 0.20；整个海区沉积物环境质量状况良好。

2. 钦州湾海区

该海区所有评价因子的平均 Pi 值均在 0.67 以下,但沙井断面 1 个测站却出现了锌超标。在 10 种评价因子中,以有机碳、锌和铜的 Pi 值较高,平均 Pi 值已大于 0.5,而沙井、沙环断面的 Pi 值多在 0.6 以上,只有大冲口断面的 Pi 值小于 0.5;砷和汞次之,所有测站 Pi 值均为 0.36~0.48;其余评价因子的平均 Pi 值均较低,均在 0.26 以下。

3. 廉州湾海区

该海区所有评价因子的平均 Pi 值均在 0.97 以下,但东江口断面 1 个测站却同时出现了硫化物和油类超标。在 10 种评价因子中,已有有机碳、硫化物、油类、铜和锌 5 种评价因子的平均 Pi 值大于 0.6;汞、铬、砷 3 种评价因子的平均 Pi 值已为 0.26~0.50,只有铅和镉的平均 Pi 值最低,均在 0.1 以下。从区域的角度来看,随着污染来源不同,所表现的沉积环境也明显不同。东江口断面是本海区养殖排废影响最大的区域,加上近岸小渔船来往较多,除硫化物和油类出现高达 1.82 和 1.65 的 Pi 值外,有机碳和锌也出现了 0.74 和 0.77 的较高值,铜、砷、汞也相继以 0.58、0.50 和 0.40 出现,只有铅、镉、铬 Pi 值在 0.29 以下。对于径流影响最大的木案断面,则以有机碳、铜和锌的 Pi 值较高,均为 0.60~0.68,砷和铬的 Pi 值分别以 0.50 和 0.30 出现,其余评价因子铅、镉、汞、硫化物和油类的 Pi 值则均在 0.13 以下。

4. 铁山港海区

该海区所有评价因子的 Pi 值均较低,平均 Pi 值均在 0.40 以下。但在区域分布上,榄子根断面和英罗港断面的有机碳却出现了 0.46 和 0.55 的 Pi 值,硫化物的 Pi 值也分别达 0.46 和 0.55,其余所有断面测站的 Pi 值均小于 0.30。

四、红树林生态区环境质量综合评价

(一)水体初级生产力功能评价

1. 叶绿素 a

红树林海区叶绿素 a 的含量较高,变化范围为 0.50~57.86 μg/L,年平均值为 6.16 μg/L;具有夏季含量较高、春季次之、秋季居中、冬季较低的季节性变化特征;但在区域分布上,各海区随季节变化显著,见表 3-27。

表 3-27 广西红树林生态区各季度月叶绿素 a 的变化范围及平均值 (单位:μg/L)

海区	变化范围及平均值	春季	夏季	秋季	冬季
珍珠湾海区	变化范围	0.69~3.40	1.59~4.43	1.62~5.22	0.50~2.88
	平均值	1.70	2.73	3.10	1.59
钦州湾海区	变化范围	1.13~6.28	10.14~24.01	1.84~3.73	1.39~3.81
	平均值	3.22	16.75	2.53	2.41
廉州湾海区	变化范围	5.46~57.86	5.43~17.25	5.16~13.33	2.62~9.87
	平均值	21.25	10.92	7.74	5.30

续表

海区	变化范围及平均值	春季	夏季	秋季	冬季
铁山港海区	变化范围	2.40~9.16	5.69~18.93	2.78~3.87	1.01~3.96
	平均值	4.47	9.47	3.26	2.33
全海区	变化范围	0.69~57.86	1.59~24.01	1.62~13.33	0.50~9.87
	平均值	7.66	9.97	4.16	2.84

春季，叶绿素 a 的含量位居次高值，平均为 7.66 μg/L；但区域性变化幅度却最大，高达 19.55 μg/L。叶绿素 a 的含量以廉州湾海区含量最高，各断面之间的差值也最大，平均值均为 6.23~46.31 μg/L，草头村断面含量最高，其余断面均在 11.21 μg/L 以下，尤以木案断面为低，多具有中间低、两头高的分布特征；铁山港海区含量次之，各断面的平均值均为 2.67~7.15 μg/L，以丹兜海断面为高，榄子根断面为低，呈无规则分布特征；钦州湾海区含量较低，均为 1.47~4.95 μg/L，沙井断面为高值区，大冲口断面为低值区，多具有近岸高、远岸低的分布特征；珍珠湾海区含量最低，均为 0.75~2.78 μg/L，竹山断面含量较高，班埃断面含量较低，分布特征与钦州湾海区相一致。

夏季，叶绿素 a 含量在充足的营养物质供应下位居 4 个季度月的最高值，平均高达 9.97 μg/L；但区域性差异较春季明显缩小，变化幅度为 14.02 μg/L。该季度月叶绿素 a 的含量以钦州湾海区含量最高，各断面的平均值均为 15.54~24.01 μg/L，沙井和沙环断面同为高值区，大冲口断面为低值区，多具有近岸高、向远岸递减的分布特征；廉州湾海区次之，均为 8.03~12.63 μg/L，以东江口和木案断面为高，草头村断面为低，分布无明显规律性；铁山港海区以略低于廉州湾海区出现，各断面均为 6.29~13.16 μg/L，英罗港断面为高值区，榄子根断面为低值区，多具有中间低、两头高的分布特征；珍珠湾海区含量较低，均为 1.93~3.86 μg/L，以石角断面为高，班埃断面为低，分布特征与铁山港海区相反。

秋季，叶绿素 a 含量以低于夏季 1 倍多的量值呈现出较低的含量分布，平均为 4.16 μg/L；区域性差异也显著缩小，变化幅度降至 5.21 μg/L。该季度月廉州湾海区以最高值出现，各断面的平均值均为 5.22~9.76 μg/L，草头村断面为高值区，东江口断面为低值区，但分布无明显规律性；铁山港海区次之，断面之间的差异较小，均在 3.16~3.32 μg/L 范围内，英罗港断面略低，多具有中间低、两头高的分布特征；珍珠湾海区含量较低，均为 1.92~4.21 μg/L，竹山断面为高值区，石角断面为低值区，呈无规则分布特征；钦州湾海区含量最低，但断面之间较为接近，均为 2.09~2.84 μg/L，以沙环断面为低，分布特征与铁山港海区相一致。

冬季，随着海区营养水平下降，叶绿素 a 含量最低，平均为 2.84 μg/L；区域性差异也最小，变化幅度仅为 3.71 μg/L。廉州湾海区仍以最高值出现，各断面的平均值为 3.46~9.46 μg/L，东江口断面为高值区，木案断面为低值区，但分布无明显规律性；钦州湾海区和铁山港海区次之，各断面的平均值分别为 1.67~3.07 μg/L 和 1.47~3.48 μg/L，以沙井断面和丹兜海断面为高，大冲口和榄子根断面为低，前者多以中间低、两头高的分布特征出现，后者则多呈近岸高、远岸低的分布特征；珍珠湾海区含量最低，均为 1.18~2.27 μg/L，以竹山断面含量较高，石角断面含量较低，均具有中间高、两头低的分布特征。

2. 初级生产力

红树林海区具有较高的初级生产力，变化范围为 0.35~20.55 mg(O_2)/(m^2·d)，年平均值为 4.84 mg(O_2)/(m^2·d)。具有春季明显高于秋季的季节性变化特征；但在不同的透光层，其初级生产力水平明显不同。在100%透光层，初级生产力水平最高，随着透光度减弱，初级生产力水平呈现出显著下降趋势，尤以50%透光层最为明显，25%透光层初级生产力水平最低；但在区域分布上，不同季节具有明显不同的变化特征，见表3-28。

表3-28 广西红树林生态区各季度月初级生产力的变化范围及平均值[单位：mg(O_2)/(m^2·d)]

红树林海区	初级生产力	春季		秋季	
		变化范围	平均值	变化范围	平均值
珍珠湾海区	100%透光层	0.32~0.76	0.52	0.24~1.24	0.65
	50%透光层	0.00~0.22	0.13	0.090~0.57	0.26
	25%透光层	0.00~0.14	0.06	0.020~0.42	0.16
	总生产力	0.44~0.84	0.71	0.35~2.23	1.07
钦州湾海区	100%透光层	2.69~6.40	4.26	0.52~2.14	1.06
	50%透光层	1.78~3.61	2.31	0.24~0.91	0.52
	25%透光层	1.32~2.63	1.70	0.15~0.53	0.32
	总生产力	6.13~12.64	8.27	0.93~3.58	1.90
廉州湾海区	100%透光层	4.95~11.25	8.2	3.18~7.28	4.49
	50%透光层	1.61~5.93	4.18	1.34~3.00	1.97
	25%透光层	0.84~3.71	2.64	1.05~2.14	1.49
	总生产力	7.40~20.55	15.01	5.74~12.42	7.95
铁山港海区	100%透光层	0.82~2.33	1.28	0.45~1.67	1.08
	50%透光层	0.060~1.08	0.44	0.15~0.76	0.46
	25%透光层	0.050~0.70	0.3	0.060~0.46	0.25
	总生产力	0.96~4.11	2.02	0.68~2.67	1.79
全海区	100%透光层	0.32~11.25	3.56	0.24~7.28	1.82
	50%透光层	0.00~5.93	1.76	0.090~3.00	0.80
	25%透光层	0.00~3.71	1.17	0.020~2.14	0.55
	总生产力	0.44~20.55	6.5	0.35~12.42	3.17

春季，红树林海区的初级生产力水平较高，平均值为 6.5 mg(O_2)/(m^2·d)，区域性变化幅度高达 14.30 mg(O_2)/(m^2·d)。在4个海区中，以廉州湾海区含量最高，总生产力水平达 15.01 mg(O_2)/(m^2·d)；而且各断面的平均值差异不大，均为 13.98~15.85 mg(O_2)/(m^2·d)；以东江口断面为高，木案断面为低，多呈近岸高、远岸低的分布特征。钦州湾海区次之，总生产力水平为 8.27 mg(O_2)/(m^2·d)；各断面的平均值均为 6.32~10.93 mg(O_2)/(m^2·d)，沙井断面为高值区，大冲口断面为低值区，与廉州湾海区的分布特征相一致。铁山港海区的初级生产力水平较低，总生产力水平仅为 2.02 mg(O_2)/(m^2·d)；各断面的平均值均为 1.19~3.25 mg(O_2)/(m^2·d)，以丹兜海断面为高，英罗港断面为低，多具有近岸低、远岸高的分布特征。珍珠湾海区的初级生产力水平最低，总生产力水平仅为 0.71 mg(O_2)/(m^2·d)；各断面的平均值均为 0.56~0.81 mg(O_2)/(m^2·d)，班埃断面含量较高，竹山断面含量较低，均具有近岸低于远岸的分布特征。

秋季，海区的初级生产力水平以不足春季 50%的量值出现，平均值为 3.17 mg（O_2）/（$m^2·d$）；区域性变化幅度也明显缩小，为 6.88 mg（O_2）/（$m^2·d$）。仍以廉州湾海区生产力水平较高，各断面的平均值差异不大，均为 6.01~10.16 mg（O_2）/（$m^2·d$）；草头村断面为高值区，东江口断面为低值区，均具有近岸高、远岸低的分布特征。钦州湾海区次之，但初级生产力水平不足廉州湾海区的 1/3，仅为 1.90 mg（O_2）/（$m^2·d$）；各断面的平均值仅为 0.98~2.77 mg（O_2）/（$m^2·d$），以大冲口断面为高，沙环断面为低，分布特征多与廉州湾海区相一致。铁山港海区的初级生产力水平仍较低，总生产力水平仅为 1.79 mg（O_2）/（$m^2·d$）；各断面的平均值均为 0.69~2.37 mg（O_2）/（$m^2·d$），以丹兜海断面为低，其余断面含量较高，而且量值极为接近，多呈近岸低、远岸高的分布特征。珍珠湾海区的初级生产力水平与春季相比略有上升，但仍居最低值，总生产力水平仅为 1.07 mg（O_2）/（$m^2·d$）；各断面的平均值均为 0.47~2.12 mg（O_2）/（$m^2·d$），竹山断面含量较高，石角断面含量较低，分布特征与铁山港海区相一致。

（二）水体富营养化压力评价

由表 3-29 可知，红树林海区的营养水平较高，贫营养海域已不存在，整个海区的营养水平已经全部达到和超过了微营养水平。其中径流影响最大的夏季营养水平最高，在 36 个测站中，已有 24 个测站达到了富营养水平，12 个测站达到了中营养水平；春季的径流影响虽较小，但由于春耕时节的沿岸水带入了大量的营养物质，营养水平以次高值出现，已有 19 个测站达到了富营养水平，8 个测站达到了中营养水平，只有 9 个测站处于微营养状态；秋季径流影响虽较春季大，但海区的营养水平却明显下降，富营养水域已从春季的 19 个测站降至 9 个测站，但中营养水域却从春季的 8 个测站上升至 20 个测站，只有微营养水域有所减少，7 个测站以微营养状态出现；冬季，尽管径流影响最小，但红树林海区仍有 4 个测站达到了富营养水平，17 个测站达到了中营养水平；15 个测站处于微营养状态。由此看来，红树林海区的营养状况无论春季、夏季还是秋季、冬季均达到了较高的营养水平；但在不同季节，各海区的营养水平差异较大。

表 3-29　广西红树林生态区各季度月营养水平的变化状况

季节	珍珠湾海区				钦州湾海区				廉州湾海区				铁山港海区				全海区			
	贫	微	中	富	贫	微	中	富	贫	微	中	富	贫	微	中	富	贫	微	中	富
春季	—	6	1	—	—	3	3	3	—	—	—	9	—	—	4	5	—	9	8	19
夏季	—	—	—	9	—	—	—	9	—	—	—	9	—	—	3	6	—	—	12	24
秋季	—	4	5	—	—	1	9	—	—	—	—	9	—	—	3	6	—	7	20	9
冬季	—	4	5	—	—	5	4	—	—	5	4	—	—	6	3	—	—	15	17	4

注：贫、微、中、富分别表示为贫营养水平、微营养水平、中营养水平和富营养水平

春季，红树林海区的营养水平位居次高值，见表 3-29。以廉州湾海区最高，不仅所有测站均达到了富营养水平，而且营养指数已高达 6.52~15.51，尤以木案断面和草头村断面

最为显著，均在 9.35 以上，已达到显著富营养水平；铁山港海区次之，有 5 个测站已经以富营养状态出现，其中丹兜海断面的营养指数已高达 8.10~11.03，其余 4 个测站则均以中营养状态出现；钦州湾海区的营养水平较铁山港海区为低，富营养水域仅出现在沙井断面，沙环断面以中营养状态出现，而大冲口断面则以微营养状态出现；珍珠湾海区的营养水平最低，只有竹山断面的 2 个测站达到了富营养水平，其余 2 个断面均以微营养状态出现。

夏季，红树林海区的营养水平位居 4 个季度月之首。径流影响较大的钦州湾海区和廉州湾海区均以富营养状态出现，营养指数分别高达 5.36~11.57 和 9.20~29.31，以沙井、东江口和草头村断面为高，其中东江口断面高达 15.69 以上，只有大冲口断面的营养指数低于 6.62；铁山港海区次之，均达到和超过中营养以上水平，除榄子根断面为中营养水平外，其余 2 个断面均以富营养状态出现，营养指数已达 4.50~7.47；珍珠湾海区营养水平最低，但也均达到了中营养状态，营养指数均为 2.13~3.99。该季度月富营养水域的形成，与陆源输入大量的氮、磷营养盐有关；而由此造成的叶绿素 a 明显偏高则是营养水平明显升高的次要因素，尤以钦州湾海区和廉州湾海区影响最为显著，铁山港海区次之，珍珠湾海区影响最小；但对有机碳而言，整个海区的 Pi 值不高，均为 0.19~0.85，对海区营养水平的影响相对较小。

秋季，红树林海区的营养水平呈明显下降趋势。虽然廉州湾海区仍然以富营养状态出现，但营养指数已降至 3.89~15.73；除东江口断面的近岸测站以最高值出现外，其余测站的营养指数均在 8.58 以下，远低于夏季；钦州湾海区所有测站均已降至中营养水平，营养指数均为 2.43~3.87；铁山港海区的营养水平也由夏季的中营养、富营养水平下降为微营养、中营养水平，营养指数均为 1.54~3.12；而珍珠湾海区已由 100%的中营养水域缩减为 5 个测站中营养水平、4 个测站微营养水平，海区营养水平下降明显。该季度月的营养水平，廉州湾海区以磷的大量输入影响为主，氮和叶绿素 a 的影响为辅；对于钦州湾海区和珍珠湾海区，氮、磷影响占了同等重要的位置；而对于铁山港海区，磷的影响比氮明显。

冬季，海区的营养水平最低。廉州湾海区已有 5 个测站以中营养状态出现，仅有 4 个测站维持富营养水平，但营养指数均在 5.41 以下；珍珠湾海区却保持着秋季的营养水平，以 5 个测站中营养水平、4 个测站微营养水平出现；钦州湾海区的营养水平下降明显，已有 5 个测站以微营养状态出现，仅有 4 个测站维持中营养水平，而且营养指数均在 2.68 以下；铁山港海区营养水平最低，6 个测站呈微营养状态，只有 3 个测站显示中营养水平。该季度月营养水平的形成，廉州湾海区仍与秋季的影响因素相一致，以磷的大量输入影响为主，氮和叶绿素 a 的影响为辅；珍珠湾海区则以碳的影响为主，氮和磷的影响为辅；钦州湾海区和铁山港海区以磷的影响较为明显，氮和碳次之。

导致本红树林海区营养水平显著上升的主要影响因素是总磷，其次是总氮，叶绿素 a 和有机碳的影响相对较小。

五、广西海草海水化学特征

（一）水温

广西海草生态区水温的年变化范围为19.48~32.55℃，年平均值为25.38℃，具有夏季高，春季次之，秋季、冬季较低的季节性变化特征；但不同海区4个季度月的水温变化差异却较大，其中铁山港海区以秋季、冬季明显偏低的特征出现，而珍珠湾海区则以夏季、秋季明显偏高，冬季、春季明显偏低的特征出现，突出体现了各海区的季节变化特征（表3-30）。

表3-30 广西海草生态区各季度月水温的含量变化　　　（单位：℃）

季节	铁山港海区		珍珠湾海区		全海区	
	变化范围值	平均值	变化范围值	平均值	变化范围值	平均值
春季	29.48~32.55	30.37	20.61~21.71	20.98	20.61~32.55	25.67
夏季	30.67~31.07	30.90	27.98~29.35	28.80	27.98~31.07	29.85
秋季	19.48~21.17	20.59	26.38~27.47	26.93	19.48~27.47	23.76
冬季	20.71~21.30	21.02	23.25~23.63	23.44	20.71~23.63	22.23

（二）透明度

海草海区的透明度不高，均为0.1~3.0 m，年平均值为1.4 m；呈春季、夏季低，秋季、冬季高的变化特征；在区域变化上，除冬季表现为铁山港海区较高外，其余季度月均以珍珠湾海区为高，见表3-31。

表3-31 广西海草生态区各季度月透明度的含量变化　　　（单位：m）

季节	铁山港海区		珍珠湾海区		全海区	
	变化范围	平均值	变化范围	平均值	变化范围	平均值
春季	0.4~1.2	0.8	0.5~1.6	1.0	0.4~1.6	0.9
夏季	0.1~1.5	0.7	1.0~1.3	1.1	0.1~1.5	0.9
秋季	0.8~3.0	1.7	2.0~2.5	2.2	0.8~3.0	1.9
冬季	1.5~2.5	2.1	1.0~2.0	1.5	1.0~2.5	1.8

（三）盐度

海草海区虽然没有大的河流输入，但盐度的变化范围仍为7.75~31.03，年平均值为26.51；在季节上具有夏季低，冬季高，春季、秋季适中的变化特征；在区域分布上，除春季外，其余季度月均以珍珠湾海区盐度值较低，铁山港海区盐度值较高，见表3-32。

表3-32 广西海草生态区各季度月盐度的含量变化

季节	铁山港海区		珍珠湾海区		全海区	
	变化范围	平均值	变化范围	平均值	变化范围	平均值
春季	26.14~29.77	28.10	28.18~31.03	29.39	26.14~31.03	28.74
夏季	21.06~24.84	22.79	7.75~27.21	20.36	7.75~27.21	21.58
秋季	26.94~28.34	27.70	18.34~26.56	23.33	18.34~28.34	25.52
冬季	30.65~30.93	30.79	28.27~30.42	29.59	28.27~30.93	30.19

(四)pH

调查海域在陆源径流影响不大的情况下,其量值的变化不大,变化范围为 7.57~8.17,年平均值为 8.01;具有夏季较低,春季次之,秋季、冬季较高的季节性变化特征;但在区域分布上,除春季外,均以铁山港海区较珍珠湾海区为高,见表 3-33。

表 3-33 广西海草生态区各季度月 pH 的含量变化

季节	铁山港海区		珍珠湾海区		全海区	
	变化范围	平均值	变化范围	平均值	变化范围	平均值
春季	8.02~8.10	8.06	8.13~8.17	8.14	8.02~8.17	8.10
夏季	7.77~7.93	7.85	7.57~7.95	7.82	7.57~7.95	7.83
秋季	8.05~8.17	8.12	7.92~8.12	8.05	7.92~8.17	8.08
冬季	8.14~8.16	8.15	7.87~7.98	7.93	7.87~8.16	8.04

(五)溶解氧

海草海区的溶解氧含量为 5.16~8.20 mg/L,年平均值为 6.84 mg/L;以春季含量最高,秋季、冬季次之,夏季最低的季节性变化特征出现;但在区域分布上,均以铁山港海区明显高于珍珠湾海区,见表 3-34。

表 3-34 广西海草生态区各季度月溶解氧的含量变化 (单位:mg/L)

季节	铁山港海区		珍珠湾海区		全海区	
	变化范围	平均值	变化范围	平均值	变化范围	平均值
春季	6.99~8.20	7.44	6.87~7.74	7.17	6.87~8.20	7.31
夏季	5.75~6.45	6.07	5.16~6.12	5.50	5.16~6.45	5.79
秋季	6.82~7.51	7.21	6.58~7.32	7.05	6.58~7.51	7.13
冬季	7.10~7.29	7.21	6.93~7.17	7.07	6.93~7.29	7.14

(六)总碱度

海草海区的总碱度均为 0.46~2.34 mmol/L,年平均值为 1.81 mmol/L;以春季最高,冬季、秋季次之,夏季最低;在区域分布上,4 个季度月均以铁山港海区较高,珍珠湾海区较低,见表 3-35。

表 3-35 广西海草生态区各季度月总碱度的含量变化(单位:mmol/L)

季节	铁山港海区		珍珠湾海区		全海区	
	变化范围	平均值	变化范围	平均值	变化范围	平均值
春季	2.31~2.34	2.33	2.25~2.31	2.28	2.25~2.34	2.30
夏季	1.26~1.42	1.29	0.46~1.72	1.28	0.46~1.72	1.29
秋季	1.76~1.89	1.84	1.34~1.85	1.65	1.34~1.89	1.74
冬季	2.05~2.08	2.06	1.69~1.88	1.78	1.69~2.08	1.92

（七）悬浮物

海草海区悬浮物含量为 1.6~357.5 mg/L，年平均值为 15.33 mg/L；陆源影响最大的夏季含量最高，春季次之，冬季最低；在区域分布上，4 个季度月均以铁山港海区较高，珍珠湾海区较低，见表 3-36。

表 3-36　广西海草生态区各季度月悬浮物的含量变化　（单位：mg/L）

季节	铁山港海区		珍珠湾海区		全海区	
	变化范围	平均值	变化范围	平均值	变化范围	平均值
春季	4.3~26.4	12.8	1.6~6.5	4.0	1.6~26.4	8.4
夏季	14.4~357.5	81.0	3.0~8.4	4.8	3.0~357.5	42.9
秋季	3.0~11.1	6.8	4.6~6.5	5.4	3.0~11.1	6.1
冬季	2.5~5.2	4.3	2.8~5.2	3.5	2.5~5.2	3.9

（八）有机碳

海草海区的有机碳含量为 0.71~3.48 mg/L，年平均值为 1.81 mg/L；以春季含量较高，冬季次之，夏季居中，秋季最低；但在区域上却出现了明显的季节性分区现象，春季、夏季表现为铁山港海区高于珍珠湾海区，而秋季、冬季则与此相反，见表 3-37。

表 3-37　广西海草生态区各季度月有机碳的含量变化　（单位：mg/L）

季节	铁山港海区		珍珠湾海区		全海区	
	变化范围	平均值	变化范围	平均值	变化范围	平均值
春季	2.29~3.48	2.72	2.2~3.07	2.53	2.2~3.48	2.62
夏季	1.44~2.28	1.85	0.71~1.65	1.27	0.71~2.28	1.56
秋季	0.74~1.13	0.98	0.92~1.42	1.19	0.74~1.42	1.09
冬季	1.08~1.41	1.23	1.88~3.22	2.70	1.08~3.22	1.96

（九）硝酸盐

海草海区的硝酸盐含量为 0.0007~0.20 mg/L，年平均值为 0.043 mg/L；以夏季含量最高，秋季次之，冬季、春季含量较低；在区域分布上，除春季表现为铁山港海区含量较高外，其余季度月均以珍珠湾海区含量为高，见表 3-38。

表 3-38　广西海草生态区各季度月硝酸盐的含量变化　（单位：mg/L）

季节	铁山港海区		珍珠湾海区		全海区	
	变化范围	平均值	变化范围	平均值	变化范围	平均值
春季	0.028~0.061	0.042	0.0008~0.010	0.0050	0.0008~0.061	0.023
夏季	0.016~0.19	0.093	0.050~0.20	0.10	0.016~0.20	0.097
秋季	0.0007~0.0066	0.0027	0.029~0.095	0.054	0.0007~0.095	0.028
冬季	0.0047~0.0087	0.0067	0.005 9~0.15	0.038	0.0047~0.15	0.022

（十）亚硝酸盐

海草海区的亚硝酸盐含量为 0.000 06~0.018 mg/L，年平均值为 0.005 mg/L；以夏季含量较高，秋季次之，春季适中，冬季最低，无论季节性还是区域性均与硝酸盐的变化相一致，见表 3-39。

表 3-39　广西海草生态区各季度月亚硝酸盐的含量变化　（单位：mg/L）

季节	铁山港海区		珍珠湾海区		全海区	
	变化范围	平均值	变化范围	平均值	变化范围	平均值
春季	0.003 9~0.005 7	0.004 9	0.000 06~0.001 4	0.000 8	0.000 06~0.005 7	0.002 9
夏季	0.002 4~0.013	0.094	0.009 4~0.016	0.013	0.002 4~0.016	0.011
秋季	0.000 06~0.001 1	0.000 71	0.004 6~0.018	0.009 1	0.000 06~0.018	0.004 9
冬季	0.000 06~0.000 12	0.000 08	0.001 6~0.004 2	0.002 5	0.000 06~0.004 2	0.0013

注：最低值 0.000 06 为最低检出限的 1/2

（十一）氨氮

氨氮是无机氮转化中的最初产物，是可直接被浮游植物吸收的营养盐，其含量变化时常受到新污染源的冲击，与水体的自净能力密切相关。

本海草海区的氨氮含量为 0.0044~0.22 mg/L，年平均值为 0.035 mg/L；呈夏季最高，春季、秋季居中，冬季最低的季节性变化特征；区域分布表现为珍珠湾海区高于铁山港海区，见表 3-40。

表 3-40　广西海草生态区各季度月氨氮的含量变化　（单位：mg/L）

季节	铁山港海区		珍珠湾海区		全海区	
	变化范围	平均值	变化范围	平均值	变化范围	平均值
春季	0.010~0.044	0.027	0.010~0.039	0.027	0.010~0.044	0.027
夏季	0.013~0.035	0.021	0.069~0.22	0.13	0.013~0.22	0.075
秋季	0.0044~0.076	0.017	0.0046~0.078	0.031	0.0044~0.078	0.024
冬季	0.0046~0.0091	0.0071	0.0082~0.030	0.018	0.0046~0.030	0.012

（十二）无机氮

海草海区的无机氮含量为 0.0063~0.40 mg/L，年平均值为 0.081 mg/L；具有夏季高，春季、秋季居中，冬季较低的季节性变化特征；在 4 个季度月中，只有春季表现为铁山港海区较高，其余 3 个季度月均以珍珠湾海区较高，见表 3-41。

表 3-41　广西海草生态区各季度月无机氮的含量变化　（单位：mg/L）

季节	铁山港海区		珍珠湾海区		全海区	
	变化范围	平均值	变化范围	平均值	变化范围	平均值
春季	0.042~0.098	0.074	0.011~0.045	0.033	0.011~0.098	0.053
夏季	0.031~0.23	0.12	0.13~0.40	0.24	0.031~0.40	0.18
秋季	0.0063~0.081	0.021	0.039~0.19	0.094	0.0063~0.19	0.058
冬季	0.011~0.017	0.014	0.016~0.16	0.058	0.011~0.16	0.032

（十三）溶解态氮

海草海区的溶解态氮含量为 0.10~0.55 mg/L，年平均值为 0.25 mg/L；以夏季含量最高，秋季次之，冬季、春季较低；其中夏季的区域性分布较为一致，其余 3 个季度月均以铁山港海区较低，珍珠湾海区较高，见表 3-42。

表 3-42　广西海草生态区各季度月溶解态氮的含量变化　（单位：mg/L）

季节	铁山港海区		珍珠湾海区		全海区	
	变化范围	平均值	变化范围	平均值	变化范围	平均值
春季	0.1~0.23	0.16	0.14~0.22	0.19	0.10~0.23	0.18
夏季	0.26~0.43	0.36	0.24~0.55	0.35	0.24~0.55	0.35
秋季	0.14~0.38	0.19	0.22~0.42	0.30	0.14~0.42	0.25
冬季	0.16~0.21	0.18	0.20~0.23	0.22	0.16~0.23	0.20

（十四）总氮

海草海区总氮的含量为 0.18~1.20 mg/L，年平均值为 0.35 mg/L；具有夏季含量最高，春季、秋季居中，冬季较低的季节变化特征；在区域分布上，春季、夏季表现为铁山港海区明显高于珍珠湾海区，秋季、冬季则与此相反，见表 3-43。

表 3-43　广西海草生态区各季度月总氮的含量变化　（单位：mg/L）

季节	铁山港海区		珍珠湾海区		全海区	
	变化范围	平均值	变化范围	平均值	变化范围	平均值
春季	0.34~0.54	0.43	0.23~0.28	0.26	0.23~0.54	0.35
夏季	0.43~1.20	0.56	0.26~0.60	0.39	0.26~1.20	0.47
秋季	0.18~0.65	0.29	0.27~0.54	0.38	0.18~0.65	0.34
冬季	0.18~0.21	0.20	0.22~0.29	0.27	0.18~0.29	0.23

（十五）无机磷

海草海区的无机磷含量为 0.0004~0.0087 mg/L，年平均值为 0.0040 mg/L。呈冬季、夏季高，春季、秋季低的季节分布特征；在区域分布上，除秋季表现为铁山港海区较高外，其余 3 个季度月均以珍珠湾海区为高，见表 3-44。

表 3-44　广西海草生态区各季度月无机磷的含量变化　（单位：mg/L）

季节	铁山港海区		珍珠湾海区		全海区	
	变化范围	平均值	变化范围	平均值	变化范围	平均值
春季	0.0017~0.0031	0.0019	0.0004~0.0038	0.0020	0.0004~0.0038	0.0020
夏季	0.0017~0.0087	0.0045	0.0031~0.0087	0.0068	0.0017~0.0087	0.0057
秋季	0.0023~0.0051	0.0031	0.0017~0.0031	0.0026	0.0017~0.0051	0.0029
冬季	0.0031~0.0073	0.0050	0.0050~0.0081	0.0060	0.0031~0.0081	0.0055

注：最低值 0.0004 为最低检出浓度的 1/2

(十六）溶解态磷

海草海区的溶解态磷含量均为 0.0062~0.077 mg/L，年平均值为 0.014 mg/L；除夏季明显偏高外，其余 3 个季度月含量较为接近；在区域变化上，除春季表现为珍珠湾海区略高外，其余季度月均以铁山港海区较高，见表 3-45。

表 3-45 广西海草生态区各季度月溶解态磷的含量变化 （单位：mg/L）

季节	铁山港海区		珍珠湾海区		全海区	
	变化范围	平均值	变化范围	平均值	变化范围	平均值
春季	0.0071~0.016	0.012	0.0093~0.019	0.013	0.0071~0.019	0.012
夏季	0.010~0.077	0.025	0.013~0.015	0.014	0.010~0.077	0.020
秋季	0.0070~0.027	0.011	0.0074~0.010	0.0085	0.0074~0.027	0.010
冬季	0.010~0.020	0.014	0.0062~0.029	0.012	0.0062~0.029	0.013

（十七）总磷

海草海区总磷的含量为 0.011~0.21 mg/L，年平均值为 0.026 mg/L；表现为夏季含量较高，春季、秋季次之，冬季含量最低；在区域分布上，4 个季度月均以铁山港海区高于珍珠湾海区，见表 3-46。

表 3-46 广西海草生态区各季度月总磷的含量变化 （单位：mg/L）

季节	铁山港海区		珍珠湾海区		全海区	
	变化范围	平均值	变化范围	平均值	变化范围	平均值
春季	0.016~0.048	0.025	0.016~0.022	0.020	0.016~0.048	0.023
夏季	0.021~0.21	0.064	0.018~0.030	0.024	0.018~0.21	0.044
秋季	0.018~0.075	0.026	0.015~0.022	0.017	0.015~0.075	0.022
冬季	0.011~0.024	0.017	0.011~0.018	0.015	0.011~0.024	0.016

（十八）活性硅酸盐

本海草海区的活性硅酸盐含量为 0.10~2.44 mg/L，年平均值为 0.43 mg/L；径流影响最大的夏季含量最高，秋季、冬季次之，春季最低；在区域分布上，4 个季度月均以珍珠湾海区含量较高，铁山港海区含量较低，见表 3-47。

表 3-47 广西海草生态区各季度月活性硅酸盐的含量变化 （单位：mg/L）

季节	铁山港海区		珍珠湾海区		全海区	
	变化范围	平均值	变化范围	平均值	变化范围	平均值
春季	0.098~0.12	0.11	0.11~0.32	0.19	0.10~0.32	0.15
夏季	0.11~0.62	0.35	0.74~2.44	1.32	0.11~2.44	0.83
秋季	0.18~0.26	0.20	0.38~1.07	0.64	0.18~1.07	0.42
冬季	0.17~0.25	0.20	0.28~0.58	0.43	0.17~0.58	0.31

（十九）油类

海草海区的油类含量为 0.0092~0.11 mg/L，年平均值为 0.032 mg/L；最高值出现于冬季，春季、夏季次之，秋季含量较低；区域分布除春季外，均以珍珠湾海区较高，铁山港海区较低，见表 3-48。

表 3-48　广西海草生态区各季度月油类的含量变化　　（单位：mg/L）

季节	铁山港海区		珍珠湾海区		全海区	
	变化范围	平均值	变化范围	平均值	变化范围	平均值
春季	0.020~0.040	0.031	0.0092~0.094	0.026	0.0092~0.094	0.029
夏季	0.010~0.065	0.022	0.029~0.041	0.034	0.010~0.065	0.028
秋季	0.011~0.078	0.024	0.019~0.034	0.025	0.011~0.078	0.025
冬季	0.025~0.039	0.030	0.029~0.11	0.059	0.025~0.11	0.044

（二十）铜

海草海区的铜含量为 0.17~4.38 g/L，年平均值为 1.06 g/L；以夏季含量最高，春季次之，秋季、冬季含量较低；在区域分布上，除夏季表现为铁山港海区较高外，其余 3 个季度月均为珍珠湾海区高于铁山港海区，见表 3-49。

表 3-49　广西海草生态区各季度月重金属的含量变化　　（单位：g/L）

环境因子	季节	铁山港海区		珍珠湾海区		全海区	
		变化范围	平均值	变化范围	平均值	变化范围	平均值
铜	春季	0.47~1.66	1.18	0.88~1.82	1.25	0.47~1.82	1.22
	夏季	0.53~4.38	2.05	0.28~1.14	0.63	0.28~4.38	1.44
	秋季	0.30~1.04	0.45	0.68~1.56	0.97	0.30~1.56	0.71
	冬季	0.17~0.86	0.54	0.73~2.40	1.17	0.17~2.40	0.85
铅	春季	0.35~2.57	1.50	0.23~1.74	0.96	0.23~2.57	1.23
	夏季	0.62~1.55	1.06	0.13~0.42	0.23	0.13~1.55	0.71
	秋季	0.20~0.97	0.52	0.26~0.96	0.59	0.20~0.97	0.56
	冬季	0.43~1.98	0.97	0.81~3.25	1.45	0.43~3.25	1.21
锌	春季	1.95~9.67	5.22	0.51~7.14	3.84	0.51~9.67	4.53
	夏季	8.03~28.01	14.98	29.07~44.10	35.70	8.03~44.10	23.7
	秋季	28.58~46.97	36.11	5.96~49.74	34.37	5.96~49.74	35.24
	冬季	2.14~12.39	5.76	19.27~34.36	27.63	2.14~34.36	16.70
镉	春季	0.0049~0.030	0.017	0.021~0.046	0.029	0.0049~0.046	0.023
	夏季	0.025~0.14	0.051	0.0044~0.031	0.015	0.0044~0.14	0.038
	秋季	0.0056~0.024	0.013	0.0096~0.045	0.020	0.0056~0.045	0.017
	冬季	0.012~0.11	0.064	0.016~0.038	0.026	0.012~0.11	0.045
铬	春季	0.11~1.00	0.53	0.13~2.36	0.46	0.11~2.36	0.49
	夏季	0.26~3.42	1.26	0.48~1.96	0.90	0.26~3.42	1.08
	秋季	0.67~1.30	1.02	0.14~0.27	0.18	0.14~1.30	0.60
	冬季	0.40~2.17	0.84	0.16~0.45	0.27	0.16~2.17	0.55

续表

环境因子	季节	铁山港海区		珍珠湾海区		全海区	
		变化范围	平均值	变化范围	平均值	变化范围	平均值
汞	春季	0.048~0.15	0.094	0.088~0.19	0.12	0.048~0.19	0.11
	夏季	0.042~0.099	0.064	0.076~0.15	0.11	0.042~0.15	0.087
	秋季	0.11~0.16	0.13	0.21~0.30	0.26	0.11~0.30	0.20
	冬季	0.068~0.12	0.098	0.080~0.12	0.10	0.068~0.12	0.10
砷	春季	0.038~4.04	1.84	0.075~0.45	0.26	0.038~4.04	1.05
	夏季	1.34~5.13	2.07	0.52~1.16	0.90	0.52~5.13	1.49
	秋季	2.75~17.97	12.20	0.62~5.38	2.59	0.62~17.97	7.39
	冬季	0.85~3.21	2.01	0.26~1.74	0.73	0.26~3.21	1.37

（二十一）铅

海草海区铅含量为 0.13~3.25 g/L，平均值为 0.93 g/L，呈冬季、春季高，夏季、秋季低的季节变化特征；在区域分布上，春季、夏季表现为铁山港海区较高，珍珠湾海区较低，秋季、冬季则与此相反，见表3-49。

（二十二）锌

海草海区锌含量为 0.51~49.74 g/L，年平均值为 20.04 g/L；呈秋季含量较高，夏季次之，冬季居中，春季较低的季节变化特征；在区域分布上，春季、秋季表现为铁山港海区较高，珍珠湾海区较低，冬季、夏季则与此相反，见表3-49。

（二十三）镉

本海草海区镉的含量为 0.0044~0.14 g/L，年平均值为 0.031 g/L；具有冬季含量较高，夏季次之，春季、秋季较低的季节变化特点；在区域分布上，春季、秋季表现为珍珠湾海区高于铁山港海区，冬季、夏季则与此相反，见表3-49。

（二十四）铬

本海草海区铬含量为 0.11~3.42 g/L，年平均值为 0.68 g/L；具有夏季含量明显偏高，其余季度月明显偏低且量值较为接近的季节变化特征；在区域分布上，4个季度月均以铁山港海区含量较高，见表3-49。

（二十五）汞

海草海区汞含量为 0.042~0.30 g/L，年平均值为 0.12 g/L；具有秋季含量高，冬季、春季居中，夏季含量较低的季节变化特征；在区域分布上，4个季度月均以珍珠湾海区含量较高，铁山港海区含量较低，见表3-49。

（二十六）砷

海草海区的砷含量为 0.038~17.97 g/L，年平均值为 2.38 g/L；秋季位居全年最高值，冬季、夏季次之，春季最低；在区域分布上4个季度月均以铁山港海区明显高于珍珠湾海区，见表 3-49。

六、广西海草沉积化学特征

从表 3-50 可知，广西海草生态区沉积物中主要环境因子的含量变化随区域不同具有明显不同的变化特征。在铁山港海区的榕根山断面和沙背断面，除油类表现为榕根山断面略高于沙背断面外，其余因子均表现为沙背断面含量较高，榕根山断面含量较低；说明沙背断面无论是表征沉积环境中有机物含量的有机碳，还是表征营养水平的总氮和总磷以及表征污染状况的硫化物和砷均比榕根山断面高；但从各因子的含量及其分布变化情况看来，它们的含量均不高，均处于较低的含量状态。

表 3-50 广西海草生态区沉积物中主要环境因子的含量变化

海区	断面	有机碳 $\times 10^{-2}$	总氮 $\times 10^{-2}$	总磷 $\times 10^{-6}$	硫化物 $\times 10^{-6}$	油类 $\times 10^{-6}$	砷 $\times 10^{-6}$
铁山港海区	榕根山	0.11	0.21	4.97	1.11	15.22	0.86
	沙背	0.24	0.36	5.67	1.97	14.90	2.14

表 3-51 的分析结果表明，铁山港海区沉积物中重金属的含量变化在不同区域也表现出不同的变化特征。在榕根山断面，以铅和镉较高于沙背断面出现，而铜、锌、铬 3 种环境因子则与此相反；说明榕根山断面铅和镉的来源较丰于沙背断面，而沙背断面则以铜、锌、铬的储量较高；但对于汞而言，无论是榕根山断面还是沙背断面均以最低值出现，汞的储量在该海区均较少。

表 3-51 广西海草生态区沉积物中重金属的含量变化

海区	断面	铜 $\times 10^{-6}$	铅 $\times 10^{-6}$	锌 $\times 10^{-6}$	镉 $\times 10^{-6}$	铬 $\times 10^{-6}$	汞 $\times 10^{-6}$
铁山港海区	榕根山	2.79	1.07	17.66	0.10	0.68	0.0010
	沙背	2.95	0.90	24.81	0.039	1.25	0.0010

七、广西海草生境环境质量评价

（一）海水化学环境现状评价

广西海草生态区海水环境因子环境质量的评价结果见表 3-52。两个海草海区主要污染因子是汞、锌、铅、溶解氧、pH、无机氮、油类和有机碳。

1. pH

两个海草海区 pH 在春季、秋季、冬季 3 个季度月中均无超标状况出现，Pi 值分别为 0.14、0.19 和 0.31，环境状况呈良好状态，但在径流影响最大的夏季，pH 却上升显著，平均达 0.90，超标率已达 27.8%。其中珍珠湾海区径流影响最大的交东断面出现了超标状况，3 个测站的 Pi 值均高达 1.66；而在铁山港海区出现超标的测站却出现在盐度值较高、径流影响较小的山寮断面，其中盐度值较低的近岸测站 Pi 值为 0.94，盐度值较高的远岸 2 个测站 Pi 值均为 1.09。

表 3-52　广西海草生态区海水环境现状的评价结果

评价因子	春季（站:18）			夏季（站:18）			秋季（站:18）			冬季（站:12）		
	平均Pi值	超标站数	超标率/%	平均Pi值	超标站数	超标率/%	平均Pi值	超标站数	超标率/%	平均Pi值	超标站数	超标率/%
pH	0.14	0	0	0.90	5	27.8	0.19	0	0	0.31	0	0
溶解氧	0.48	3	16.7	1.32	10	55.6	0.36	0	0	0.11	0	0
有机碳	0.87	3	16.7	0.52	0	0	0.36	0	0	0.65	1	8.33
无机氮	0.27	0	0	0.92	5	27.8	0.29	0	0	0.18	0	0
无机磷	0.13	0	0	0.38	0	0	0.19	0	0	0.37	0	0
铜	0.24	0	0	0.27	0	0	0.14	0	0	0.17	0	0
铅	1.23	10	55.6	0.65	4	22.2	0.56	0	0	1.21	7	53.8
锌	0.23	0	0	1.27	11	61.1	1.76	16	88.9	0.83	4	33.3
镉	0.023	0	0	0.3	0	0	0.02	0	0	0.045	0	0
铬	0.01	0	0	0.02	0	0	0.01	0	0	0.011	0	0
汞	2.18	17	94.4	1.74	15	83.3	3.96	18	100	2.01	12	100
砷	0.052	0	0	0.07	0	0	0.33	0	0	0.068	0	0
油类	0.57	1	5.6	0.56	1	5.6	0.49	1	5.6	0.89	2	16.7

2. 溶解氧

两个海草海区溶解氧在秋季、冬季均无超标状况出现，平均 Pi 值分别为 0.36 和 0.11，多呈富氧特征，具有较大的环境容量；但春夏季节，超标状况却呈明显上升趋势。

春季，溶解氧的 Pi 值较高，平均为 0.48，超标率为 16.7%。出现 Pi 值较高的海区均为水温和叶绿素 a 含量较高的铁山港海区，而出现溶解氧超标的测站则均是该季度月水温最高（31℃以上）、叶绿素 a 含量也最高的测站，Pi 值为 1.03~1.75，属于溶解氧明显过饱和造成的超标。而水温较低、叶绿素 a 含量也较低的珍珠湾海区 Pi 值均很低，平均仅为 0.26。

夏季水温升高明显，径流输入量剧增，溶解氧的 Pi 值上升显著，平均值已高达 1.32，超标区域呈现出明显上升趋势，两个海草海区共有 10 个测站出现了超标状况，超标率高达 55.6%。尤以珍珠湾海区的班埃断面最为显著，所有测站的 Pi 值均在 2.13 以上；铁山港海区的 Pi 值已达 0.86，出现超标的测站主要出现在榕根山断面的近岸测站和山寮断面的远岸测站。与春季有显著差别的是，该季度月的溶解氧超标，均是溶解氧含量较低、饱和度处于未饱和状态下出现的超标，属于明显的缺氧性超标，而且出现超标的区域并非径流影响最大的区域，而是水温高、径流影响最小的区域。与此相反，径流影响最大，水温明显偏低的交东断面却没有出现超标，但 Pi 值已在 0.92 以上。从春夏季度月溶解氧出现超标状况的测站来看，作为基本环境因子的水温和盐度在不同环境条件下对溶解氧含量变化具有重要的影响作用，并对水体的环境状况造成直接影响；对本海草海区而言，作为饱和量重要影响因子的水温和盐度是导致溶解氧超标的主导控制因素。

秋季，溶解氧的 Pi 值下降显著，平均值已降至 0.36。尤以铁山港海区为低，平均值只有 0.25，具有较大的环境容量；珍珠湾海区 Pi 值较高，平均值为 0.47，多数测站在 0.5 以上。

冬季，溶解氧的 Pi 值最低，平均值仅为 0.11，所有测站的 Pi 值均为 0.0086~0.25。

3. 有机碳

两个海草海区有机碳，在夏秋季节均无超标测站出现，Pi 值分别为 0.52 和 0.36，秋季具有较大的环境容量，夏季的环境容量相对较小，尤以铁山港海区较为明显，春季平均 Pi 值已达 0.62，秋季平均 Pi 值为 0.42。但在冬春季节，已有 4 个测站出现有机碳超标状况，冬季有机碳的平均 Pi 值为 0.65，以径流影响较大的珍珠湾海区较高，为 0.90，环境容量已很有限，超标测站主要出现在径流影响最大、盐度值最低的交东中部测站；而径流影响最小的铁山港海区 Pi 值为 0.41，具有较大的环境容量。春季，有机碳的平均 Pi 值为 0.87，以铁山港海区略高于珍珠湾海区出现，分别为 0.91 和 0.84，超标的测站主要出现在铁山港海区山寮断面的 2 个远岸测站和珍珠湾海区交东断面的远岸测站，两个海区的环境容量已接近临界状态。

4. 无机氮

两个海草海区无机氮，在春季、秋季、冬季 3 个季度月中均无超标测站出现，平均 Pi 值分别为 0.27、0.29 和 0.18，具有较大的环境容量。而在径流影响最大的夏季，已有 5 个测站出现超标状况，其中径流影响最大的珍珠湾海区已出现 4 个测站超标，交东断面 3 个测站全部超标，两个海区的 Pi 值已达 0.92，环境容量已接近临界状态；径流影响较小的铁山港海区 Pi 值为 0.62，只有 1 个测站超标，出现于盐度值最低的榕根山远岸测站，绝大部分测站尚具有较大的环境容量。从超标测站的环境情况来看，陆源的补充作用，是导致无机氮超标的主要原因。

5. 无机磷

两个海草海区无机磷含量普遍较低，4 个季度月均无超标测站出现，Pi 值以冬季、夏季较高，分别为 0.37 和 0.38，春季、秋季较低，分别为 0.13 和 0.19，两个海草海区均具有较大的环境容量。

6. 铜

两个海草海区铜均在一类海水范围内，而且 Pi 值均较低，春季、夏季分别为 0.24 和 0.27，秋季、冬季分别为 0.14 和 0.17，具有较大的环境容量。

7. 铅

两个海草海区铅除秋季 Pi 值较低（为 0.56）、无超标测站外，其余季度月均出现了超标测站，其中冬季的超标率最高，达 53.8%，整个海区的 Pi 值已高达 1.21，超标的区域主要出现在 S1C、S2A、S2C、S4A、S4C、S5A 和 S5B 测站；春季铅的超标率次之，已有 55.6% 的测站超标，两个海区的 Pi 值已高达 1.23，超标的区域主要出现在 S1C、S2A、S2C、S3A、S3B、S3C、S4C、S5A、S5C 和 S6B 测站；夏季铅超标状况明显减少，超标率下降至 22.2%，超标的区域主要出现在铁山港海区的 S1A、S1C、S2A、S3B 测站，珍珠湾海区 Pi 值普遍较低，平均仅为 0.23，具有较大的环境容量。

8. 锌

两个海草海区锌含量除春季 Pi 值为 0.23，无超标测站外，其余季度月均出现了超标测站；以秋季超标最为严重，超标率高达 88.9%，只有 2 个测站锌含量在一类海水范围内，整个海域的 Pi 值已高达 1.76；夏季次之，超标率已降至 61.1%，超标的区域主要出现在珍珠湾海区，所有测站全部超标，铁山港海区只有榕根山断面 2 个近岸测站出现超标，其余测站 Pi 值均在 0.80 以下；冬季，锌超标状况呈显著下降趋势，超标率只有 33.3%，主要出现在珍珠湾海区的 S4A、S4B、S5B、S5C 测站，其余测站 Pi 值已在 0.96 以上。很明显，该海区锌的环境容量已极为有限。

9. 镉和铬

两个海草海区镉和铬含量较低，均在一类海水范围内，无超标状况出现，春季、夏季、秋季、冬季 4 个季度月的 Pi 值分别为 0.023、0.030、0.020、0.045 和 0.010、0.020、0.010、0.011，具有很大的环境容量。

10. 汞

两个海草海区汞含量普遍较高，4 个季度月均出现了严重超标状况，以秋冬季节最为严重，所有测站全部超标，春季、夏季的超标率也分别高达 94.4%和 83.3%，春季、夏季、秋季、冬季 4 个季度月的 Pi 值已分别高达 2.18、1.74、3.96 和 2.01，两个海区已处于汞超标状态。

11. 砷

两个海区砷含量较低，均在一类海水范围内，4 个季度月均未出现超标状况，Pi 值分别为 0.052、0.070、0.33 和 0.068，具有很大的环境容量。

12. 油类

两个海草海区油类虽然在 4 个季度月中均出现超标状况，但超标率极低，只有个别测站超标。其中春季的 Pi 值为 0.57，只有 S4C 站超标；夏季 Pi 值为 0.56，只有 S1A 测站超标；秋季 Pi 值为 0.49，只有 S3A 测站超标；冬季 Pi 值较高，为 0.89，但只有 S5A、S5B 站超标，其余测站尚有一定的环境容量。

（二）沉积化学环境现状评价

采用单项污染指数评价法进行分析评价，通过运用公式对主要评价因子有机碳、硫化物、油类和重金属（铜、铅、锌、镉、汞、铬、砷）进行计算，得出本海草海区沉积物环境质量的评价结果见表 3-53。由表 3-53 的评价结果得知，本海草海区主要评价因子 Pi 值均较低，最高只有 0.20，没有出现污染因子，沉积环境处于良好状态。

表 3-53 广西海草生态区沉积物中主要评价因子的 Pi 值

海区	断面	有机碳	硫化物	油类	铜	铅	锌	镉	铬	汞	砷
铁山港海区	榕根山	0.055	0.0037	0.030	0.080	0.018	0.12	0.20	0.0085	0.0050	0.043
	沙背	0.12	0.0066	0.030	0.084	0.015	0.17	0.078	0.016	0.0050	0.11

（三）水体初级生产力功能评价

1. 叶绿素 a

两个海草海区叶绿素 a 含量为 0.71~27.41 g/L，年平均值为 2.66 g/L；具有夏季含量高，秋季次之，冬季、春季含量较低的季节性变化特征；在区域分布上，4 个季度月均以铁山港海区含量较高，珍珠湾海区含量较低，见表 3-54。

表 3-54　广西海草生态区各季度月叶绿素 a 的含量变化　　（单位：g/L）

季节	铁山港海区		珍珠湾海区		全海区	
	变化范围	平均值	变化范围	平均值	变化范围	平均值
春季	1.22~3.62	1.89	1.46~2.71	1.78	1.22~3.62	1.84
夏季	2.15~27.41	8.60	0.71~1.97	1.36	0.71~27.41	4.98
秋季	0.85~3.38	2.59	0.74~2.77	1.79	0.74~3.38	2.19
冬季	1.28~2.86	2.08	0.79~1.81	1.13	0.79~2.86	1.61

两个海区叶绿素 a 含量，具有随盐度下降而升高的良好趋势，无论春季、夏季还是秋季、冬季均呈现出较明显的分区现象，铁山港海区明显高于珍珠湾海区，尤以夏季最为显著，突出体现了陆源输入对浮游植物繁殖生长具有显著的促进作用。相关分析显示，磷是本海草海区浮游植物繁殖生长的主导控制因素。

2. 初级生产力

本海草海区的总生产力均为 0.010~8.05 mg(O_2)/($m^2 \cdot d$)，年平均值为 1.69 mg(O_2)/($m^2 \cdot d$)。以春季明显高于秋季的变化特征出现，通过对不同透光层初级生产力的分析，得出整个海区的初级生产力均具有 100%透光层含量最高，随透光层减弱，50%透光层和 25%透光层依次递减的变化特征，尤以 50%透光层递减最为显著；在区域分布上，春秋季节均以铁山港海区含量较高，珍珠湾海区含量较低，见表 3-55。

表 3-55　广西海草生态区各季度月初级生产力的含量变化　[单位：mg(O_2)/($m^2 \cdot d$)]

季节	初级生产力	铁山港海区		珍珠湾海区		全海区	
		变化范围	平均值	变化范围	平均值	变化范围	平均值
春季	100%透光层	1.93~5.45	3.92	0.36~0.65	0.51	0.36~5.45	2.22
	50%透光层	0.44~1.51	1.20	0.16~0.23	0.21	0.16~1.51	0.70
	25%透光层	0.18~1.12	0.84	0.010~0.10	0.063	0.010~1.12	0.45
	总生产力	2.55~8.05	5.96	0.66~0.88	0.78	0.66~8.05	3.37
秋季	100%透光层	0.30~0.53	0.38	0.21~0.38	0.33	0.21~0.53	0.36
	50%透光层	0.13~0.23	0.18	0.020~0.14	0.085	0.020~0.23	0.13
	25%透光层	0.070~0.13	0.095	0.00~0.030	0.022	0.00~0.13	0.058
	总生产力	0.55~0.76	0.66	0.31~0.53	0.44	0.31~0.76	0.55

广西海草生态区的初级生产力水平不高，秋季两个海区的总生产力均在 0.76 mg(O_2)/($m^2 \cdot d$) 以下，处于初级生产力水平低下的状况；春季虽呈现出较高的量值分布，但珍珠湾海区仍以低下水平出现，总生产力均在 0.88 mg(O_2)/($m^2 \cdot d$) 以下，只有铁山港海区呈现出较高的生产力水平，除个别测站外均在 5.84 mg(O_2)/($m^2 \cdot d$) 以上。相关分析表明，广西 "908" 专项调查的两个海区初级生产力水平的变化，春季是以陆源输入补充影响为主，而秋季则以海洋自身的增补作用影响为主。

（四）水体富营养化压力评价

由表 3-56 可知，本海草海区已经不存在贫营养水域，整个海区的营养水平已经全部达到和超过了微营养水平，尤以径流影响最大的夏季最为显著，在 18 个测站中，已有 3 个测站达到了富营养水平，8 个测站达到了中营养水平，只有 7 个测站处于微营养状态；春季的营养水平次之，虽然整个海区未出现富营养水域，但已有 7 个测站达到了中营养水平，11 个测站处于微营养状态；秋季的中营养水域已由春季的 7 个测站明显减少至 3 个测站，但微营养水域已增加至 15 个测站；营养水平最低的冬季所有测站也均达到了微营养水平。

表 3-56　广西海草生态区各季度月营养水平的变化状况

季节	铁山港海区（营养状况）				珍珠湾海区（营养状况）				全海区（营养状况）			
	贫	微	中	富	贫	微	中	富	贫	微	中	富
春季	—	2	7	—	—	9	—	—	—	11	7	—
夏季	—	1	5	3	—	6	3	—	—	7	8	3
秋季	—	8	1	—	—	7	2	—	—	15	3	—
冬季	—	6	—	—	—	6	—	—	—	12	—	—

注：贫、微、中、富分别表示为贫营养水平、微营养水平、中营养水平和富营养水平

八、广西珊瑚礁海水化学特征

（一）水温

广西珊瑚礁生态系统的水温变化由于受亚热带季风气候影响，呈现冬暖夏凉的特征，年变化范围为 17.67~28.39℃；呈夏季高、秋季次之、冬春季较低的变化特征；但在不同季节，不同区域的水温变化较大，见表 3-57。

表 3-57　广西珊瑚礁生态区各季度月水温的变化范围及平均值（单位：℃）

海区	变化范围及平均值	春季	夏季	秋季	冬季
涠洲岛海区	变化范围	17.67~18.96	27.57~28.29	27.60~27.93	22.37~22.92
	平均值	18.23	27.85	27.72	22.64
斜阳岛海区	变化范围	18.41~19.02	27.91~28.32	27.14~27.30	22.90~23.14
	平均值	18.23	28.15	27.24	23.01
白龙尾海区	变化范围	17.84~18.20	27.90~28.39	26.71~26.97	22.91~23.11
	平均值	18.04	28.25	26.81	23.00

（二）透明度

珊瑚礁海区由于受沿岸水和潮汐等水体混合作用影响较大，在区域上，随季节与海况的变化差异明显，见表 3-58。

表 3-58　广西珊瑚礁生态区各季度月透明度的变化范围及平均值　（单位：m）

海区	变化范围及平均值	春季	夏季	秋季	冬季
涠洲岛海区	变化范围	3.8~5.8	2.5~4.9	2.5~4.8	3.0~5.2
	平均值	4.7	3.9	3.4	4.0
斜阳岛海区	变化范围	2.5~4.5	3.4~5.5	2.1~3.0	3.5~4.8
	平均值	3.2	4.3	2.6	3.9
白龙尾海区	变化范围	1.5~2.1	2.8~4.5	2.4~5.0	3.0~6.0
	平均值	1.8	4.0	3.8	4.4

（三）悬浮物

珊瑚礁海区悬浮物的含量变化很大，但随着季节和区域不同，其量值变化各有特点，见表3-59。

表 3-59　广西珊瑚礁生态区各季度月悬浮物的变化范围及平均值（单位：mg/L）

海区	变化范围及平均值	春季	夏季	秋季	冬季
涠洲岛海区	变化范围	1.7~4.5	2.5~5.5	1.6~6.5	2.4~3.7
	平均值	2.5	4.1	4.6	2.9
斜阳岛海区	变化范围	1.4~19.7	1.7~4.3	4.7~11.3	2.3~6.0
	平均值	6.9	3.0	6.8	3.5
白龙尾海区	变化范围	2.9~8.3	2.0~2.9	3.5~6.5	3.1~4.7
	平均值	4.9	2.3	4.4	3.7

（四）盐度

广西珊瑚礁生态区盐度的变化较小，不同季节其区域性变化存在明显的差异，见表3-60。

表 3-60　广西珊瑚礁生态区各季度月盐度的变化范围及平均值

海区	变化范围及平均值	春季	夏季	秋季	冬季
涠洲岛海区	变化范围	31.55~32.45	31.95~32.80	29.79~31.70	32.41~32.51
	平均值	32.17	32.31	31.14	32.45
斜阳岛海区	变化范围	32.37~33.03	32.16~32.55	31.19~31.60	32.24~32.51
	平均值	32.63	32.31	31.43	32.35
白龙尾海区	变化范围	31.76~32.10	31.26~31.55	28.36~28.78	30.99~31.10
	平均值	31.86	31.44	28.62	31.05

（五）溶解氧

珊瑚礁海区溶解氧最高值出现在春季，冬季次之，夏秋季较低。在不同季节，不同海区的溶解氧含量变化的差异性明显，见表3-61。

表 3-61　广西珊瑚礁生态区各季度月溶解氧的变化范围及平均值　（单位：mg/L）

海区	变化范围及平均值	春季	夏季	秋季	冬季
涠洲岛海区	变化范围	8.33~8.79	5.71~6.70	5.99~6.56	6.60~7.47
	平均值	8.57	6.20	6.28	7.21
斜阳岛海区	变化范围	9.05~9.55	6.21~6.94	5.57~6.71	7.19~7.79
	平均值	9.18	6.68	6.48	7.63
白龙尾海区	变化范围	8.67~8.83	5.60~6.38	6.22~6.91	6.88~7.26
	平均值	8.75	6.12	6.72	7.06

（六）pH

涠洲岛、斜阳岛珊瑚礁海区水体 pH 年平均值较接近，稍高于白龙尾珊瑚礁海区的年平均值。平面分布变化较小，季节变化不明显，见表 3-62。

表 3-62　广西珊瑚礁生态区各季度月 pH 的变化范围及平均值

海区	变化范围及平均值	春季	夏季	秋季	冬季
涠洲岛海区	变化范围	8.22~8.25	8.11~8.16	8.10~8.14	8.16~8.20
	平均值	8.24	8.14	8.12	8.19
斜阳岛海区	变化范围	8.17~8.24	8.06~8.12	8.09~8.13	8.18~8.22
	平均值	8.20	8.10	8.12	8.21
白龙尾海区	变化范围	8.15~8.21	8.00~8.10	8.06~8.12	8.09~8.11
	平均值	8.19	8.06	8.10	8.10

（七）总碱度

涠洲岛、斜阳岛珊瑚礁海区水体总碱度年平均含量相差不大，白龙尾珊瑚礁海区的总碱度年平均含量稍低。平面分布变化较小，季节变化不明显，见表 3-63。

表 3-63　广西珊瑚礁生态区各季度月总碱度的变化范围及平均值　（单位：mmol/L）

海区	变化范围及平均值	春季	夏季	秋季	冬季
涠洲岛海区	变化范围	2.29~3.35	2.05~2.16	2.15~2.19	2.18~2.25
	平均值	2.32	2.11	2.18	2.21
斜阳岛海区	变化范围	2.26~2.29	1.79~1.81	2.35~2.36	2.20~2.28
	平均值	2.28	1.81	2.36	2.22
白龙尾海区	变化范围	2.13~2.19	1.97~2.02	1.73~1.81	2.07~2.15
	平均值	2.16	2.01	1.78	2.11

（八）总有机碳

珊瑚礁海区的有机碳在季节变化上表现为春季、冬季含量最高，夏季、秋季次之，在不同季节，区域性变化较大，见表 3-64。

表 3-64　广西珊瑚礁生态区各季度月总有机碳的变化范围及平均值　（单位：mg/L）

海区	变化范围及平均值	春季	夏季	秋季	冬季
涠洲岛海区	变化范围	1.25~2.49	0.70~1.80	0.16~1.03	0.92~1.35
	平均值	1.85	1.13	0.43	1.12
斜阳岛海区	变化范围	1.43~2.38	0.060~1.45	0.58~1.07	1.01~1.76
	平均值	1.96	0.66	0.82	1.26
白龙尾海区	变化范围	1.79~2.80	0.58~1.16	0.25~0.44	2.12~2.43
	平均值	2.35	0.84	0.35	2.26

广西涠洲岛、斜阳岛、白龙尾三个珊瑚礁海区有机碳含量季节变化体现为春季最高，3个海区有机碳秋季平均含量都在 1 mg/L 以下。涠洲岛和斜阳岛海区的有机碳含量年平均值接近，较白龙尾海区的含量要低。

（九）硝酸盐

涠洲岛珊瑚礁海区水体硝酸盐含量年平均值为 0.034 mg/L，全年各季节含量大小顺序为：春季＞夏季＞秋季＞冬季，季节间差异明显。斜阳岛珊瑚礁海区水体硝酸盐含量全年平均为 0.026 mg/L，含量范围为 0.0056~0.12 mg/L，季节间含量大小排列为：春季＞夏季＞秋季＞冬季。白龙尾珊瑚礁海区硝酸盐含量全年平均为 0.0081 mg/L，含量范围为 0.0015~0.020 mg/L；季节间含量大小顺序为：秋季＞夏季＞春季＞冬季。

（十）亚硝酸盐

涠洲岛珊瑚礁海区水体亚硝酸盐含量年平均值为 0.0062 mg/L，全年各季节含量大小顺序为：夏季＞冬季＞春季＞秋季，季节间差异较大。斜阳岛珊瑚礁海区水体亚硝酸盐含量年平均为 0.0047 mg/L，含量范围为 0.0012~0.014 mg/L，季节间含量大小排列为：夏季＞秋季＞冬季＞春季。白龙尾珊瑚礁海区亚硝酸盐含量全年平均为 0.0010 mg/L，含量范围为未检出至 0.0025 mg/L；季节间含量大小顺序为：秋季＞夏季＞春季＞冬季。

（十一）氨氮

涠洲岛珊瑚礁海区水体氨氮含量年平均值为 0.016 mg/L，全年各季节含量大小顺序为：春季＞夏季＞秋季＞冬季，季节间差异明显。斜阳岛珊瑚礁海区水体氨氮含量全年平均为 0.017 mg/L，含量范围为 0.0060~0.036 mg/L，季节间含量大小排列为：春季＞秋季＞夏季＞冬季。白龙尾珊瑚礁海区氨氮含量全年平均为 0.014 mg/L，含量范围为 0.0014~0.035 mg/L；季节间含量大小顺序为：夏季＞秋季＞春季＞冬季。

（十二）无机氮

从表 3-65 可以看出，涠洲岛珊瑚礁海区春季、夏季、冬季无机氮以硝酸盐含量占含量的百分比最高，秋季硝酸盐和氨氮所占百分比接近，中间形态的亚硝酸盐 4 个季节所占的百分比都是最低的。斜阳岛珊瑚礁海区的三氮所占百分比与涠洲岛类同，也是春季、夏季、冬季以硝酸盐为主，秋季以硝酸盐和氨氮为主。白龙尾珊瑚礁海区则春季、夏季、冬季无机氮组成以氨氮含量占百分比最高，秋季是以硝酸盐和氨氮为主。综上所述，涠洲岛、斜阳岛珊瑚礁海区无机氮组成以硝酸态氮为主，其次是氨氮；白龙尾珊瑚礁海区无机氮组成呈现氨氮为主，其次是硝酸盐氮，共同特点是三个珊瑚礁海区亚硝酸盐含量所占无机氮的百分比各季节都低，秋季硝酸盐和氨氮所占的百分比接近。

表 3-65　硝酸盐、亚硝酸盐、氨氮占无机氮的百分比

海区	项目	春季	夏季	秋季	冬季
涠洲岛	NO_3^-	72.2	57.2	48.8	46.1
	NO_2^-	5.7	15.8	5.3	22.2
	NH_4^+	22.1	27.0	45.9	31.7
斜阳岛	NO_3^-	62.8	50.4	42.1	62.0
	NO_2^-	3.6	16.0	10.9	12.2
	NH_4^+	33.6	33.6	47.0	25.8
白龙尾	NO_3^-	27.3	25.4	50.2	33.4
	NO_2^-	3.0	3.3	6.1	3.0
	NH_4^+	69.7	71.3	43.6	63.6

（十三）溶解态氮

涠洲岛珊瑚礁海区水体溶解态氮含量年平均值为 0.19 mg/L，全年各季节含量大小顺序为：夏季＞春季＞秋季＞冬季，季节间含量变化不明显。斜阳岛珊瑚礁海区水体溶解态氮含量全年平均为 0.19 mg/L，测值范围为 0.14~0.29 mg/L，季节间含量大小排列为：夏季＞秋季＞冬季＞春季。白龙尾珊瑚礁海区溶解态氮含量全年平均为 0.21 mg/L，稍高于广西其他 2 个珊瑚礁海区；含量范围为 0.046~0.38 mg/L，变幅较大；季节间含量大小顺序为：冬季＞夏季＞秋季＞春季。

（十四）总氮

涠洲岛珊瑚礁海区水体总氮含量年平均值为 0.23 mg/L，全年各季节含量大小顺序为：夏季＞春季＞秋季＞冬季，季节间差异不明显。斜阳岛珊瑚礁海区水体总氮含量全年平均为 0.24 mg/L，测值范围为 0.16~0.35 mg/L，季节间含量大小排列为：秋季＞夏季＞冬季＞春季。白龙尾珊瑚礁海区总氮含量全年平均为 0.27 mg/L，高于广西其他 2 个珊瑚礁海区；含量范围为 0.080~0.92 mg/L，变幅较大；季节间含量大小顺序为：冬季＞夏季＞秋季＞春季。

（十五）无机磷

涠洲岛珊瑚礁海区水体无机磷含量年平均值为 0.0064 mg/L，全年各季节含量大小顺序为：春季＞秋季＞冬季＞夏季，春秋两季比较接近。斜阳岛珊瑚礁海区水体无机磷含量全年平均为 0.0060 mg/L，测值范围为 0.0014~0.012 mg/L，季节间含量大小排列为：秋季＞冬季＞春季＞夏季。白龙尾珊瑚礁海区无机磷含量全年平均为 0.0046 mg/L，低于广西其他 2 个珊瑚礁海区；含量范围为 0.0014~0.010 mg/L，变幅较大；季节间含量大小顺序为：秋季＞春季＞冬季＞夏季。

（十六）溶解态磷

涠洲岛珊瑚礁海区水体溶解态磷含量年平均值为 0.013 mg/L，全年各季节含量大小顺序为：春季＞秋季＞夏季＞冬季，春秋两季比较接近。斜阳岛珊瑚礁海区水体溶解态磷含量全年平均为 0.014 mg/L，与涠洲岛含量较接近；测值范围为 0.0065~0.025 mg/L，季节间含量大小排列为：冬季＞秋季＞春季＞夏季。白龙尾珊瑚礁海区溶解态磷含量全年平均为 0.0094 mg/L，低于广西其他 2 个珊瑚礁海区；含量范围为 0.0050~0.016 mg/L，变幅较大；季节间含量大小顺序为：秋季＞春季＞冬季＞夏季。

（十七）总磷

涠洲岛珊瑚礁海区水体总磷含量年平均值为 0.016 mg/L，全年各季节含量大小顺序为：春季＞秋季＞夏季＞冬季，春秋两季比较接近。斜阳岛珊瑚礁海区水体总磷含量全年平均为 0.017 mg/L，与涠洲岛含量较接近；测值范围为 0.0081~0.030 mg/L，季节间含量大小排列为：冬季＞秋季＞春季＞夏季。白龙尾珊瑚礁海区总磷含量全年平均为 0.012 mg/L，低于广西其他 2 个珊瑚礁海区；含量范围为 0.0081~0.019 mg/L，变幅不大；季节间含量大小顺序为：秋季＞冬季＞春季＞夏季，后三个季节含量非常接近。

（十八）活性硅酸盐

涠洲岛珊瑚礁海区水体活性硅酸盐含量年平均值为 0.22 mg/L，全年各季节含量大小顺序为：夏季＞秋季＞春季＞冬季，夏秋两季比较接近。斜阳岛珊瑚礁海区水体活性硅酸盐含量全年平均为 0.15 mg/L，与白龙尾水体含量较接近，而明显低于涠洲岛；测值为 0.089~0.22 mg/L，季节间含量大小排列为：夏季＞冬季＞秋季＞春季。白龙尾珊瑚礁海区活性硅酸盐含量全年平均为 0.17 mg/L，与斜阳岛水体含量较接近，低于涠洲岛；含量范围为 0.12~0.27 mg/L，季节间含量大小顺序为：秋季＞夏季＞冬季＞春季，冬春两季含量非常接近。

（十九）铜

涠洲岛珊瑚礁海区水体铜含量年平均值为 1.21 μg/L，4 个季节的平均含量大小顺序为：春季＞夏季＞秋季＞冬季。斜阳岛珊瑚礁海区水体铜含量年平均为 2.64 μg/L，含量从未检出至 11.12 μg/L，4 个季节的平均含量大小顺序为：冬季＞秋季＞春季＞夏季。白龙尾珊瑚礁海区水体铜含量全年平均为 1.14 μg/L，含量范围为 0.53~2.90 μg/L，4 个季节的平均含量大小顺序为：冬季＞春季＞秋季＞夏季，见表 3-66。

表 3-66　广西珊瑚礁生态区各季度月铜的变化范围及平均值　　（单位：μg/L）

海区	变化范围及平均值	春季	夏季	秋季	冬季
涠洲岛海区	变化范围	1.40~2.95	0.65~2.30	0.16~3.71	未检出至 0.79
	平均值	2.08	1.31	1.02	0.43
斜阳岛海区	变化范围	1.35~5.18	0.35~2.19	0.32~10.15	未检出至 11.12
	平均值	2.29	1.35	9.83	4.35
白龙尾海区	变化范围	0.85~1.13	0.53~1.39	0.73~1.12	0.85~2.90
	平均值	0.97	0.84	0.96	1.79

（二十）铅

涠洲岛珊瑚礁海区水体铅含量年平均值为 0.74 μg/L，4 个季节的平均含量水平大小顺序为：春季＞冬季＞秋季＞夏季。斜阳岛珊瑚礁海区水体铅含量全年平均为 0.84 μg/L，含量范围为 0.22~2.81 μg/L，4 个季节的平均值大小顺序为：春季＞冬季＞夏季＞秋季。白龙尾珊瑚礁海区水体铅含量平均为 0.70 μg/L，含量范围为 0.046~2.21 μg/L；不同季节铅含量大小排列为：秋季＞春季＞冬季＞夏季，见表 3-67。

表 3-67　广西珊瑚礁生态区各季度月铅的变化范围及平均值　（单位：μg/L）

海区	变化范围及平均值	春季	夏季	秋季	冬季
涠洲岛海区	变化范围 平均值	0.47~2.53 1.26	0.12~0.58 0.32	0.37~1.02 0.61	0.30~2.00 0.80
斜阳岛海区	变化范围 平均值	0.46~2.81 1.34	0.22~1.36 0.70	0.33~0.90 0.59	0.40~1.59 0.74
白龙尾海区	变化范围 平均值	0.45~1.62 0.82	0.046~0.32 0.13	0.42~2.04 1.07	0.12~2.21 0.78

（二十一）锌

涠洲岛珊瑚礁海区水体锌含量年平均值为 25.30 μg/L，全年各季节含量大小顺序为：夏季＞秋季＞春季＞冬季。斜阳岛珊瑚礁海区水体锌含量全年平均为 28.73 μg/L，季节间含量大小排列为：夏季＞秋季＞春季＞冬季。白龙尾珊瑚礁海区水体锌含量全年平均为 28.38 μg/L，含量范围为 6.77~66.27 μg/L；季节间含量大小顺序为：夏季＞秋季＞冬季＞春季，见表 3-68。

表 3-68　广西珊瑚礁生态区各季度月锌的变化范围及平均值　（单位：μg/L）

海区	变化范围及平均值	春季	夏季	秋季	冬季
涠洲岛海区	变化范围 平均值	6.28~29.22 16.57	40.10~67.59 51.22	14.44~39.09 27.38	4.03~8.87 6.02
斜阳岛海区	变化范围 平均值	3.75~27.57 16.66	48.93~68.33 56.47	26.73~46.94 35.30	3.74~11.15 6.49
白龙尾海区	变化范围 平均值	6.77~13.41 10.63	50.46~66.27 58.61	16.55~37.32 24.85	12.98~31.61 19.43

（二十二）镉

涠洲岛珊瑚礁海区水体镉含量年平均值为 0.015 μg/L，测值范围为 0.0011~0.081 μg/L，相差 70 多倍；各季节镉含量大小排列为：秋季＞冬季＞夏季＞春季。斜阳岛珊瑚礁海区水体镉含量全年平均为 0.020 μg/L，季节间含量排序为：冬季＞春季＞夏季＞秋季。白龙尾珊瑚礁海区水体镉含量全年平均为 0.030 μg/L，各季节镉含量排序为：秋季＞春季＞冬季＞夏季，见表 3-69。

表 3-69 广西珊瑚礁生态区各季度月镉的变化范围及平均值 （单位：μg/L）

海区	变化范围及平均值	春季	夏季	秋季	冬季
涠洲岛海区	变化范围	0.0011~0.032	0.0046~0.037	0.0081~0.081	0.0092~0.041
	平均值	0.0088	0.014	0.022	0.016
斜阳岛海区	变化范围	0.0044~0.11	0.0072~0.034	0.0070~0.028	0.012~0.057
	平均值	0.022	0.018	0.016	0.023
白龙尾海区	变化范围	0.025~0.058	0.0096~0.019	0.028~0.056	0.019~0.042
	平均值	0.038	0.012	0.040	0.030

（二十三）总铬

涠洲岛珊瑚礁海区水体铬含量年平均值为 0.59 μg/L，全年各季节含量大小顺序为：夏季＞冬季＞春季＞秋季。斜阳岛珊瑚礁海区水体铬含量全年平均为 0.38 μg/L，季节间含量大小排列为：夏季＞冬季＞春季＞秋季。白龙尾珊瑚礁海区水体铬含量全年平均为 0.86 μg/L，季节间含量大小顺序为：夏季＞春季＞秋季＞冬季，见表 3-70。

表 3-70 广西珊瑚礁生态区各季度月铬的变化范围及平均值 （单位：μg/L）

海区	变化范围及平均值	春季	夏季	秋季	冬季
涠洲岛海区	变化范围	0.21~0.78	0.88~1.63	0.10~1.40	0.17~1.70
	平均值	0.41	1.14	0.37	0.46
斜阳岛海区	变化范围	0.21~0.42	0.61~1.03	0.11~0.37	0.13~0.54
	平均值	0.26	0.77	0.23	0.27
白龙尾海区	变化范围	0.12~1.74	1.71~4.32	0.29~0.63	0.077~0.37
	平均值	0.54	2.35	0.38	0.17

（二十四）汞

涠洲岛珊瑚礁海区水体汞含量年平均值为 0.19 μg/L，全年各季节含量大小顺序为：春季＞夏季＞冬季＞秋季。斜阳岛珊瑚礁海区水体汞含量全年平均为 0.15 μg/L，季节间含量大小排列为：冬季＞夏季＞春季＞秋季。白龙尾珊瑚礁海区水体汞含量全年平均为 0.13 μg/L，季节间含量大小顺序为：冬季＞春季＞秋季＞夏季，见表 3-71。

表 3-71 广西珊瑚礁生态区各季度月汞的变化范围及平均值 （单位：μg/L）

海区	变化范围及平均值	春季	夏季	秋季	冬季
涠洲岛海区	变化范围	0.10~0.37	0.15~0.25	0.074~0.24	0.15~0.29
	平均值	0.22	0.21	0.11	0.21
斜阳岛海区	变化范围	0.088~0.19	0.13~0.18	0.068~0.16	0.15~0.30
	平均值	0.12	0.15	0.091	0.23
白龙尾海区	变化范围	0.10~0.19	0.056~0.12	0.042~0.30	0.15~0.20
	平均值	0.14	0.093	0.13	0.18

(二十五)油类

涠洲岛珊瑚礁海区水体油类含量年平均值为 0.25 mg/L，冬季油类平均含量远高于其他季节，而春季、夏季和秋季含量相差不大。斜阳岛珊瑚礁海区水体油类含量全年平均值为 0.024 mg/L，季节间含量大小排列为：冬季＞秋季＞夏季＞春季。白龙尾珊瑚礁海区水体油类含量全年平均为 0.027 mg/L，季节间含量大小顺序为：冬季＞秋季＞春季＞夏季，见表 3-72。

表 3-72　广西珊瑚礁生态区各季度月油类的变化范围及平均值　（单位：mg/L）

海区	变化范围及平均值	春季	夏季	秋季	冬季
涠洲岛海区	变化范围	0.0045~0.035	0.0088~0.020	0.014~0.026	0.027~0.14
	平均值	0.031	0.014	0.019	0.055
斜阳岛海区	变化范围	0.0086~0.039	0.010~0.027	0.016~0.033	0.019~0.094
	平均值	0.017	0.018	0.022	0.040
白龙尾海区	变化范围	0.011~0.046	0.015~0.021	0.018~0.085	0.019~0.093
	平均值	0.019	0.017	0.030	0.042

(二十六)砷

涠洲岛珊瑚礁海区水体砷含量年平均值为 3.03 μg/L，全年各季节含量大小顺序为：秋季＞春季＞冬季＞夏季。斜阳岛珊瑚礁海区水体砷含量全年平均为 2.07 μg/L，季节间含量大小排列为：秋季＞冬季＞夏季＞春季。白龙尾珊瑚礁海区水体砷含量全年平均为 1.46 μg/L，季节间含量大小顺序为：秋季＞夏季＞冬季＞春季，见表 3-73。

表 3-73　广西珊瑚礁生态区各季度月砷的变化范围及平均值　（单位：μg/L）

海区	变化范围及平均值	春季	夏季	秋季	冬季
涠洲岛海区	变化范围	0.33~11.33	0.54~2.60	2.27~8.43	1.00~7.91
	平均值	3.23	1.43	4.42	3.03
斜阳岛海区	变化范围	0.26~1.33	0.23~3.48	1.98~6.37	0.85~7.62
	平均值	0.53	0.99	4.09	2.66
白龙尾海区	变化范围	0.14~1.01	0.29~3.60	1.50~3.64	0.56~3.21
	平均值	0.39	1.48	2.55	1.44

九、广西珊瑚礁环境质量评价

(一)海水化学环境现状评价

1. 涠洲岛海区

涠洲岛珊瑚礁海区的海水环境单项污染指数如表 3-74 所示。从表 3-74 中单项污染指数来看，该海区冬春两季水体溶解氧含量较高，没有缺氧现象；秋季仅 1 个测站水体溶解氧单项污染指数大于 1；夏季水温较高，导致局部海区缺氧，41.7%的测站水体溶解氧单项污染指数大于 1。该海区水体 pH、有机碳、无机氮、无机磷、铜、镉、铬和砷均在标准值之下，尤其是镉、铬和砷，实测含量远离标准值，污染压力很低。春季、夏季和秋季涠洲岛水体油类没有超标，但冬季有 4 个测站，即 33.3%的测站水体油类超标。全年涠洲岛水体铅含量超标率为 20.8%。锌超标率 56.3%，污染程度表现为：夏季＞秋季＞春季＞冬季。汞超标率达 100%，秋季较轻；汞单项污染指数是所有指标中最高的。涠洲岛水体汞、铅、锌和油类的污染状况应引起重视。

表 3-74 涠洲岛珊瑚礁海区水体单项污染指数

季节	站号	溶解氧	pH	有机碳	无机氮	无机磷	铜	铅	锌	镉	铬	汞	砷	油类
春季	W11	0.48	0.26	0.62	0.41	0.35	0.45	0.47	0.99	0.03	0.01	3.6	0.02	0.24
	W12	0.51	0.23	0.83	0.44	0.65	0.59	2.52	0.96	0.00	0.01	4.8	0.03	0.70
	W21	0.32	0.23	0.51	0.53	0.45	0.43	1.18	1.06	0.00	0.02	7.4	0.03	0.19
	W22	0.31	0.20	0.69	0.50	0.55	0.40	0.77	1.10	0.00	0.01	5.0	0.07	0.20
	W31	0.39	0.29	0.69	0.47	0.55	0.28	1.37	1.07	0.01	0.00	4.6	0.08	0.32
	W32	0.45	0.29	0.60	0.41	0.45	0.49	1.12	0.35	0.00	0.01	2.0	0.02	0.24
	W41	0.50	0.23	0.61	0.46	0.55	0.33	0.75	1.10	0.01	0.01	3.6	0.15	0.17
	W42	0.50	0.23	0.58	0.53	0.55	0.38	2.53	1.46	0.00	0.01	4.6	0.26	0.26
	W51	0.62	0.23	0.42	0.48	0.55	0.39	0.99	0.32	0.01	0.01	5.4	0.30	0.09
	W52	0.46	0.26	0.52	0.47	0.55	0.38	1.32	0.78	0.01	0.01	4.6	0.13	0.15
	W61	0.45	0.29	0.66	0.55	0.65	0.44	1.08	0.45	0.00	0.01	3.6	0.57	0.17
	W62	0.53	0.26	0.67	0.35	0.45	0.43	0.97	0.31	0.01	0.00	4.4	0.30	0.30
夏季	W11	1.15	0.11	0.60	0.38	0.28	0.32	0.28	2.61	0.04	0.02	4.0	0.05	0.19
	W12	1.15	0.11	0.43	0.41	0.28	0.21	0.37	2.93	0.01	0.02	3.6	0.03	0.24
	W21	1.02	0.09	0.35	0.35	0.28	0.27	0.26	2.01	0.01	0.02	5.0	0.07	0.38
	W22	1.44	0.11	0.35	0.45	0.37	0.13	0.20	2.27	0.00	0.02	3.8	0.13	0.24
	W31	0.93	0.06	0.23	0.36	0.19	0.46	0.13	2.24	0.01	0.02	3.0	0.07	0.22
	W32	1.11	0.06	0.30	0.37	0.19	0.21	0.32	2.29	0.02	0.02	4.0	0.09	0.32
	W41	0.36	0.00	0.26	0.21	0.28	0.21	0.39	3.38	0.01	0.02	4.6	0.03	0.20
	W42	0.28	0.03	0.39	0.21	0.09	0.22	0.55	2.89	0.01	0.01	4.0	0.07	0.40
	W51	0.02	0.00	0.33	0.54	0.28	0.25	0.12	2.86	0.01	0.05	5.0	0.06	0.30
	W52	0.37	0.03	0.31	0.29	0.28	0.23	0.25	2.42	0.02	0.02	4.4	0.03	0.36
	W61	0.13	0.03	0.52	0.30	0.28	0.34	0.34	2.26	0.02	0.02	4.0	0.11	0.36
	W62	0.48	0.03	0.46	0.32	0.28	0.29	0.58	2.58	0.02	0.03	4.6	0.12	0.18

续表

季节	站号	溶解氧	pH	有机碳	无机氮	无机磷	铜	铅	锌	镉	铬	汞	砷	油类
秋季	W11	0.56	0.03	0.12	0.21	0.49	0.13	0.45	1.62	0.03	0.00	2.2	0.11	0.38
	W12	0.20	0.03	0.18	0.23	0.49	0.04	0.70	1.47	0.02	0.00	1.5	0.20	0.48
	W21	0.94	0.03	0.26	0.17	0.39	0.14	0.37	1.02	0.02	0.00	1.8	0.14	0.40
	W22	0.05	0.03	0.25	0.22	0.58	0.14	0.46	1.66	0.01	0.01	1.5	0.19	0.40
	W31	0.69	0.14	0.05	0.20	0.93	0.32	0.55	0.96	0.02	0.01	3.2	0.17	0.38
	W32	0.93	0.14	0.10	0.37	0.49	0.24	1.02	0.72	0.08	0.03	4.8	0.18	0.36
	W41	1.02	0.14	0.34	0.14	0.49	0.46	0.41	1.95	0.02	0.01	1.9	0.40	0.28
	W42	0.32	0.06	0.06	0.09	0.39	0.03	0.94	1.75	0.02	0.01	1.6	0.30	0.28
	W51	0.19	0.11	0.06	0.07	0.30	0.04	0.56	1.24	0.01	0.01	1.6	0.12	0.52
	W52	0.52	0.06	0.14	0.11	0.49	0.10	0.76	1.35	0.01	0.01	1.6	0.18	0.28
	W61	0.53	0.06	0.07	0.06	0.49	0.06	0.39	1.11	0.01	0.01	1.9	0.42	0.38
	W62	0.32	0.09	0.08	0.17	0.39	0.74	0.65	1.59	0.01	0.01	1.6	0.24	0.36
冬季	W11	0.11	0.11	0.32	0.19	0.33	0.05	0.37	0.44	0.02	0.01	5.6	0.14	0.72
	W12	0.32	0.11	0.31	0.18	0.43	0.06	0.30	0.34	0.01	0.01	4.0	0.13	0.90
	W21	0.11	0.09	0.36	0.13	0.43	0.05	0.52	0.42	0.01	0.01	4.0	0.05	0.56
	W22	0.19	0.14	0.34	0.14	0.43	0.10	0.70	0.29	0.01	0.01	3.0	0.18	0.54
	W31	0.17	0.14	0.45	0.13	0.43	0.05	0.91	0.22	0.02	0.00	5.4	0.40	2.40
	W32	0.02	0.14	0.42	0.12	0.43	0.14	0.48	0.24	0.02	0.01	4.0	0.34	0.86
	W41	0.14	0.14	0.40	0.10	0.33	0.10	0.44	0.28	0.01	0.01	5.8	0.10	1.10
	W42	0.19	0.11	0.36	0.14	0.43	0.03	2.00	0.22	0.01	0.03	3.0	0.08	2.80
	W51	0.06	0.11	0.44	0.19	0.33	0.12	0.36	0.35	0.02	0.01	5.4	0.10	0.80
	W52	0.03	0.09	0.39	0.14	0.43	0.13	1.35	0.28	0.01	0.01	4.0	0.10	1.00
	W61	0.12	0.03	0.36	0.16	0.43	0.16	1.56	0.32	0.04	0.01	3.0	0.09	0.82
	W62	0.49	0.03	0.34	0.18	0.53	0.03	0.61	0.20	0.01	0.01	3.0	0.12	0.70

2. 斜阳岛海区

斜阳岛珊瑚礁海区的海水环境单项污染指数如表 3-75 所示。水体溶解氧属正常状况，仅春秋两季各有 1 个测站单项污染指数大于 1。该海区水体 pH、有机碳、无机氮、无机磷、镉、铬和砷均在标准值之下，同样，斜阳岛水体镉、铬和砷实测含量远离标准值，无污染之虞。夏季水体铜含量低于标准值，春季和秋季各有 1 个测站单项污染指数大于 1，冬季超标程度稍高，有 3 个测站，即 30%测站超标。春季、夏季和秋季斜阳岛水体油类没有超标，但冬季有 20%的测站水体油类超标，规律与涠洲岛相似。斜阳岛水体铅含量超标率为 22.5%。锌超标率 62.5%，污染程度表现为：夏季＞秋季＞春季＞冬季。汞超标率达 100%，秋季较轻，冬季较重；汞单项污染指数是所有指标中最高的。

表 3-75　斜阳岛珊瑚礁海区水体单项污染指数

季节	站号	溶解氧	pH	有机碳	无机氮	无机磷	铜	铅	锌	镉	铬	汞	砷	油类
春季	X11	0.88	0.26	0.74	0.33	0.45	0.30	1.03	0.26	0.01	0.01	2.8	0.03	0.36
	X12	0.85	0.17	0.79	0.32	0.45	0.34	1.42	1.07	0.04	0.01	1.8	0.02	0.36
	X21	1.09	0.20	0.66	0.37	0.35	0.68	2.29	1.38	0.11	0.00	3.8	0.02	0.78
	X22	0.89	0.23	0.64	0.34	0.45	1.04	1.67	1.19	0.02	0.01	1.8	0.02	0.38
	X31	0.88	0.06	0.48	0.32	0.25	0.46	0.74	0.95	0.01	0.01	2.2	0.02	0.17
	X32	0.88	0.11	0.67	0.36	0.35	0.40	2.81	0.19	0.01	0.01	2.2	0.02	0.22
	X41	0.80	0.09	0.73	0.30	0.16	0.38	1.10	0.73	0.01	0.00	2.2	0.01	0.30
	X42	0.84	0.11	0.60	0.33	0.45	0.37	0.93	1.22	0.01	0.00	3.0	0.04	0.40
	X51	0.97	0.20	0.69	0.37	0.45	0.35	0.93	0.22	0.01	0.00	2.2	0.02	0.19
	X52	0.82	0.06	0.52	0.32	0.55	0.27	0.46	1.13	0.00	0.00	2.8	0.07	0.30
夏季	X11	0.84	0.14	0.25	0.19	0.09	0.23	0.83	2.93	0.02	0.02	3.6	0.02	0.30
	X12	0.92	0.20	0.19	0.19	0.19	0.44	0.68	3.42	0.03	0.02	2.6	0.17	0.40
	X21	0.41	0.17	0.48	0.22	0.09	0.44	1.36	2.50	0.02	0.02	3.0	0.04	0.38
	X22	0.60	0.26	0.27	0.37	0.57	0.27	0.80	2.45	0.02	0.01	2.6	0.04	0.38
	X31	0.57	0.11	0.06	0.18	0.09	0.28	0.60	2.83	0.02	0.02	3.0	0.02	0.24
	X32	0.64	0.09	0.02	0.20	0.09	0.28	1.01	2.69	0.02	0.01	3.0	0.06	0.48
	X41	0.18	0.14	0.15	0.26	0.19	0.18	0.50	2.85	0.01	0.02	2.8	0.04	0.20
	X42	0.02	0.14	0.31	0.25	0.28	0.31	0.40	2.87	0.01	0.01	3.6	0.06	0.22
	X51	0.75	0.11	0.09	0.18	0.09	0.21	0.63	2.67	0.02	0.01	3.0	0.01	0.54
	X52	0.33	0.11	0.36	0.20	0.09	0.07	0.22	3.04	0.01	0.01	3.6	0.01	0.46
秋季	X11	0.11	0.09	0.30	0.18	0.39	2.03	0.81	1.73	0.03	0.00	1.4	0.27	0.42
	X12	0.16	0.17	0.25	0.28	0.39	0.28	0.52	2.35	0.01	0.00	1.4	0.13	0.54
	X21	0.08	0.17	0.33	0.24	0.80	0.70	0.64	1.81	0.01	0.01	1.8	0.19	0.54
	X22	0.51	0.17	0.19	0.29	0.49	0.35	0.90	1.34	0.03	0.00	1.4	0.25	0.66
	X31	0.03	0.06	0.28	0.21	0.49	0.06	0.38	1.73	0.02	0.00	2.8	0.21	0.32
	X32	0.03	0.06	0.36	0.25	0.49	0.12	0.35	1.74	0.02	0.00	3.2	0.32	0.36
	X41	0.14	0.06	0.33	0.22	0.58	0.42	0.41	1.64	0.01	0.01	1.6	0.15	0.32
	X42	0.13	0.06	0.27	0.24	0.58	0.25	0.49	1.54	0.01	0.01	1.6	0.23	0.40
	X51	1.65	0.06	0.20	0.24	0.67	0.66	0.61	2.01	0.02	0.00	1.6	0.10	0.38
	X52	0.22	0.06	0.22	0.22	0.49	0.26	0.82	1.77	0.01	0.01	1.5	0.20	0.42
冬季	X11	0.37	0.14	0.34	0.18	0.43	0.14	0.56	0.50	0.02	0.01	4.8	0.12	0.90
	X12	0.09	0.11	0.34	0.75	0.43	2.22	0.56	0.56	0.02	0.01	3.0	0.04	1.88
	X21	0.55	0.09	0.53	0.12	0.51	1.42	0.74	0.21	0.06	0.00	6.0	0.07	0.80
	X22	0.56	0.11	0.46	0.10	0.51	1.92	0.48	0.33	0.03	0.01	5.6	0.09	0.40
	X31	0.55	0.14	0.45	0.10	0.51	0.13	0.61	0.19	0.01	0.01	3.6	0.12	0.98
	X32	0.57	0.20	0.42	0.08	0.41	0.93	0.56	0.32	0.03	0.01	5.0	0.15	0.50
	X41	0.55	0.20	0.38	0.07	0.51	0.05	0.98	0.21	0.02	0.00	5.0	0.19	1.06
	X42	0.64	0.20	0.34	0.08	0.67	0.86	0.87	0.35	0.02	0.00	4.4	0.38	0.38
	X51	0.55	0.20	0.36	0.07	0.51	0.38	1.59	0.23	0.02	0.00	4.0	0.11	0.40
	X52	0.48	0.20	0.59	0.07	0.51	0.63	0.40	0.36	0.02	0.00	4.0	0.06	0.68

3. 白龙尾海区

白龙尾珊瑚礁海区的海水环境单项污染指数如表 3-76 所示。

表 3-76 白龙尾珊瑚礁海区水体单项污染指数

季节	站号	溶解氧	pH	有机碳	无机氮	无机磷	铜	铅	锌	镉	铬	汞	砷	油类
春季	B11	0.57	0.14	0.60	0.09	0.35	0.19	1.62	0.60	0.05	0.01	2.6	0.01	0.22
	B12	0.55	0.00	0.79	0.13	0.35	0.18	0.45	0.59	0.06	0.01	3.8	0.02	0.42
	B21	0.49	0.14	0.76	0.08	0.35	0.20	0.48	0.34	0.03	0.00	2.6	0.01	0.28
	B22	0.54	0.17	0.93	0.09	0.35	0.17	0.47	0.37	0.03	0.00	3.0	0.01	0.22
	B31	0.52	0.14	0.82	0.08	0.35	0.20	0.78	0.67	0.03	0.00	2.6	0.02	0.24
	B32	0.45	0.09	0.80	0.08	0.35	0.23	1.09	0.62	0.04	0.03	2.0	0.05	0.92
夏季	B11	0.25	0.31	0.22	0.14	0.09	0.20	0.15	2.70	0.01	0.04	2.4	0.18	0.42
	B12	1.60	0.43	0.39	0.28	0.09	0.28	0.32	2.52	0.01	0.03	1.6	0.05	0.36
	B21	0.51	0.14	0.19	0.09	0.09	0.15	0.05	3.27	0.01	0.05	1.6	0.13	0.30
	B22	1.12	0.31	0.35	0.12	0.09	0.15	0.08	3.05	0.02	0.04	2.2	0.01	0.36
	B31	0.60	0.17	0.24	0.11	0.09	0.12	0.11	2.72	0.01	0.09	2.2	0.02	0.32
	B32	0.35	0.17	0.30	0.19	0.28	0.11	0.08	3.31	0.01	0.03	1.1	0.05	0.30
秋季	B11	0.01	0.14	0.09	0.15	0.67	0.19	0.70	1.49	0.03	0.01	2.6	0.18	0.36
	B12	0.11	0.14	0.13	0.19	0.49	0.22	1.35	1.15	0.03	0.01	0.8	0.17	0.36
	B21	0.12	0.09	0.15	0.11	0.30	0.15	0.48	1.01	0.04	0.01	6.0	0.09	0.42
	B22	0.73	0.23	0.08	0.12	0.18	0.18	0.42	1.87	0.04	0.01	4.0	0.12	0.36
	B31	0.03	0.09	0.14	0.12	0.39	0.20	1.40	1.11	0.04	0.01	1.1	0.08	1.70
	B32	0.09	0.26	0.11	0.23	0.58	0.22	2.04	0.83	0.06	0.01	1.0	0.13	0.42
冬季	B11	0.16	0.11	0.81	0.02	0.33	0.17	2.21	0.82	0.04	0.00	3.4	0.07	0.94
	B12	0.12	0.14	0.79	0.05	0.33	0.48	0.12	0.96	0.04	0.00	3.0	0.03	0.66
	B21	0.09	0.11	0.71	0.08	0.33	0.30	0.51	0.70	0.02	0.02	3.2	0.03	1.86
	B22	0.14	0.17	0.73	0.07	0.33	0.36	0.58	1.13	0.02	0.01	3.8	0.06	0.44
	B31	0.09	0.11	0.73	0.06	0.23	0.25	0.91	0.65	0.02	0.00	3.8	0.08	0.38
	B32	0.25	0.17	0.75	0.10	0.23	0.58	0.36	1.58	0.04	0.01	4.0	0.16	0.72

白龙尾珊瑚礁海区春季、秋季和冬季水体溶解氧处于正常状态，但夏季 33.3%测站水体溶解氧不足，单项污染指数大于 1。水体 pH、有机碳、无机氮、无机磷、铜、镉、铬和砷均在标准值之下，总体上镉、铬和砷状况最佳。全年白龙尾水体仅 2 个测站油类超标，出现在秋季珊瑚礁海区西面的远岸测站。白龙尾水体铅含量超标率为 25.0%。锌超标率 54.2%，污染程度表现为：夏季 > 秋季 > 春季 > 冬季。汞超标率达 95.8%，仅秋季中间断面的近岸 1 个测站不超标。

总体上，广西珊瑚礁海区主要污染物是汞、锌和铅，全年超标测站分别占总测站数的 99.1%、58.0%和 22.3%。

（二）水体初级生产力功能评价

1. 叶绿素 a

涠洲岛珊瑚礁海区水体叶绿素 a 含量年平均值为 1.57 μg/L，测值范围为 0.46~3.49 μg/L，变幅较大；全年各季节含量大小顺序为：春季＞冬季＞夏季＞秋季。斜阳岛珊瑚礁海区水体叶绿素 a 含量年平均值为 3.14 μg/L，测值范围为 1.13~7.86 μg/L，变幅较大；全年各季节含量大小顺序为：冬季＞秋季＞春季＞夏季。白龙尾珊瑚礁海区水体叶绿素 a 含量年平均值为 1.38 μg/L，测值范围为 0.57~3.24 μg/L，变幅较大；全年各季节含量大小顺序为：春季＞秋季＞夏季＞冬季（表 3-77）。

表 3-77　广西珊瑚礁海区水体叶绿素 a 含量分布　　　　（单位：μg/L）

海区名称	站号	春季	夏季	秋季	冬季
涠洲岛	W11	2.16	1.29	1.46	1.48
	W12	2.53	0.84	1.00	2.49
	W21	2.97	1.54	1.54	0.54
	W22	3.49	0.48	0.81	1.05
	W31	2.78	1.17	1.96	0.75
	W32	3.14	1.88	0.78	2.11
	W41	1.75	1.30	1.03	1.49
	W42	1.91	1.06	1.12	2.73
	W51	1.64	2.04	1.12	1.01
	W52	1.83	1.62	1.36	2.24
	W61	1.68	1.68	1.82	0.46
	W62	0.97	1.90	0.67	0.92
	均值	2.24	1.40	1.22	1.44
斜阳岛	X11	2.76	1.38	2.63	4.28
	X12	2.83	1.13	4.16	1.86
	X21	2.64	1.15	3.56	7.86
	X22	2.95	1.92	3.34	7.20
	X31	1.30	1.43	3.01	6.31
	X32	1.39	1.50	3.27	6.76
	X41	1.55	1.50	4.30	5.31
	X42	1.61	1.28	3.55	6.54
	X51	1.77	1.49	2.86	5.20
	X52	1.97	1.49	2.84	5.82
	均值	2.08	1.43	3.35	5.71
白龙尾	B11	2.12	0.79	3.24	0.78
	B12	2.51	1.01	1.38	1.16
	B21	2.54	0.90	1.51	0.81
	B22	1.97	1.01	0.76	1.02
	B31	2.00	1.14	1.53	0.72
	B32	2.10	0.70	0.88	0.57
	均值	2.21	0.93	1.55	0.84

2. 初级生产力

在 3 个调查区域，春季水体总初级生产力以涠洲岛最高，白龙尾次之，斜阳岛最低（表 3-78）；秋季则表现出与春季相反的规律，斜阳岛＞白龙尾＞涠洲岛。以每个季度的数据为一个数据集进行不同海区的差异显著性检验,结果表明海区间差异显著($P<0.05$);但以全年数据作为一个数据集来检验,则海区间差异不显著($P>0.2$),3个海区的全年平均总生产力非常接近。同时,所有站位的生产力均表现为:100%透光层 > 50%透光层 > 25%透光层,随着透光率的降低,处于下层的水体的初级生产力就较低,表明光照因素对浮游植物的生产力影响极大。

表 3-78　广西珊瑚礁海区水体初级生产力分布　　　[单位:mg(O_2)/($m^2 \cdot d$)]

断面名称	站号	春季				秋季			
		100%透光层	50%透光层	25%透光层	总生产力	100%透光层	50%透光层	25%透光层	总生产力
涠洲岛	W11	0.97	0.28	0.27	1.52	0.55	0.40	0.37	1.32
	W12	1.30	0.41	0.32	2.03	0.44	0.21	0.17	0.82
	W21	0.97	0.36	0.29	1.62	0.43	0.39	0.20	1.02
	W22	0.66	0.050	0.030	0.74	0.35	0.29	0.16	0.80
	W31	1.06	0.50	0.20	1.76	0.65	0.54	0.41	1.60
	W32	1.11	0.35	0.19	1.65	0.35	0.25	0.18	0.78
	W41	0.63	0.26	0.25	1.14	0.40	0.21	0.19	0.80
	W42	0.53	0.18	0.16	0.87	0.30	0.19	0.14	0.63
	W51	0.59	0.24	0.13	0.96	0.44	0.41	0.34	1.19
	W52	0.52	0.30	0.21	1.03	0.61	0.42	0.38	1.41
	W61	0.88	0.46	0.32	1.66	0.25	0.090	0.040	0.38
	W62	0.91	0.50	0.18	1.59	0.31	0.050	0.030	0.39
	均值	0.84	0.32	0.21	1.38	0.42	0.29	0.22	0.93
斜阳岛	X11	0.28	0.17	0.13	0.58	1.05	0.41	0.32	1.78
	X12	0.41	0.12	0.010	0.54	0.74	0.41	0.33	1.48
	X21	0.49	0.14	0.14	0.77	1.25	0.50	0.41	2.16
	X22	0.61	0.16	0.040	0.81	1.10	0.41	0.25	1.76
	X31	0.36	0.080	0.050	0.49	1.18	0.35	0.27	1.80
	X32	0.31	0.15	0.14	0.60	1.15	0.37	0.19	1.71
	X41	0.38	0.23	0.14	0.75	0.85	0.32	0.14	1.31
	X42	0.56	0.19	0.14	0.89	1.08	0.40	0.31	1.79
	X51	0.32	0.13	0.11	0.56	0.89	0.40	0.34	1.63
	X52	0.60	0.36	0.26	1.22	1.17	0.51	0.39	2.07
	均值	0.43	0.17	0.12	0.72	1.05	0.41	0.30	1.75
白龙尾	B11	0.31	0.21	0.090	0.61	1.06	0.56	0.43	2.05
	B12	0.66	0.24	0.14	1.04	0.62	0.48	0.26	1.36
	B21	0.38	0.30	0.25	0.93	0.90	0.62	0.26	1.78
	B22	0.47	0.28	0.12	0.87	0.34	0.16	0.12	0.62
	B31	0.43	0.29	0.17	0.89	0.64	0.35	0.21	1.20
	B32	0.63	0.30	0.14	1.07	0.49	0.25	0.16	0.90
	均值	0.48	0.27	0.15	0.90	0.68	0.40	0.24	1.32

(三)水体富营养化压力评价

由表 3-79 可知,广西珊瑚礁海区水体以微营养水平为主,全年所有测站中有 86.6% 处于这一水平；贫营养水平测站占 9.8%，中营养水平测站仅有 3.6%，无富营养水平测站。总体上广西珊瑚礁海区营养化压力很轻。

表 3-79 广西珊瑚礁海区水体营养水平

断面名称	站号	营养指数			
		春季	夏季	秋季	冬季
涠洲岛	W11	1.5	1.4	1.1	1.3
	W12	1.8	1.3	1.2	1.1
	W21	1.7	1.2	1.3	1.3
	W22	2.1	1.1	1.1	1.0
	W31	1.7	1.1	1.4	1.3
	W32	1.8	1.3	1.2	1.0
	W41	1.5	1.0	1.2	1.3
	W42	1.6	1.3	1.1	1.1
	W51	1.4	1.5	1.2	1.4
	W52	1.6	1.3	1.3	1.1
	W61	1.6	1.4	1.0	1.4
	W62	1.5	1.5	0.9	0.9
斜阳岛	X11	1.7	0.97	1.6	1.5
	X12	1.7	0.9	1.7	1.7
	X21	1.7	1.2	1.8	1.96
	X22	1.8	1.2	1.5	1.99
	X31	1.2	0.8	1.4	1.9
	X32	1.4	0.8	1.6	1.99
	X41	1.6	1.1	1.9	2.1
	X42	1.5	1.1	1.8	2.2
	X51	1.6	0.8	1.6	1.9
	X52	1.5	0.95	1.4	1.8
白龙尾	B11	1.3	1.0	1.3	1.4
	B12	1.4	1.3	1.2	1.4
	B21	1.5	0.9	1.2	1.3
	B22	1.5	1.1	1.1	1.3
	B31	1.4	1.1	0.8	2.4
	B32	1.5	1.1	1.2	1.3

涠洲岛珊瑚礁海区春季水体营养指数平均为 1.64，总体呈微营养化；各测站营养指数为 1.4~2.1，变化幅度 0.73。夏季水体营养指数平均为 1.28，处在微营养化水平；各测站营养指数为 1.0~1.5，变化幅度 0.57。秋季水体营养指数平均为 1.17，处在微营养化水平；各测站营养指数为 0.9~1.4，变化幅度 0.50。冬季水体营养指数平均为 1.19，处在微营养化水平；各测站营养指数为 0.9~1.4，变化幅度 0.46。全年水体营养指数平均为 1.32。

斜阳岛珊瑚礁海区春季水体营养指数平均为 1.56，属微营养化水平；各测站营养指数为 1.2~1.80，变化幅度 0.59。夏季水体营养指数平均为 0.99，处在贫营养化水平；各测站营养指数为 0.8~1.2，变化幅度 0.41。秋季水体营养指数平均为 1.63，处在微营养化水平；各测站营养指数为 1.4~1.91，变化幅度 0.54。冬季水体营养指数平均为 1.89，是该海区 4 个季节中最高的，仍处在微营养化水平；各测站营养指数为 1.5~2.2，变化幅度 0.62。全年水体营养指数平均为 1.52。

白龙尾珊瑚礁海区春季水体营养指数平均为 1.43，处于微营养化水平；各测站营养指数为 1.3~1.5，变化幅度仅 0.20。夏季水体营养指数平均为 1.09，处在微营养化水平；各测站营养指数为 0.9~1.3，变化幅度 0.42。秋季水体营养指数平均为 1.16，处在微营养化水平；各测站营养指数为 0.8~1.3，变化幅度 0.47。冬季水体营养指数平均为 1.52，是该海区 4 个季节中最高的，仍处在微营养化水平；各测站营养指数为 1.3~2.4，变化幅度 1.17。全年水体营养指数平均为 1.30。

第四章 广西典型海洋生态系统的资源与分布现状

第一节 红树林

一、种类与群落类型

(一) 红树植物种类数量

红树林植物起源的多元性,使早期的红树植物种类的界定存在较大争议,自1991年曼谷会议上制定《红树林宪章》以来,认识渐明。根据各国资料和我国新种分布情况,世界红树植物种类被认为有20科、27属、70种,我国红树植物有12科、15属、27种(林鹏,1997)。

广西有8科、12属、12种红树(林鹏,1981),其中包括海芒果和黄槿两种半红树植物。林鹏1983年再次调查广西红树林后,仍然认为广西的红树植物种类有12种,调查中未发现榄李和角果木,但认同其存在,未将海芒果列入种名录中,代之以杨叶肖槿,其余种类不变。1987年广西的红树植物有13种,其中有3种是半红树植物(林鹏,1987)。在1997年列举的广西红树植物名录中,海芒果、黄槿和杨叶肖槿这3种半红树植物被剔出,增加了尖瓣卤蕨,共有11种红树植物(林鹏,1997)。

范航清(2000)在长期的调查研究中认为角果木在广西海岸已消失,列出广西10种红树植物中不包含角果木。

梁士楚(2000)统计的广西红树植物种类为11种,与林鹏1997年的统计数相同,但在种名录中剔出尖瓣卤蕨,增加了银叶树。各学者的相关研究结果见表4-1。

表4-1 广西红树植物名录及统计

科		种		林鹏 (1981)	林鹏和 胡继添 (1983)	林鹏 (1987)	林鹏 (1997)	范航清 (2000)	梁士楚 (2000)
卤蕨科	Acrostichaceae	卤蕨	*Acrostichum aureum*	+	+	+	+	+	+
		尖瓣卤蕨	*A. speciosum*				+	+	
红树科	Rhizophoraceae	木榄	*Bruguiera gymnorrhiza*	+	+	+	+	+	+
		秋茄	*Kandelia obovata*	+	+	+	+	+	+
		红海榄	*Rhizophora stylosa*	+	+	+	+	+	+
		角果木	*Ceriops tagal*		+?	+	+	+	+
爵床科	Acanthaceae	老鼠簕	*Acanthus ilicifolius*	+	+	+	+	+	+
使君子科	Combretaceae	榄李	*Lumnitzera racemosa*	+	+?	+	+	+	+
大戟科	Euphorbiaceae	海漆	*Excoecaria agallocha*	+	+	+	+	+	+

续表

科		种		林鹏 (1981)	林鹏和 胡继添 (1983)	林鹏 (1987)	林鹏 (1997)	范航清 (2000)	梁士楚 (2000)
紫金牛科	Myrsinaceae	桐花树	*Aegiceras corniculatum*	+	+	+	+	+	+
梧桐科	Sterculiaceae	银叶树	*Heritiera littoralis*						+
马鞭草科	Verbenaceae	白骨壤	*Avicennia marina*	+	+	+	+	+	+
夹竹桃科	Apocynaceae	海芒果	*Cerbera manghas*	+	+	+			
锦葵科	Malvaceae	黄槿	*Hibiscus tiliscus*	+	+				
		杨叶肖槿	*Thespesia populnea*			+			
种类合计				12	12	13	11	10	11

注：表中"+"表示存在并发现，"?"表示有报道存在，但未发现

在广西海岸生长的半红树植物有海芒果、黄槿、杨叶肖槿、菊科的阔苞菊（*Pluchea indica*）、豆科的水黄皮（*Pongamia pinnata*）、马鞭草科的臭叶钝黄荆（*Premna abtusifolia*）等，这6种通常被列入半红树植物，其中前3种早期被列入了红树植物。

综合各专家学者的研究成果，广西海岸原生真红树植物应有8科、11属、12种，半红树植物有5科、6属、6种。真红树植物中秋茄、桐花树和白骨壤3种为抗低温广布种，另9种为嗜热窄布种。广西红树林研究中心在2008年开展的广西"908"专项红树林生态区野外调查中发现了8科、10属、10种，种类数量与表4-1中范航清（2000）所列的种类数量一致，但具体种类调整为减去广西"908"专项调查中没有发现的尖瓣卤蕨，增加了银叶树。

此外还有一些经常在海岸边出现，但又不被列入红树植物或者半红树植物的维管植物，这类耐盐碱植物包括与红树林伴生的植物和盐沼植物。这些常见植物有22种，列于表4-2。

表4-2 广西海岸常见耐盐或盐沼植物

科名		种名		生活型
豆科	Leguminosae	鱼藤	*Derrisfer ruginea*	草质藤本
		华南云实	*Caesalpinia nuga*	灌木
苦槛栏科	Myoporaceae	苦槛栏	*Myoporum bontiodies*	灌木
马鞭草科	Verbenaceae	苦郎树	*Clerodendrun inerme*	灌木
		马缨丹	*Lamtana camara*	灌木
卫矛科	Celastraceae	变叶裸实	*Gymnospora diversifolia*	小乔木
芸香科	Rutaceae	酒饼簕	*Atalantia buxifolia*	灌木
白花菜科	Capparidaceae	追果藤	*Capparis hastigera*	木质藤本
		曲枝追果藤	*C. sepiaria*	木质藤本
漆树科	Anacardiaceae	厚皮树	*Lannea grandis*	小乔木
鼠李科	Rha mnaceae	马甲子	*Paliurus ramosissimus*	灌木
大风子科	Flacourtiaceae	刺冬	*Scolopia chinensis*	乔木
旋花科	Convolvulaceae	厚藤	*Ipomoea pescaprae*	草质藤本

续表

科名		种名		生活型
草海桐科	Goodeniaceae	海南草海桐	*Scaevola hainanensis*	灌木
		草海桐	*S. sericea*	灌木
露兜树科	Pandanaceae	露兜树科	*Pandanus tectorius*	小乔木
莎草科	Cyperaceae	短叶茳芏	*Cyperus malaccensis* var. *brevifolius*	草本
禾本科	Poaceae	盐地鼠尾粟	*Sporobolus virginicus*	草本
		沟叶结缕草	*Zoysia matrella*	草本
		台湾虎尾草	*Chloris formosana*	草本
		扭黄茅	*Heteropogon contortus*	草本
		铺地黍	*Panicum repens*	草本
种类合计		22		

（二）主要红树植物种类特征

1. 卤蕨（*Acrostichum aureum*）（秦仁昌和邢公侠，1990）

卤蕨科卤蕨属海岸沼泽植物，植株高可达 2 m，根状茎直立，顶端密被褐棕色的阔披针形鳞片。叶簇生，叶柄长 30~60 cm，粗可达 2 cm，基部褐色，被钻状披针形鳞片，向上为枯禾秆色，光滑，上面有纵沟，在中部以上沟的隆脊上有 2~4 对互生的、由羽片退化来的刺状突起，叶片长 60~140 cm，宽 30~60 cm，奇数一回羽状，羽片多达 30 对，通常上部羽片较小，能育。叶脉网状两面可见，孢子囊满布能育羽片下面，无盖。亚洲、非洲、美洲热带地区，广东、广西、海南有分布，生于海岸边泥滩或河岸边。

沿海各地泥质塘堤或者小沟边有分布，北仑河口自然保护区有大面积分布。

2. 木榄（*Bruguiera gymnorrhiza*）（林鹏，1990；张娆挺和林鹏，1984）

红树科植物，乔木或灌木，高 6~8 m，常有曲膝状的呼吸根伸出滩面，并在植株基部形成板状根。叶对生，革质，狭椭圆形至椭圆状长圆形。花单生，红色。子房下位，2 室，每室有胚珠 2 枚。果包藏于萼片内且两者合生，1 室。种子 1，于果离母树前发芽，胚轴纺锤形，黑绿色，幼时暗红色，稍有棱角，长 15~25 cm，头造胚轴 6 月成熟。花期几乎全年。

嗜热广布种，在我国分布于海南岛、广东、广西、台湾岛和福建。生于淤泥深厚、表土较为坚实的盐土上，是中内滩群落的主要树种，或与秋茄、桐花树、白骨壤等混生，或组成单一的木榄群落。

北仑河口自然保护区石角管理站与山口国家级红树林生态自然保护区英罗管理站、永安村海滩有较大面积连片分布。

3. 秋茄（*Kandelia obovata*）（林鹏，1990）

红树科秋茄属植物，乔木或灌木，高达 6~10 m；茎基部粗大，具板状根或密集小支柱根。叶交互对生，革质至厚革质，长圆形或倒卵状长圆形。聚伞花序腋生，有花 3~5 朵。子房下位，幼时 3 室，每室 2 胚珠。果倒卵形。种子 1，偶有 2。种子于果离母树前发芽，胚轴瘦长，棒棍状，长达 20~30 cm。花期在夏季。抗低温广布种，在我国分布于广东、广西、福建、台湾和浙江。生长于中内滩，外滩的淤泥地均可生长，可与其他红树植物混生，也可形成单种群落；对温度和潮带的适应性都较广，是北半球最抗寒的种类。

秋茄常分布于广西沿海红树林分布区中有淡水补充的近岸潮滩，如英罗港、丹兜海、南流江口、珍珠港等河口海湾。

4. 红海榄（*Rhizophora stylosa*）（林鹏，1990）

北海民间也称为鸡爪榄，是红树科（Rhizophoraceae）红树属（*Rhizophora*）植物。乔木或大灌木，高 7~8 m，常从茎、枝上长出密集的膝状支柱根，树皮棕黑色，含单宁 17%~22%。叶对生或交互对生，革质，长圆形或卵状长圆形，长 6~16 cm，宽 3~8 cm，先端尖，有钻状短尖，基部渐狭；叶柄粗厚，长 2~4 cm；托叶披针形略带红色。二歧聚伞花序有花 2~7 朵，总花梗从当年生的叶腋长出，与叶柄等长或略长；花萼裂片 4，三角形；花瓣 4，革质，黄白色，短于花萼，被白色丝状皱毛；雄蕊 8 枚，4 枚着生于花瓣上，另 4 枚着生于萼片上；子房半下位，2 室，花柱丝状毛长 4~6 mm，柱头 2 裂。果卵形，绿色或褐色，长 2~3 cm，有宿存外曲的萼片；种子 1，于果离母树前发芽，突出果外长成棒状，为胎生苗或称胚轴。胚轴幼时绿色，成熟时略带红褐色，皮孔明显，长 25~35 cm，较长者可达 50 cm 以上。常单独组成密集的单优群落或与秋茄、白骨壤、桐花树等混生。

红海榄属于嗜热广布种，能生长于最冷月均温为 14~16℃的沿海潮滩，自然分布在马来西亚、印度尼西亚、婆罗洲、巴布亚新几内亚、菲律宾、太平洋群岛、澳大利亚、泰国、越南等国家和地区，在我国分布于海南、香港、广东、广西等地。

广西的红海榄种群集中分布于山口国家级红树林生态自然保护区海塘村、英罗港、永安村和那潭村海滩，北仑河口自然保护区有零星分布。

5. 老鼠簕（*Acanthus ilicifolius*）（林鹏，1990）

爵床科老鼠簕属植物，灌木或亚灌木，高 0.5~2 m，少分枝，叶革质对生，长椭圆形，长 6~14 cm，宽 2~6 cm，叶缘波状浅裂，裂片有刺，侧脉直达裂片先端；叶柄极短，有时基部有一对硬刺。老鼠簕喜光而不耐荫蔽，在阳光充足处生长茂盛。老龄植株叶片坚硬光滑，有泌盐现象。穗状花序顶生，长达 8 cm，苞片 2 枚对生，小苞片 1 对宿存，花萼裂片 4，花冠白色或间紫色，长 3~4 cm，花药靠合被毛。子房上位 2 室，每室胚珠 2 枚。蒴果长圆形，种子 4 枚，灰色扁平。花期 1~5 月。果期 4~7 月。分布于亚洲南部和大洋洲，广东、广西、海南、福建。

合浦党江镇南流江近海河段、沙埔村，钦州市钦江口沙井村，北仑河口中间岛等有连片分布，防城江口等有少量分布。

6. 榄李（*Lumnitzera racemosa*）（林鹏，1990）

使君子科榄李属榄李种，灌木或小乔木，树高可达 8 m。叶互生，螺旋排列，略密集生长于枝端，匙形，多肉的革质，边缘常具细凹刻（致叶干燥后似具钝锯齿），叶长达 6.5 cm，宽达 2.2 cm。花白色，细小而芳香，萼片 5 裂，宿存，花瓣卵状长椭圆形，白色，小苞片 2 枚，宿存；雄蕊 10 枚。核果熟时褐黑色，长椭圆状果长约 1.5 cm。分布于东非热带、亚洲热带、马达加斯加、大洋洲北部和波利尼西亚至马来西亚，中国主要分布在海南、广西、广东、台湾和福建等地沿海一带的含盐较低、远离水域靠近陆地的红树林区的边缘。

北仑河口自然保护区竹山村近岸潮滩有连片分布，其他海岸有零星分布。

7. 海漆（*Excoecaria agallocha*）（马金双，1997）

大戟科海漆属植物，乔木，高 3~4 m。枝无毛，具多数皮孔。叶互生，厚革质，全缘或具不明显疏细齿，长 6~8 cm，宽 3~4.2 cm，腹面光滑，中脉粗壮，在腹面凹入背面凸起。叶柄粗壮无毛，长 1.5~3 cm。花单性，雌雄异株，聚集成腋生、单生或双生的总状花序。雄花序长 3~4.5 cm，雌花序较短。雄蕊 3 枚分离。伸于萼片之外；雌花子房卵形，花柱 3 分离，顶端外卷。蒴果球形，长 7~8 mm，宽约 10 mm；种子球形，直径约 4 mm。花果期 1~9 月。分布于广西、广东、海南、台湾，还分布于印度、斯里兰卡、泰国、柬埔寨、菲律宾及大洋洲。

全区沿海堤岸均有分布。

8. 桐花树（*Aegiceras corniculatum*）（缪绅裕等，2007）

桐花树隶属于紫金牛科桐花树属，灌木或者小乔木，多分枝，高 1.5~4 m，老枝光滑黑色，小枝无毛，红色，叶黄绿色、革质、倒卵形，正面无毛，背面密披柔毛，于枝条顶端近对生或簇生。伞形花序无柄，顶生或腋生，10~25（30）朵，花 2 性 5 基数，花萼片呈右向螺旋排列，紧包花冠，宿存；花冠白色，长 0.8~1 cm，基部联合成管状。花药卵形丁字着生，子房上位，胚珠多数。蒴果状浆果圆柱形，弯曲；种子 1 枚于果离开母树前萌发，隐胎生。花期 12 月至翌年 1~2（~4）月；果期 10~12 月。分布于亚洲沿岸及东太平洋群岛，在我国分布于海南、广东、广西、福建、台湾等省（自治区）。

红树林分布区潮沟边均有分布，南流江口、大风江口、钦江口及钦州港等均有大面积连片分布。

9. 白骨壤（*Avicennia marina*）（林鹏，1990）

白骨壤为马鞭草科白骨壤属植物，灌木或小乔木，树高 0.5~10 m。小枝四方形，叶对生，卵形，上面无毛，下面披灰白色绒毛，近无柄。花小，排成近顶生的聚伞花序，花萼 5 裂，外面有茸毛；花冠管短，黄褐色，4 裂，雄蕊 4 枚，着生于花冠管喉部；子房上位，4 室每室 1 胚珠，蒴果近球形，淡灰黄色，有种子 1 粒，隐胎生。通常长在红树林群落的最前缘（外缘，远离海岸的一边），在主干的四周长有细长棒状的呼吸根。分布于热带亚热带海岸，在我国广东、广西、海南、福建和台湾均有分布。

铁山港、大冠沙、钦州港、防城江山乡马兰基等有大面积连片分布。

10. 银叶树（*Heritiera littoralis*）（简曙光等，2004）

银叶树因其叶背密被银白色鳞秕而得名，隶属于梧桐科（Sterculiaceae），是热带亚热带海岸红树林的树种之一，既能生长在潮间带，也能在陆地上生长，且不具有胎萌、气生根以及高渗透压等典型红树植物特征。

银叶树叶背和小枝幼时均被银白色鳞秕，可用来反射强光，降低温度，减少水分流失；其突出土壤的板根，一方面可加强自身固着作用，以抵抗台风和潮水冲刷；另一方面，还可以增加根部的呼吸面积。花小，通常每朵花仅有 4~5 个花药，种子进行繁殖，留土萌发。果能漂浮在海面，使其种子可随海水传播到各地。分布于非洲东部海岸、亚洲东南部和大洋洲东北部，在东太平洋的夏威夷和汤加群岛也有引种的种群。在亚洲的中国、日本、印度、越南、泰国、斯里兰卡、菲律宾和东南亚各地均有分布。在我国，零星分布于广东、广西、海南、香港和台湾等地。

银叶树木材坚硬，为建筑、造船和制家具的良材；其种子可食，也可榨油，有一定的食用价值；树皮可熬汁治血尿症、腹泻和赤痢等，有较高的药用价值。

银叶树在广西分布于西海岸段的黄竹江、山心村、红星村等地。

11. 无瓣海桑（*Sonneratia apetela*）（李云等，1999）

为海桑科海桑属红树林植物，优良乔木树种，高可达 15~20 m，胸径 25~30 cm，有笋状呼吸根伸出地面，茎干灰色，幼时绿色。小枝纤细下垂，有隆起的节。叶对生，厚革质，椭圆形至长椭圆形，长 5.5~13.0 cm，宽 1.5~3.5 cm，叶柄淡绿色至粉红色。总状花序，绿色花萼 4 裂，三角形，长 1.5~2.0 cm，无花瓣。雄蕊多数，花丝白色。子房上位，与萼管基部合生，4~8 室，柱头呈蘑菇状。浆果球形，直径 1.5~3.0 cm。种子 V 形，3.6~10.5 mm，外种皮多孔，凹凸不平，黄白色。出土萌发，子叶 2 枚，长椭圆形，上胚轴淡红色，下胚轴绿色或淡红色，海南 8 月下旬至 9 月果实成熟。天然分布于印度、孟加拉国、斯里兰卡等国盐度较低的泥质滩涂上，1985 年中国红树林考察团从原产地孟加拉国申达本（Sundarban）引种到海南东寨港试种，3 年后开花结果。此后在广东、广西引种，长势良好。

无瓣海桑在广西主要分布于钦州市茅尾海、北海市红树林良种基地和党江镇的鱼江村。

12. 海芒果（*Cerbera manghas*）（林鹏，1990）

夹竹桃科海芒果属植物，高 4~8 m。有乳汁，枝粗壮，具明显叶痕；叶倒卵状披针形或倒卵状矩圆形，长 6~37 cm，丛生于枝顶。顶生聚伞花序，花高脚碟状，花冠白色，喉部红色，裂片 5，直径约 5 cm，花期 3~10 月。核果橙黄色，椭圆形或卵圆形，有毒，果期 11 月至翌年春季。产于中国广东、广西、台湾、海南等地，澳大利亚和亚洲其他国家也有分布。

在广西主要分布于防城港市江平镇的巫头和万尾村，被作为绿化树种栽培。

13. 黄槿（*Hibiscus tiliscus*）（冯国楣，1984）

锦葵科木槿属植物，常绿灌木或乔木，高 4~10 m，胸径粗达 60 cm；树皮灰色，小枝近无毛；叶革质，广卵形，直径 8~15 cm，先端突尖，基部心形，上面绿色，下面密被白色星状柔毛，主叶脉 7 条或 9 条，叶柄基部具托叶一对。花序顶生或腋生，常数花排列成聚散状，总花梗长 4~5 cm，具一对大苞片，7~10 小花梗长 1~3 cm，具小苞片；花萼 5 裂，披针形，基部合生；花冠钟形，花瓣黄色，内基面紫色，雄蕊柱长约 3 cm，花柱枝 5，花期 6~8 月。蒴果卵圆形，果瓣 5，种子光滑肾形。国内分布：广东、广西、海南、福建、台湾，国外分布：越南、柬埔寨、缅甸、印度及印度尼西亚、马来西亚、菲律宾、老挝。

广西沿海各村落房前屋后均有栽植，目前发现有黄花和红花两类植株。

14. 杨叶肖槿（*Thespesia populnea*）（冯国楣，1984）

锦葵科肖槿属，常绿灌木或小乔木，高 4~8 m，嫩枝、花附件、叶等被褐色磷秕。叶阔卵形，长 8~15 cm，宽 7~10 cm，顶端长渐尖或急尖，基部心形，全缘或微波状，托叶线状披针形。花单生叶腋，披针形托叶 3~5 枚；花萼杯状具尖齿 5；花冠黄色，干后变粉红色，5 瓣。雄蕊管状，花柱棒状。蒴果近球形，成熟后变黑色，不会分裂。花期几乎全年。分布于华南各省沿海，还分布于亚洲、非洲和热带美洲。

分布于山口国家级红树林生态自然保护区英罗港等地。

15. 水黄皮（*Pongamia pinnata*）

别名水流豆、九重吹、臭腥子、鸟树，豆科水黄皮属植物，常绿乔木，高 8~15 m，嫩枝通常无毛，有时稍被微柔毛，幼枝密生灰白色小皮孔。叶：羽状复叶长 20~25 cm，小叶阔椭圆形至长椭圆形，长 5~10 cm，宽 4~8 cm，先端短渐尖或圆形，基部宽楔形。总状花序腋生，长 15~20 cm，通常 2 朵花簇生于花序总轴的节上；花梗长 5~8 mm，在花萼下有卵形的小苞片 2 枚，花萼长约 3 mm，萼齿不明显，外面略被柔色短柔毛，边缘尤密；花冠白色或粉红色，长 12~14 mm，各瓣均具柄，旗瓣背面被丝毛，边缘内卷，龙骨瓣略弯曲，花萼长约 3 mm，萼齿不明显，外面略被柔色短柔毛，边缘尤密，花期 5~6 月。果：荚果长 4~5 cm，宽 1.5~2.5 cm，表面有不甚明显的小疣凸，顶端有微弯曲的短喙，不开裂，沿缝起的边或翅，有种子 1 粒，种子肾形。花期 5~6 月，果期 8~10 月。木材纹理致密美丽，可制作各种器具。种子油可作燃料。全株入药，可作催吐剂和杀虫剂，沿海地区可作堤岸树和行道树。喜光、喜暖热湿润气候，喜水湿，多生于水边及潮汐能达到的海岸及石滩上。原产于广东和南海、广西、台湾、印度、日本、马来西亚、新几内亚、波利尼西亚群岛、澳大利亚、马斯卡群岛等地也有分布。

分布于山口国家级红树林生态自然保护区英罗港等地。

16. 苦郎树（*Clerodendrum inerme*）

别名许树，假茉莉，苦蓝盘。马鞭草科桢桐属植物，灌木，高 1~2 m，嫩枝四棱柱形，土黄色，被短柔毛。叶通常对生，叶片近革质，椭圆形或卵形，长 3~7 cm，宽 1.5~4.5 cm，顶端钝圆，基部楔形，全缘，腹面深绿背面淡绿色，侧脉每边 4~7 条，在近叶缘处连接；叶柄长约 1 cm，上面具纵沟，被短毛。聚伞花序常腋生，间有顶生；总花梗长 2~4 cm，苞片钻状近对生，花萼钟状，外面被细毛，微 5 裂；花冠白色，5 裂，冠筒长 2~3 cm；雄蕊 4 枚，花柱花丝近等长，柱头 2 浅裂。核果倒卵形，直径 7~10 mm。花果期 3~11 月。分布于台湾、福建、广东、广西、海南、印度尼西亚、马来西亚、澳大利亚及太平洋诸岛屿。

广西沿海堤岸均有分布。

17. 苦槛蓝（*Myoporum bontioides*）

苦槛蓝科苦槛蓝属，常绿灌木，茎有分枝，无毛，棕色。叶互生，肉质，倒披针形至矩圆形，长 6~9 cm，宽 1.5~3 cm，顶端短渐尖，基部渐狭，全缘或先端有少数浅锯齿，两面无毛，侧脉 3~4 对；叶柄长 1~1.5 cm，无毛。花 1~3 朵腋生，直径约 3 cm；花梗细，长

1.5~2 cm；花萼短钟状，裂片 5，三角形至卵形，宿存；花冠紫色，裂片 5，矩圆形，有紫色斑点；二强雄蕊，生在花冠筒基部；花柱 1，柱头头状，子房卵形。核果球形，直径 1~1.5 cm，顶端尖，4~8 室，每室有 1 种子。生于海边潮界线上，花期 2~4 月；果期 6~8 月。

国内分布于浙江、福建、台湾、广东、香港、广西、海南，国外分布于日本（九州、本州、琉球）、越南北部沿海。

山口国家级红树林生态自然保护区的丹兜海、北仑河口自然保护区的珍珠港等地有分布。

18. 露兜簕（*Pandanus tectorius*）（孙祥钟，1992）

露兜树科露兜树属植物，常绿灌木或小乔木，高 1~4 m，枝干分枝，具气生根。叶簇生于枝顶，革质带状，长 1 m 以上，顶端渐尖成一长尾尖，边缘及叶下面的中脉具粗壮向上的锐刺。雄花序由若干穗状花序组成；佛焰苞长披针形，长 20~40 cm，宽 1~5 cm，上部较小，近白色，边缘和下面隆起的中脉具细锯齿；第一雄花常有雄蕊 10~15（~25）枚；雌花序顶生，圆球形，佛焰苞多枚，乳白色，长 14~35 cm，宽 1~3 cm，边缘具细锯齿，心皮常 10~12 枚合生成束。聚合果悬垂，红色，由 40~80 个核果束组成，宿存柱头稍突起成乳头状。花期 5~8 月；果期 1~10 月。分布于云南、贵州、广东、广西、海南、福建、台湾地区和澳大利亚。

山口国家级红树林生态自然保护区、北仑河口自然保护区海岸有分布。

19. 阔苞菊（*Pluchea indica*）

管状花亚科，灌木，茎直立，高 2~3 m，分枝或上部多分枝。有明显细沟纹，幼枝被短柔毛，后脱毛。下部叶无柄或近无柄，倒卵形或阔倒卵形，稀椭圆形，长 5~7 cm，宽 2.5~3 cm，基部渐狭成楔形，顶端浑圆、钝或短尖，上面稍被粉状短柔毛或脱毛，下面无毛或沿中脉被疏毛，有时仅具泡状小突点，中脉两面明显，下面稍凸起，侧脉 6~7 对，网脉稍明显；中部和上部叶无柄，倒卵形或倒卵状长圆形，长 2.5~4.5 cm，宽 1~2 cm，基部楔尖，顶端钝或浑圆，边缘有较密的细齿或锯齿，两面被卷短柔毛。头状花序在茎枝顶端作伞房花序排列；总苞卵形或钟状，长约 6 mm；总苞片 5~6 层，外层卵形或阔卵形，长 3~4 mm，有缘毛，背面通常被短柔毛，内层狭，线形，长 4~5 mm，顶端短尖，无毛或有时上半部疏被缘毛。雌花多层，花冠丝状，长约 4 mm，檐部 3~4 齿裂。两性花较少或数朵，花冠管状，长 5~6 mm，檐部扩大，顶端 5 浅裂，裂片三角状渐尖，背面有泡状或乳头状突起。瘦果圆柱形，有 4 棱，长 1.2~1.8 mm，被疏毛。冠毛白色，宿存，约与花冠等长，两性花的冠毛常于下部联合成阔带状，花期全年。生于海滨沙地或近潮水的空旷地。国内分布于台湾和南部各省沿海一带及其一些岛屿，国外分布在印度、缅甸、中南半岛、马来西亚、印度尼西亚及菲律宾。

（三）广西红树林群落类型

广西红树林群落类型大致可分为 11 个群系，每个群系又可分为若干群丛，具体的类型和面积见表 4-3。

表 4-3 广西红树林群落类型

群系	群丛	面积/hm²	比例/%
白骨壤群系	白骨壤群丛	2276.1	26.11
	白骨壤+桐花树群丛	889.8	10.21
桐花树群系	桐花树群丛	2806.7	32.20
	桐花树+白骨壤群丛	46.8	0.54
秋茄群系	秋茄群丛	362.2	4.15
	秋茄、白骨壤、桐花树群丛	367.7	4.31
	秋茄、桐花树群丛	981.8	11.26
红海榄群系	红海榄群丛	335.4	3.85
木榄群系	木榄群丛	8.1	0.09
	木榄+秋茄-桐花树群丛	375.0	4.30
无瓣海桑群系	无瓣海桑群丛	182.2	2.09
银叶树群系	银叶树群丛	5.0	0.06
海漆群系	海漆群丛	12.4	0.14
海芒果群系	海芒果群丛	0.3	0.00
黄槿群系	黄槿群丛	1.9	0.02
老鼠簕、卤蕨、桐花树群系		58.1	0.67

1. 白骨壤群系

（1）白骨壤群丛

广西红树林群落中白骨壤群丛占很大的比例，面积 2276.1 hm²。其中北海市的白骨壤群丛面积有 1291.1 hm²，占全区的一半多，主要分布于南流江口以东的潮滩上。防城港市的白骨壤群丛面积 881.6 hm²，大量分布在东湾、西湾和珍珠港内。钦州市的白骨壤群丛面积仅 103.5 hm²，主要分布在钦州港到七十二泾潮滩。在珍珠港的交东、钦州港的大冲口、廉州湾的垌尾和铁山港的榄子根等潮滩设置的 14 个 10 m×10 m 的白骨壤群落调查样方的调查结果见表 4-4。

表 4-4 不同地点调查样方白骨壤群丛特征（广西"908"专项调查春季航次，样方面积 10 m×10 m）

地点	土壤类型	盐度	LAI	树种	株数	最大高/cm	平均高/cm	最大基径/cm	平均基径/cm	冠幅/cm	盖度/%
交东	泥沙	33	2.2	白骨壤	26	180	147	18.0	7.5	193	80
大冲口	泥沙	32	3.4	白骨壤	54	185	132	25.5	5.8	87	100
				秋茄	1	80	80	9.6	9.6	35	
	泥沙	33	1.8	白骨壤	52	150	106	12.7	4.7	84	65
	淤泥	33	1.6	白骨壤	42	180	136	15.9	4.5	101	60
	泥质	31	2.4	白骨壤	54	168	134	11.1	4.8	84	60
垌尾	沙泥	32	3.2	白骨壤	24	350	254	22.3	11.9	269	80
	沙泥	34	2.4	白骨壤	41	250	126	17.5	4.5	60	50
	沙泥	34	2.2	白骨壤	15	370	179	28.7	8.2	159	55

续表

地点	土壤类型	盐度	LAI	树种	株数	最大高/cm	平均高/cm	最大基径/cm	平均基径/cm	冠幅/cm	盖度/%
榄子根	沙质	35	2.6	白骨壤	37	170	143	12.7	7.7	151	70
	沙质	36	2.0	白骨壤	20	230	194	12.7	9.8	207	55
	沙质	38	2.4	白骨壤	68	165	136	10.2	6.0	109	60
	沙质	38	3.6	白骨壤	49	210	168	12.7	6.9	150	80
	沙质	36	3.4	白骨壤	62	270	208	19.1	8.1	161	85
	沙质	38	3.2	白骨壤	47	230	209	12.1	9.2	176	70
				秋茄	1		185		5.7	140	
				桐花树	1		145		4.5	90	
				秋茄	1		185		5.7	140	
	沙质	37	3.4	白骨壤	39	250	221	15.9	9.1	150	80
	沙质	39	3.4	白骨壤	36	270	230	22.3	9.6	184	80
	沙质	37	2.4	白骨壤	33	200	166	7.0	6.7	154	50

群落特征：群丛多数生长于沉积海岸的沙质或泥沙质潮滩上，极少有来自海岸的淡水补充，生境盐度偏高。滩面水盐度 31~38，叶面积指数（LAI）1.6~3.4，密度 15~68 株/100 m²；群落林冠最大高 80~370 cm，平均高 80~254 cm；最大基径 7.0~28.7 cm，平均基径 4.5~11.9 cm；平均冠幅 35~269 cm，群落盖度 50%~100%。白骨壤群丛基本上由单一树种组成，但在不同海湾以及不同潮滩上的群落密度、高度、基径、盖度等群落特征值差异很大。更新层以 1 年生白骨壤幼苗为主，经 2008 年春季寒害后仍有 9 个调查样方存在白骨壤幼苗，平均密度为 8 株/m²，最大达到 14 株/m²，平均苗高 18.4 cm，最大苗高 27.0 cm。

（2）白骨壤+桐花树群丛

全广西有白骨壤+桐花树群丛 889.8 hm²，其中北海市 205.5 hm²，防城港市 311.9 hm²，钦州市 372.4 hm²。在北仑河口的竹山，珍珠港的交东、石角，钦州港的大冲口，山口国家级红树林生态自然保护区的丹兜新村设置的 8 个 10 m×10 m 的白骨壤+桐花树群丛调查样方的调查结果汇总于表 4-5。

表 4-5 白骨壤+桐花树群丛特征（广西"908"专项调查春季航次，样方面积 10 m×10 m）

地点	土壤类型	盐度	LAI	树种	株数	最大高/cm	平均高/cm	最大基径/cm	平均基径/cm	冠幅/cm	盖度/%
竹山	淤泥	26	3.6	秋茄	2	300	214	12.1	8.9	184	5
				白骨壤	6	350	292	26.8	19.2	293	50
				桐花树	57	250	190	11.5	8.2	97	40
	淤泥	27	3.2	白骨壤	2	380	340	15.9	15.3	390	30
				桐花树	79	280	192	10.2	5.3	137	70
	泥沙	27	2.4	白骨壤	5	280	262	23.2	20.2	344	50
				桐花树	34	280	184	11.5	7.3	114	40
交东	淤泥	32	3.6	白骨壤	27	150	101	10.0	6.4	148	50
				桐花树	19	150	72	13.0	4.5	36	10

续表

地点	土壤类型	盐度	LAI	树种	株数	最大高/cm	平均高/cm	最大基径/cm	平均基径/cm	冠幅/cm	盖度/%
石角	泥沙	24	3.8	白骨壤	5	330	248	16.6	7.4	267	40
				桐花树	73	230	158	12.4	8.1	139	50
大冲口	淤泥	33	2.8	白骨壤	42	230	165	17.5	7.0	125	85
				桐花树	13	160	102	11.1	6.3	85	15
丹兜	淤泥	32	3.4	桐花树	148	180	149	8.0	4.3	118	60
				白骨壤	20	300	181	12.7	8.3	177	40
	沙质	34	2.6	白骨壤	17	280	201	15.9	10.0	224	50
				桐花树	99	190	151	9.6	4.4	125	30

群落特征：白骨壤+桐花树群丛是广西红树林生态系统的先锋群落之一，多生长于淤泥质或者泥沙质生境中，组成开阔海岸的海向林缘带。单层灌木群落，桐花树树干上大量附着藤壶和牡蛎。滩面水盐度 26~34，叶面积指数（LAI）2.4~3.8，密度 46~168 株/100 m^2。群落冠层最大高白骨壤 150~380 cm，桐花树 150~280 cm，群落冠层平均高白骨壤 101~340 cm，桐花树 72~192 cm。最大基径白骨壤 10.0~26.8 cm，桐花树 8.0~13.0 cm，平均基径白骨壤 6.4~20.2 cm，桐花树 4.3~8.2 cm。平均冠幅白骨壤 125~390 cm，桐花树 36~139 cm。群落盖度 50%~100%。群落的建群种包括白骨壤和桐花树，群丛基本上由这两个树种组成，白骨壤略比桐花树占优。经 2008 年春季寒害后仍有 6 个样方出现更新层，更新层以 1~2 年桐花树幼苗为主。桐花树幼苗平均密度为 6~23 株/m^2，平均苗高 14.7~22.0 cm；白骨壤幼苗平均密度为 14 株/m^2，平均苗高为 30.5 cm。秋茄幼苗平均密度为 10~36 株/m^2，平均苗高为 17.0~36.0 cm。

2. 桐花树群系

（1）桐花树群丛

全广西的桐花树群丛面积 2806.7 hm^2，其中北海市 632.2 hm^2，防城港市 363.9 hm^2，钦州市 1810.6 hm^2，显然这类群丛主要分布地是钦州市。桐花树群丛生境为有较多淡水调节的河口区，如南流江口、大风江口、钦江口等。在北仑河口自然保护区的竹山、石角，钦州港的大冲口、沙井和沙环，廉州湾的木案设置了 25 个 10 m×10 m 的桐花树群丛调查样方，调查结果汇总于表 4-6。

表 4-6 桐花树群丛特征（广西"908"专项调查春季航次，样方面积 10 m×10 m）

地点	土壤类型	盐度	LAI	树种	丛数	最大高/cm	平均高/cm	最大基径/cm	平均基径/cm	冠幅/cm	盖度/%
竹山	淤泥	12	4.2	桐花树	70	270	175	8.9	4.4	159	95
石角	淤泥	32	3.6	桐花树	149	150	117	5.7	4.3	68	50
	泥沙	31	4.2	桐花树	303	170	124	9.0	5.4	76	80
大冲口	淤泥	27	3.4	桐花树	66	167	156	11.0	8.2	125	100
沙井	淤泥	30	3.4	桐花树	59	250	199	11.0	5.7	184	95
	淤泥	32	3.0	桐花树	137	220	173	15.0	7.8	125	90
	淤泥	30	3.6	桐花树	240	260	211	10.8	5.8	151	90

续表

地点	土壤类型	盐度	LAI	树种	丛数	最大高/cm	平均高/cm	最大基径/cm	平均基径/cm	冠幅/cm	盖度/%
沙井	淤泥	29	3.4	桐花树	57	250	202	5.2	3.6	162	72
				秋茄	1		350		15.3	325	3
	淤泥	26	3.8	桐花树	43	230	172	7.1	4.0	146	50
				秋茄	1		220		6.0	190	
沙环	淤泥	30	3.4	桐花树	71	210	171	8.0	5.4	119	90
	石砾	26	3.4	桐花树	337	215	180	14.3	4.5	148	75
	淤泥	27	3.4	桐花树	102	365	315	23.9	11.3	240	95
	淤泥	28	4.0	桐花树	191	250	186	15.9	8.4	154	100
	淤泥	29	2.2	桐花树	330	175	149	10.8	8.3	89	70
	淤泥	28	2.0	桐花树	443	140	110	8.0	4.1	23	45
	淤泥	28	3.4	桐花树	166	210	163	13.4	6.3	104	95
木案	沙泥	31	5.4	桐花树	173	330	300	9.0	4.4	145	100
	泥质	35	4.6	桐花树	116	380	307	9.0	6.7	229	100
	泥质	34	3.8	桐花树	196	230	190	6.1	3.8	136	100
	淤泥	30	3.0	桐花树	97	300	222	11.0	6.1	189	95
	淤泥	31	4.4	桐花树	270	250	198	10.0	5.6	172	100
	淤泥	34	4.0	桐花树	286	130	92	4.0	2.1	98	90
	淤泥	36	4.2	桐花树	239	100	83	3.6	2.2	60	90
	淤泥	34	3.0	桐花树	140	140	82	4.0	2.3	90	75
	淤泥	34	3.0	桐花树	124	100	65	3.2	1.6	66	60

群落特征：丛生状灌木矮林，多生长于咸淡水区的淤泥上，只有桐花树一个建群种，偶见秋茄混生其中。滩面水盐度 12~36，叶面积指数（LAI）2.0~5.4，样方密度 43~443 丛/100 m²。群落冠层最大高 100~380 cm，平均高 65~315 cm；最大基径 3.2~23.9 cm，平均基径 1.6~11.3 cm；平均冠幅 23~240 cm，群落盖度 45%~100%。各调查样方的群落高度、基径、密度等指标变异很大，说明样方之间的群落林龄差异较大。每个调查样方均有更新层，且以较耐寒的桐花树幼苗为主。1~2 年幼苗平均密度为 2~243 株/m²，平均苗高为 8.7~51.7 cm。

（2）桐花树+白骨壤群丛

这是一类偏向于咸淡水生境的桐花树与偏向于海水生境的白骨壤混生的过渡性群丛，仅在防城港市划出了 46.8 hm²，其实这类群丛在很多类似生境中均有出现。群丛依然是以桐花树为主基调，但白骨壤在群落覆盖度中占的比例达到 10% 以上。在北仑河口自然保护区的竹山、交东等地设置了 4 个 10 m×10 m 的桐花树+白骨壤群丛调查样方，调查结果汇总于表 4-7。

群落特征：树冠高度略有起伏的单层灌木群落，多生长于咸淡水向海水区过渡的泥沙质潮滩上，有桐花树和白骨壤两个建群种，偶见秋茄混生其中。滩面水盐度 23~32，叶面积指数（LAI）2.6~4.4，样方密度 48~161 株/100 m²。群落冠层最大高 250~300 cm，均为白骨壤的高度。群落平均高 100~184 cm，其中白骨壤平均高 217~294 cm，桐花树平均高 79~174 cm。

群落最大基径是白骨壤的基径，为 11.0~17.5 cm，平均基径为 3.7~8.5 cm，其中白骨壤平均基径 9.0~15.0 cm，桐花树平均基径 2.8~7.9 cm。群落平均冠幅 107~165 cm，覆盖度 80%~100%。更新层均为 1~2 年的桐花树幼苗，密度 4~55 株/m²，幼苗平均高 12.0~51.0 cm。

表 4-7　桐花树+白骨壤群丛特征（广西"908"专项调查春季航次，样方面积 10 m×10 m）

地点	土壤类型	盐度	LAI	树种	株数	最大高/cm	平均高/cm	最大基径/cm	平均基径/cm	冠幅/cm	盖度/%
竹山	泥沙	23	2.6	平均	48	360	184	14.3	6.3	142	85
				白骨壤	4	360	294	14.3	10.3	273	10
				桐花树	44	220	174	12.1	6.0	130	80
	淤泥	24	4.0	平均	161	300	169	15.9	7.0	165	95
				白骨壤	3	300	280	15.9	13.8	277	35
				桐花树	158	190	167	11.1	6.8	163	60
	泥沙	27	4.4	平均	82	300	180	17.5	8.5	157	100
				秋茄	1	280	280		20.0	350	10
				白骨壤	5	300	256	17.5	15.0	296	30
				桐花树	76	220	174	12.7	7.9	145	60
交东	泥沙	32	4.4	平均	53	250	100	11.0	3.7	107	80
				白骨壤	8	250	217	11.0	9.0	211	15
				桐花树	45	200	79	8.0	2.8	89	75

3. 秋茄群系

（1）秋茄群丛

广西秋茄群丛面积 362.2 hm²，其中北海 205.9 hm²，防城港 84.5 hm²，钦州 71.8 hm²，北海是秋茄群丛的主要分布区。秋茄是最耐寒同时又偏好于淡水生境的红树植物，在我国自然分布最北到福建的福鼎，可以引种到浙江南部沿海。本次断面调查中在廉州湾东江口和垌尾设置了 3 个 10 m×10 m 的样方调查秋茄群丛特征，结果见表 4-8。

表 4-8　秋茄群丛特征（广西"908"专项调查春季航次，样方面积 10 m×10 m）

地点	土壤类型	盐度	LAI	树种	株数	最大高/cm	平均高/cm	最大基径/cm	平均基径/cm	冠幅/cm	盖度/%
东江口	淤泥	29	4.0	秋茄	42	190	158	12.7	6.1	167	95
				桐花树	8	170	148	5.7	4.1	53	
	淤泥	34	4.6	秋茄	15	190	152	35.0	14.3	259	50
垌尾	泥沙	33	2.8	秋茄	40	240	170	24.5	15.7	154	85

群丛特征：秋茄是明显的河口型红树植物，在广西海岸基本上分布于有淡水调查的河口区。滩面水盐度 29~34，叶面积指数（LAI）2.8~4.6，样方密度 15~50 株/100 m²。群落冠层最大高 190~240 cm，平均高 152~170 cm；最大基径 12.7~35.0 cm，平均基径 6.1~15.7 cm，平均冠幅 154~259 cm，覆盖度 50%~95%。更新层有 1~2 年的秋茄幼苗，密度 6~16 株/m²，苗高 21.3~35.3 cm；1 年桐花树幼苗 3 株/m²，幼苗高 10.0 cm。

（2）秋茄、白骨壤、桐花树群丛

秋茄是主干明显的小型乔木，正常高度 > 3.0 m，常与白骨壤和桐花树组成 2 层结构的乔灌群丛或者单层灌木群丛（秋茄树高 < 3.0 m）。

在面积调查中，秋茄–白骨壤群丛面积 280.5 hm²，其中 150.5 hm² 分布于防城港市，130 hm² 分布于北海市。秋茄–白骨壤+桐花树群丛面积 87.2 hm²，其中北海 53.4 hm²，防城港 33.8 hm²。这些群丛是以秋茄为乔木层，桐花树和白骨壤为灌木层的 2 层结构群落，由偏高盐环境的白骨壤群落与偏河口环境的桐花树群落向秋茄群落演替的过渡类型。在进行断面群落样方调查中，秋茄、白骨壤与桐花树更多表现为单层结构的灌木群丛，本次断面调查中在珍珠港、钦州湾和英罗港共有 5 个 10 m×10 m 样方呈现秋茄、白骨壤、桐花树群丛，见表 4-9。

表 4-9 秋茄、白骨壤、桐花树群丛特征（广西"908"专项调查春季航次，样方面积 10 m×10 m）

地点	土壤类型	盐度	LAI	群丛/树种	株数	最大高/cm	平均高/cm	最大基径/cm	平均基径/cm	冠幅/cm	盖度/%
石角	淤泥	30	3.2	秋茄+白骨壤+桐花树	53	190	111	15.3	4.8	87	65
				秋茄	14	190	164	15.3	7.6	119	50
				白骨壤	7	180	164	9.0	7.3	141	20
				桐花树	32	95	76	5.0	3.1	62	10
沙环	淤泥	29	4.6	秋茄+桐花树+白骨壤	124	330	229	19.1	9.7	170	100
				秋茄	10	320	257	19.1	14.0	158	30
				白骨壤	1	330	330	14.3	14.3	250	10
				桐花树	113	280	225	15.9	9.3	171	60
	淤泥	30	3.0	秋茄+桐花树+白骨壤	116	370	269	20.7	9.9	182	95
				秋茄	38	370	339	20.7	11.0	267	40
				桐花树	72	260	236	15.9	9.2	141	40
				白骨壤	6	245	224	15.9	10.2	141	20
英罗	淤泥	31	3.6	秋茄+桐花树+白骨壤	139	380	234	19.1	10.7	123	90
				秋茄	107	370	244	15.9	11.6	115	30
				桐花树	29	230	189	11.1	7.0	124	60
				白骨壤	3	380	308	19.1	15.9	406	10
	沙质	32	3.8	秋茄+桐花树+白骨壤	45	390	299	19.1	11.3	201	95
				秋茄	32	390	331	19.1	12.5	206	60
				桐花树	11	270	200	12.7	7.2	155	30
				白骨壤	2	330	320	15.9	14.3	378	10
交东	泥沙	34	3.6	秋茄+桐花树	81	190	164	12.0	6.9	169	50
				秋茄	67	190	168	12.0	7.0	184	40
				桐花树	14	159	147	10.5	6.5	96	10

续表

地点	土壤类型	盐度	LAI	群丛/树种	株数	最大高/cm	平均高/cm	最大基径/cm	平均基径/cm	冠幅/cm	盖度/%
石角	泥沙	31	4.8	秋茄+桐花树	78	240	140	15.9	3.8	100	65
				秋茄	27	240	176	15.9	7.1	170	60
				桐花树	51	150	121	3.0	2.1	63	10
沙环	淤泥	27	4.4	秋茄-桐花树	210	350	200	19.1	7.2	104	100
				桐花树	208	280	199	12.7	7.1	103	90
				秋茄	2	350	315	19.1	17.5	230	10
东江口	沙泥	36	4.4	秋茄+桐花树	201	250	212	9.0	5.2	154	100
				秋茄	77	250	221	9.0	5.9	169	70
				桐花树	124	240	207	7.0	4.7	144	40
	泥质	35	4.2	秋茄+桐花树	215	240	198	8.0	5.0	145	100
				秋茄	105	240	207	8.0	5.4	160	70
				桐花树	110	240	189	8.0	4.6	130	30
	泥质	32	4.0	秋茄+桐花树	126	190	162	9.0	5.6	147	100
				秋茄	110	190	162	7.0	5.8	153	90
				桐花树	16	185	162	9.0	4.2	106	10
	淤泥	31	5.0	秋茄+桐花树	135	265	197	13.1	5.2	131	95
				秋茄	63	265	209	13.1	6.4	174	50
				桐花树	72	240	186	8.0	4.2	93	50
	淤泥	29	3.6	秋茄+桐花树	157	210	163	10.0	5.0	132	100
				秋茄	104	180	156	10.0	5.3	132	70
				桐花树	53	210	174	9.0	4.6	133	30

群丛特征：由秋茄、白骨壤和桐花树 3 个建群种组成的群丛类型，秋茄冠层常高于其他两个种群，但还没有形成乔灌层结构。样方滩面水盐度 29~36，叶面积指数（LAI）3.0~4.6，密度 45~139 株/100 m^2。冠层最大高 190~390 cm，其中秋茄可达 390 cm。平均高 111~299 cm，其中秋茄平均高可达 339 cm。群落最大基径 15.3~20.7 cm，平均基径 4.8~11.3 cm，平均冠幅 87~201 cm，覆盖度 65%~100%。更新层有 1 年秋茄幼苗，密度 6 株/m^2，苗高 43 cm；1 年桐花树幼苗 15~16 株/m^2，幼苗高 8.0~14.0 cm。

（3）秋茄、桐花树群丛

秋茄通常与桐花树组成复层结构群落，即秋茄-桐花树群丛，这类群丛全广西有 981.8 hm^2，其中北海 268.3 hm^2，防城港 166.6 hm^2，钦州 547.0 hm^2。也有形成单层群落秋茄+桐花树群丛，这类群丛面积 52.9 hm^2，分布于钦州市。

在珍珠港、钦州湾和廉州湾的调查断面中，有 7 个调查样方的群落类型为秋茄+桐花树群丛，1 个样方为秋茄-桐花树群丛，见表 4-9。

群丛特征：土壤泥质或者泥沙（沙泥）质，滩面水盐度 27~36，叶面积指数（LAI）3.6~5.0，样方群落密度 78~215 株/100 m^2。在秋茄-桐花树群丛中，秋茄平均高 315 cm，最高可达 350 cm，群落呈乔灌两层结构。秋茄+桐花树群丛平均高 140~212 cm，两个建群种的平均高度均低于 3.0 m，属灌木群丛，群落覆盖度 50%~100%。7 个样方具有更新层，其中 5 个样方出现 1 年桐花树幼苗，密度 2~70 株/m²，苗高 6~12 cm；5 个样方出现 1 年秋茄幼苗，密度 210~20 株/m²，苗高 17~40.3 cm。

在山口国家级红树林生态自然保护区，秋茄还与红海榄构成秋茄+红海榄群丛，面积 13.3 hm²。小乔木或高灌丛群落，单层或双层结构，外貌深绿色至青绿色，分布于中滩至中外滩淤泥质潮滩上，群落高度 2.5~4 m，覆盖度 40%~90%。处于演替中后期阶段，其前期为秋茄群丛，后期为红海榄群丛。

4. 红海榄群系

在红树林面积调查中，红海榄群系仅划出红海榄群丛，面积 335.4 hm²，分布于北海市山口国家级红树林生态自然保护区内。群落常绿小乔木或高灌丛群落，单层或双层结构，外貌平整深绿色，支柱根极为发达。分布于内滩淤泥中，属演替的后期阶段，其前期阶段为红海榄+秋茄群丛，后期阶段为红海榄+木榄群丛。

其实红海榄群系由于较大的种群多样性和群落组成的变异性还可以划分出更多的群丛，在丹兜新村和英罗港断面调查的 7 个红海榄调查样方中，有 1 个样方（M11-1-1）的群落类型为红海榄+桐花树+白骨壤群丛，1 个样方（M11-1-3）为红海榄–桐花树+白骨壤群丛，1 个样方（M12-1-2）为红海榄+木榄+秋茄–桐花树群丛，1 个样方（M12-1-3）为红海榄+木榄群丛，1 个样方（M12-2-1）为红海榄+秋茄+白骨壤–桐花树群丛，1 个样方（M12-2-2）为红海榄+木榄+秋茄–桐花树群丛，1 个样方（M12-3-1）为红海榄+秋茄–白骨壤+桐花树群丛，见表 4-10。

表 4-10 红海榄群系群丛特征（广西"908"专项调查春季航次，样方面积 10 m×10 m）

地点	土壤类型	盐度	LAI	群丛/树种	株数	最大高/cm	平均高/cm	最大基径/cm	平均基径/cm	冠幅/cm	盖度/%
丹兜	淤泥	30	4.2	红海榄+桐花树+白骨壤	403	300	169	19.1	6.1	152	95
				桐花树	356	220	162	8.0	5.3	145	55
				红海榄	42	250	214	19.1	12.4	200	35
				白骨壤	5	300	254	14.3	9.4	228	10
	淤泥	34	5.4	红海榄–桐花树+白骨壤	29	255	184	11.5	6.4	223	85
				红海榄	6	330		11.5	7.5	540	40
				白骨壤	15	255	156	11.5	6.6	147	30
				桐花树	6	145	125	7.6	5.9	137	10
				秋茄	2	140	130	5.1	3.2	100	
英罗	淤泥	33	6.0	红海榄+木榄+秋茄–桐花树	51	410	264	17.5	9.9	230	90
				红海榄	2	410	375	13.4	9.2	408	15
				木榄	2	380	310	15.3	7.2	258	10

续表

地点	土壤类型	盐度	LAI	群丛/树种	株数	最大高/cm	平均高/cm	最大基径/cm	平均基径/cm	冠幅/cm	盖度/%
英罗	淤泥	33	4.0	秋茄	17	380	335	17.5	11.8	262	40
				桐花树	30	280	214	13.4	9.1	198	40
				红海榄+木榄	16	550	378	25.5	12.9	328	80
				红海榄	7	550	453	25.5	13.6	439	60
				木榄	9	430	319	21.7	12.3	242	30
	淤泥	32	3.4	红海榄+秋茄+白骨壤-桐花树	145	400	247	19.1	7.0	174	100
				红海榄	1		300		19.1	284	5
				白骨壤	6	400	333	19.1	14.6	284	30
				秋茄	3	310	297	19.1	17.5	210	15
				桐花树	135	350	241	9.6	6.4	168	60
	淤泥	35	4.6	红海榄+木榄+秋茄-桐花树	119	500	266	25.5	8.4	206	95
				红海榄	5	500	464	25.5	16.6	343	20
				秋茄	6	360	337	25.5	19.6	313	20
				木榄	2	470	465	25.5	23.9	420	10
				桐花树	106	330	249	9.6	7.1	189	50
	淤泥	33	4.6	红海榄+秋茄-白骨壤+桐花树	24	400	269	15.9	9.6	214	90
				红海榄	9	400	353	15.9	12.0	295	50
				秋茄	6	350	298	14.3	11.9	218	10
				白骨壤	2	190	165	9.6	6.1	200	5
				桐花树	7	200	166	9.6	5.5	109	30

群丛特征：红海榄群系的 7 个群丛均为生长于淤泥质潮滩上的乔灌型红树植物群落，群落的种群组成多样性高。群落潮滩盐度 30~35，叶面积指数（LAI）3.4~6.0，样方密度 29~403 株/100 m²，群落盖度 85%~95%。群落结构复杂，红海榄从主干及枝条上萌生大量支柱根伸入潮滩，既有长乔木群落也有灌木（幼树）群落。建群种中还有木榄、秋茄等为乔木种类，而且白骨壤有时也能长到乔木状（$H > 3$ m）。更新层中的红海榄幼苗全部因寒害死亡，其他种类的幼苗也比较少，7 个调查样方中仅 1 个样方有 1 年桐花树幼苗，密度 5 株/m²，高 14.0 cm；1 个样方有 1 年白骨壤幼苗，密度 3 株/m²，高 18.0 cm；1 个样方有 2 年秋茄幼苗，密度 2 株/m²，高 26.0 cm；1 个样方有 >2 年木榄幼苗，密度 3 株/m²，高 120.0 cm。

5. 木榄群系

木榄群系有两个重要群丛，其中木榄群丛面积 8.1 hm²，分布于防城港市（珍珠港和西湾）。木榄+秋茄-桐花树群丛面积 375.0 hm²，分布于北海（山口国家级红树林生态自然保护区）（222.1 hm²）、防城港（北仑河海洋口自然保护区）（152.9 hm²）。

在北仑河海洋口自然保护区珍珠港和山口国家级红树林生态自然保护区丹兜海的调查

断面中，设置了 7 个涉及木榄群丛的调查样方，结果见表 4-11。

表 4-11 木榄群系群丛特征（广西 "908" 专项调查春季航次，样方面积 10 m×10 m）

地点	土壤类型	盐度	LAI	群丛/树种	株数	最大高/cm	平均高/cm	最大基径/cm	平均基径/cm	冠幅/cm	盖度/%
交东	淤泥	32	4.4	木榄–秋茄+桐花树	92	380	166	20.4	6.5	153	60
				木榄	2.0	380	290	20.4	12.3	335	20
				秋茄	43.0	280	190	13.4	7.9	206	40
				桐花树	47.0	175	140	7.0	5.0	98	10
	淤泥	34	3.6	木榄–秋茄+桐花树	49	320	216	22.0	8.2	140	70
				木榄	10	320	278	22.0	14.6	339	50
				秋茄	8	270	239	11.0	8.0	162	20
				桐花树	31	200	191	9.5	6.2	70	10
石角	淤泥	34	3.8	木榄–秋茄+桐花树	220	400	139	12.0	5.6	130	85
				木榄	4	400	245	12.0	9.3	219	8
				秋茄	44	200	163	9.9	5.0	92	40
				桐花树	172	160	130	8.9	5.6	138	40
	泥质	32	2.7	木榄–秋茄+桐花树	77	400	146	10.2	6.3	125	70
				木榄	6	400	195	10.0	5.6	131	10
				秋茄	62	200	146	10.2	6.5	129	60
				桐花树	9	140	116	8.3	5.6	92	8
	淤泥	29	4.6	木榄–秋茄	31	310	172	15.0	9.0	115	60
				木榄	8	310	274	15.0	13.7	198	50
				秋茄	23	170	137	12.0	7.3	87	30
	淤泥	32	3.4	木榄–秋茄	28	440	188	24.0	6.6	152	60
				木榄	7	440	246	24.0	8.6	236	50
				秋茄	21	200	169	14.3	5.9	123	20
丹兜	泥质	31	3.2	木榄+秋茄+白骨壤+桐花树	56	240	153	31.8	8.0	154	70
				白骨壤	17	220	170	19.1	9.8	214	45
				秋茄	8	220	169	14.3	11.7	166	15
				桐花树	28	175	135	8.0	4.7	112	10
				木榄	3	240	187	31.8	18.9	170	10

群丛特征：根据组成群落各建群种的性状与生长发育状况，木榄与其他群种组成了木榄–秋茄+桐花树群丛、木榄–秋茄群丛以及木榄+秋茄+白骨壤+桐花树群丛。这些群丛生长于淤泥质潮滩上，滩面水盐度 29~34，叶面积指数（LAI）2.7~4.6，密度 20~220 株/100 m^2，群落盖度 60%~85%。在珍珠港的调查样方中，木榄呈小乔木状，部分植株高于 3 m，其余种群均为灌木状。而在丹兜新村的调查样方中，幼龄木榄呈灌木状。7 个样方中有 5 个样方的更新层为 1 年木榄，木榄幼苗密度 3~7 株/m^2，平均高度 41.0~66.5 cm。有 2 个样方出现 1 年桐花树幼苗，密度 5~37 株/m^2，平均高度 9.0~13.5 cm。

6. 无瓣海桑群系

广西海岸从 2002 年开始大规模引种无瓣海桑，这个外来种生长速度快，能较快速地实现海滩的造林绿化，受到林业生产与管理部门的欢迎。当前营造成功的无瓣海桑林面积 182.2 hm^2，其中北海 5 hm^2，钦州 177.2 hm^2。新建的无瓣海桑+红海榄混交林面积 284.4 hm^2，分布于钦州市茅尾海。2008 年 10 月对北海市党江镇渔江村的无瓣海桑人工林群落调查数据显示，6 年生无瓣海桑平均高 8.7 m，最高可达 11.5 m，见表 4-12。

表 4-12 党江镇渔江村无瓣海桑群落（样方面积 10 m×10 m）

编号	株高/m	胸径/cm	冠幅 1/m	冠幅 2/m	物候
1	7.0	10.5	4.1	3.7	果期
2	8.7	16.9	3.5	4.3	果期
3	6.1	13.7	5.0	5.5	果期
4	8.5	12.7	3.6	4.0	果期
5	10.0	12.4	3.1	3.1	果期
6	10.0	13.7	5.3	3.0	果期
7	10.0	11.8	2.5	4.5	果期
8	9.8	10.2	4.6	3.1	果期
9	7.5	8.0	2.9	2.8	果期
10	7.0	8.9	2.9	3.3	果期
11	11.5	12.7	2.8	3.4	果期
12	8.2	8.6	3.3	3.0	果期
13	6.2	11.1	2.8	3.5	果期
14	11.2	10.2	3.8	2.9	果期
15	9.0	12.4	3.5	3.9	果期
平均	8.7	11.6	3.58	3.6	

7. 银叶树群系

银叶树群丛一般分布在高潮线附近的潮滩内缘或大潮、特大潮才能淹及的海河滩地以及海陆过渡带的陆地，在广西目前仅发现分布于防城港市的渔澫岛、山心岛、江平江口、黄竹江口等地，地理坐标范围为东经 108°23′2″~108°8′44″，北纬 21°39′43″~22°33′59″，群丛面积约 5.0 hm^2。

在渔澫岛红树林的最内缘，沿海岸边缘呈小块状分布，郁闭度为 0.7 左右，植株比较高大，树皮灰黑色，纵裂，平均高度 10.50 m，最高达 12.50 m；胸径平均 36.1 cm，最大的达 66.9 cm；冠幅大小平均 7.30 m，最大达 12.80 m；板状根发达，通常有 2~4 条，多则为 6~8 条，最大的板状根高达 1.08 m（表 4-13）。

银叶树在江平江沿河口上溯 5 km 的带状范围内有 8 株，在黄竹江由河口上溯约 6 km 处的河岸边缘和岸边附近的陆地有小块状分布。黄竹江口的银叶树群落为幼龄林，植株的树皮呈银灰色，较光滑，板状根明显，树高一般为 2.10 m，最高 6.10 m；胸径平均 4.5 cm，最大 9.0 cm；平均冠幅 3.00 m，最大达 4.00 m（表 4-14）。

表 4-13 防城港渔氵万岛银叶树群落（样方面积 10 m×30 m）

种类	株数	高度/m		胸径/cm		冠幅/m		板状根扩展范围/m		板状根高度/m	
		平均	最高	平均	最大	平均	最大	平均	最大	平均	最大
银叶树	12	10.50	12.50	36.1	66.9	7.30	12.80	1.75	4.00	0.33	1.08
桐花树	24	2.96	3.60	3.0	6.8	1.00	1.60				
秋茄	12	2.51	4.00	4.6	8.0	1.20	1.70				
海漆	7	7.4	9.10	25.3	33.0	6.70	11.00				
水黄皮	2	7.85	11.70	17.0	30.0	4.80	7.60				
黄槿	2	7.30	9.00	7.5	9.0	3.25	3.50				
白骨壤	1	3.50	3.50	7.0	7.0	1.50	1.50				

表 4-14 江平镇黄竹江口银叶树群落（样方面积 10 m×30 m）

种类	株数	高度/m		胸径/cm		冠幅/m		板状根扩展范围/m		板状根高度/m	
		平均	最大	平均	最大	平均	最大	平均	最大	平均	最大
银叶树	12	2.10	6.10	4.50	9.00	3.00	4.00	0.51	1.04	0.58	0.12
桐花树	1	1.80	1.80	2.50	2.50	2.00	2.00				
榄李	1	2.00	2.00	3.50	3.50	1.50	1.50				
海漆	5	2.84	4.40	5.40	9.00	2.59	3.20				
海芒果	2	5.90	5.90	15.00	15.00	4.50	4.50				
水黄皮	2	4.85	5.40	11.00	15.00	4.22	4.50				
黄槿	6	3.48	4.90	4.00	7.00	3.03	4.50				
露兜	4	2.52	4.00	8.50	10.00	4.02	4.50				

山心岛的银叶树群落成林面积相对也较小，但发现了广西最高大的银叶树植株，树高达 13.60 m，胸径达 81.0 cm，树皮灰黑色纵裂，板状根发达，最多的达 4 条，板状根最高达 1.70 m。

8. 海漆群系

海漆通常生长在潮水波及的红树林海岸，多呈散生状态。广西较为连片的海漆群丛面积 12.4 hm²，其中北海市 9 hm²，分布于银海区西塘镇曲湾村；防城港市 3.4 hm²，分布于江平镇吒祖村和交东村，防城乡的大王江村。

在群落断面调查中分别在竹山和英罗调查了海漆群丛，调查结果见表 4-15。

表 4-15 海漆群系特征（春季航次，样方面积 10 m×10 m）

地点	土壤类型	盐度	LAI	群丛/树种	株数	最大高/cm	平均高/cm	最大基径/cm	平均基径/cm	冠幅/cm	盖度/%
竹山	泥沙	20	2.8	海漆-桐花树	155	310	148	31.8	5.0	157	100
				桐花树	145	250	141	8.0	4.2	152	50
				海漆	10	310	245	31.8	16.8	236	45
英罗	淤泥	32	5.6	海漆+红海榄+木榄+桐花树	15	600	429	24.5	12.0	405	80

续表

地点	土壤类型	盐度	LAI	群丛/树种	株数	最大高/cm	平均高/cm	最大基径/cm	平均基径/cm	冠幅/cm	盖度/%
英罗				海漆	1		710	24.5	13.4	775	20
				红海榄	3	540	480	11.5	10.4	570	40
				木榄	4	600	500	23.6	19.9	470	35
				桐花树	7	430	327	12.1	8.0	245	20

9. 海芒果群系

海芒果是生长于陆岸的半红树植物,铁山港区营盘镇火六村有 0.3 hm² 的海芒果群丛,此外东兴市江平镇沿海也有较大范围零散分布的海芒果,有些甚至被作为宾馆的绿化树种。

黄竹江口的海芒果群丛分布在长约 500 m,宽 30~60 m 的狭长河口岸滩上,为小乔木林,高 4~6.5 m,群落的二层结构,常混生黄槿、杨叶肖槿、卤蕨、老鼠簕等半红树植物,植株数量因小生境地形不同而不同。林下海芒果和银叶树幼苗丰富,生长良好。

10. 黄槿群系

黄槿在广西沿海村落常有零散栽植,较少形成群落。防城港市江平镇吒祖村有一片黄槿群丛,面积 1.9 hm²,分布于平均高潮线上,林冠高约 5 m,覆盖度 70%。

11. 老鼠簕、卤蕨、桐花树群丛组

由老鼠簕、卤蕨、桐花树等种群混生的红树林群落,可划分为不同的群丛,面积 58.1 hm²,其中北海市的群丛面积 31.9 hm²,分布于党江镇的沙埇、渔江、马头、更楼等村落;防城港市的群丛面积 26.3 hm²,分布于东兴镇南木山村。

(1) 老鼠簕、桐花树群丛

老鼠簕通常生长在海水盐度较低的河口咸淡水区域,盐度通常为 1~10。老鼠簕和桐花树混生,植株丛生,受潮水严重冲刷的植株根系外露。群落覆盖度 40%~90%,群落高度 0.7~1.8 m,密度约 2 丛/m²,构件数平均 6.6 杆/株。

广西海岸淡水影响较大且潮汐浪能较小的海湾河口区常有老鼠簕分布,如南流江口就分布有较大面积的老鼠簕,北仑河的独墩上有 15 hm² 的老鼠簕纯林(刘镜发,2005)。钦江口也有一片较大的老鼠簕以秋茄-桐花树+老鼠簕群丛存在(面积大约有 45.7 hm²,其中老鼠簕占约 30% 的面积,即 13.7 hm²,计有株数 = 588 丛/100 m² × (13.7×10 000) m² = 80 万丛)。

(2) 卤蕨群丛

卤蕨常分布在河口心滩或者河岸边,灌层不连续,平均密度 3.5 丛/m²,平均高度 0.85 m,最高植株可达 1.2 m,郁密度约 60%,在北仑河口独墩、江平江口的中间榄、黄竹江口、山口国家级红树林生态自然保护区海岸或河口等的相对湿润环境中有分布。

(四)广西红树林群落演替

广西原生红树林群落有白骨壤群系、桐花树群系、秋茄群系、红海榄群系、木榄群系、银叶树群系和海漆群系,半红树林群落有海芒果群系和黄槿群系等,由于各种群在潮滩上常混杂生长,构成了多样化的群落类型与结构,因研究角度、调查范围与取样方法上的差异,对同一片植被调查得到的群丛类型也不尽一致,但所描述的群落演替趋势还是没有多大差异的。

海滩红树林群落的生态演替,主要是土壤基质、盐度、海水浸淹程度与红树林本身的相互适应与相互作用的演替关系,不同的红树林群落类型在潮间带大致与海岸线平行成带状分布,并且具有向陆生植物群落方向演化的趋势。演替前期阶段(低潮滩红树林)主要有白骨壤,白骨壤+桐花树,桐花树,桐花树+白骨壤,桐花树+老鼠簕等群丛;演替中期阶段(中潮滩红树林)主要有秋茄,秋茄–白骨壤,秋茄–桐花树,秋茄–白骨壤+桐花树,秋茄+桐花树,秋茄+红海榄,红海榄等群丛;演替后期阶段(高潮滩红树林)主要有木榄,木榄+秋茄–桐花树,海漆,海漆–桐花树,银叶树等群丛,然后向陆岸(潮上带)半红树植物群落(海芒果群丛、黄槿群丛)发展。

在不同的海岸和生境条件下,红树林群落演替会有所差异。在广西东海岸的山口国家级红树林生态自然保护区的演替规律应该是:

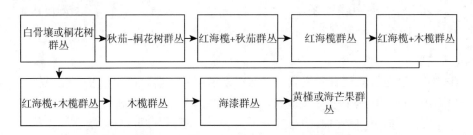

在广西中段海岸的廉州湾及钦州湾等的演替顺序是:

在西海岸的北仑河口自然保护区的演替顺序是:

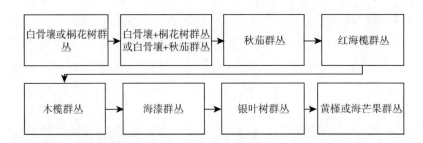

通常老鼠簕和桐花树是偏河口型的先锋种群,而白骨壤则是偏海洋型的先锋种群。广西红树林群落演替的主要过程可以用图 4-1 表示。

(五)重要河口、海湾红树林群落类型特征

广西重要红树林海湾包括珍珠港、北仑河口、钦州湾(含金鼓江)、廉州湾、铁山港、防城港、大风江等,此外防城港东湾和西湾,钦州市东岸的大风江口至金鼓江等海岸也有一定数量的红树林群落。

第四章　广西典型海洋生态系统的资源与分布现状

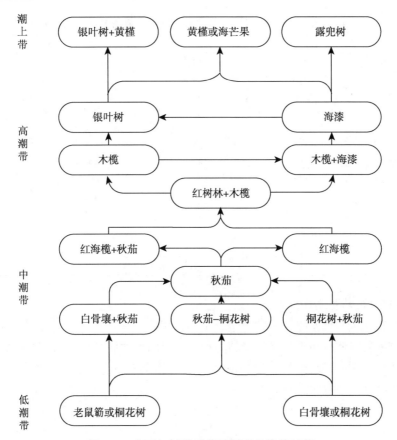

图 4-1　广西红树林群落重要群丛演替过程

1. 珍珠港及北仑河口红树林群落

（1）珍珠港自然条件

珍珠港地理范围是：108°08′00″E～108°16′00″E，21°30′30″N～21°37′30″N，东与防城港毗连，西靠北仑河口。全湾岸线长约 46 km，口门宽约 3.5 km，港湾面积 94.2 km²。年均气温 22.5℃，最热月均温 28.6℃，最冷月均温 14.1℃，极端最低温 2.8℃，年均降水量 2220.5 mm。A 值 5.09，属正规全日潮海湾，平均潮差 2.24 m，多年平均潮位 0.34 m，平均高潮位 1.53 m，平均低潮位–0.69 m。平均海面在当地水尺零面上 4.27 m，黄海海面在当地水尺零面上 3.93 m。

（2）红树林群落面积及演替

北仑河口自然保护区的红树林分布于珍珠港和北仑河口，有 12 个群丛，面积 1069.3 hm²，其中白骨壤+桐花树群丛和白骨壤群丛面积最大，分别占红树林群落面积的 26.03%和 25.89%，详见表 4-16。珍珠港红树林群落从低潮滩到高潮滩的演替规律为：

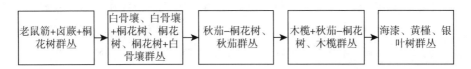

表 4-16 珍珠港、北仑河口红树林群落面积

群落类型	北仑河口/hm²	珍珠港/hm²	小计/hm²	比例/%
白骨壤	23.4	253.4	276.8	25.89
白骨壤+桐花树	49.0	229.3	278.3	26.03
老鼠簕+卤蕨+桐花树	24.8	0.0	24.8	2.32
海漆	0.0	2.1	2.1	0.20
黄槿	0.0	1.9	1.9	0.18
木榄	0.0	8.0	8.0	0.75
木榄+秋茄-桐花树	0.0	152.6	152.6	14.27
秋茄	15.7	68.9	84.6	7.91
秋茄-桐花树	0.0	131.0	131.0	12.25
桐花树	15.0	82.0	97.0	9.07
桐花树+白骨壤	0.0	9.2	9.2	0.86
银叶树	0.0	3.0	3.0	0.28
合计	127.9	941.4	1069.3	100.00

(3) 红树林群落生物多样性

生物多样性包括基因水平、物种水平、生态系统水平和景观水平 4 种。物种多样性是用一定空间范围物种和分布特征来衡量的物种水平上的生物多样性，生物群落多样性是指群落组成、结构和动态方面的多样性。利用断面群落样方调查数据分别计算各海湾的红树植物和群落的 α 多样性，主要计算指标有：

$$\text{重要值（IV）}=\text{相对密度}+\text{相对频度}+\text{相对盖度} \quad (4\text{-}1)$$

物种重要值综合反映了种群的丰富度与均匀度，即重要值越大的种群其丰富度越大，分布越广泛。

Simpson 指数：

$$D = 1 - \sum_{i=1}^{s} P_i^2 \quad (4\text{-}2)$$

式中，P_i 为 i 种的个体数占调查样方的总个体数的比例；s 表示种数。

Shannon-Wiener 指数：

$$H = \sum_{i}^{s} P_i \ln P_i \quad (4\text{-}3)$$

$$\text{种间相遇概率 PIE} = N(N-1)/\Sigma N_i(N_i-1) \quad (4\text{-}4)$$

式中，N_i 为种 i 的个体数；N 为调查样方所有物种的个体数之和。

$$\text{群落均匀度 } E = H/H_{\max} \quad (4\text{-}5)$$

式中，H 为实际观察的物种多样性指数；$H_{\max}$ 为最大的物种多样性指数，$H_{\max}=\ln S$（S 为群落中的总物种数）。

式 (4-1) 表征了种群的多样性特征，式 (4-2)~式 (4-5) 反映了群落的多样性特征。珍珠港和北仑河口红树林种群重要值计算结果见表 4-17。各种群重要值多为秋季大于春季，重要值从大到小依次为：桐花树＞秋茄＞白骨壤＞木榄＞海漆＞老鼠簕＞卤蕨。

表 4-17 珍珠港和北仑河口（断面 M1~M3）红树植物重要值

树种	相对密度/%		相对频度/%		相对盖度/%		重要值（IV）	
	春季	秋季	春季	秋季	春季	秋季	春季	秋季
白骨壤	4.80	7.76	55.56	21.86	21.84	55.56	0.782	0.852
秋茄	11.17	13.74	55.56	18.99	19.36	59.26	0.795	0.920
桐花树	82.10	76.18	88.89	48.19	42.00	88.89	1.330	2.133
木榄	1.52	1.46	22.22	8.30	22.22	22.22	0.448	0.320
老鼠簕		0.31		0.00		3.70		0.040
海漆	0.41	0.39	3.70	2.21	3.70	3.70	0.075	0.063
卤蕨		0.16		0.00		3.70		0.039

将表征群落中种的丰富程度和均匀程度的多样性指数包括 Simpson 指数 D、Shannon-Wiener 指数 H、种间相遇概率指数 PIE、群落均匀度指数 E 的计算结果列于表 4-18。未受寒害的秋季群落多样性指数均大于受到寒害的春季群落，可以认为寒害会导致红树林群落多样性指数下降。

表 4-18 北仑河口自然保护区红树林群落生物多样性指数

	D	H	PIE	E
春季	0.311	0.639	1.451	0.397
秋季	0.395	0.790	1.652	0.406

2. 钦州湾红树林群落

（1）钦州湾自然条件

钦州湾位于广西海岸中段北部湾顶部，地理范围是：108°28'20"E~108°45'30"E，21°33'20"N~21°54'30"N。半封闭型海湾，口门宽 29 km，纵深 39 km，全湾海岸线长 336 km，海湾面积 380 km^2。

钦州湾年均气温 22.0℃，最热月均温 28.3℃，最冷月均温 13.4℃，极端最低温-1.8℃，年均降水量 2075.7~2106.5 mm。A 值 4.6，属正规全日潮海湾，平均潮差 2.40 m，平均潮位 0.40 m，平均高潮位 1.61 m，平均低潮位-0.80 m。平均海面在当地水尺零面上 3.15 m，黄海海面在当地水尺零面上 2.75 m。

（2）红树林群落面积及演替

钦州湾分布着 12 种群丛的红树林，群落面积 2554.2 hm^2，其中桐花树群丛以及秋茄-桐花树群丛面积占比例最大，分别是 39.2%和 22.8%。外来种造林在钦州湾也占有相当大的面积，无瓣海桑以及无瓣海桑+红海榄人工林面积占到了钦州湾红树林面积的 18.0%，见表 4-19。

表 4-19 钦州湾红树林群落面积

群丛	面积/hm^2	比例/%
白骨壤	61.4	2.4
白骨壤+桐花树	139.6	5.5

续表

群丛	面积/hm²	比例/%
老鼠簕+卤蕨+桐花树	0.9	0.0
秋茄	71.8	2.8
秋茄–白骨壤	70.4	2.8
秋茄–桐花树	582.5	22.8
秋茄–桐花树+白骨壤	18.4	0.7
桐花树	1001.8	39.2
桐花树+白骨壤	16.4	0.6
桐花树+秋茄+老鼠簕	129.4	5.1
无瓣海桑	177.2	6.9
无瓣海桑+红海榄	284.4	11.1
合计	2554.2	100.0

钦州湾红树林群落从低潮滩到高潮滩的演替规律为：

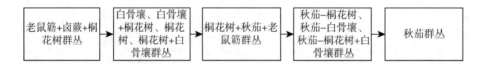

无瓣海桑和无瓣海桑+红海榄群丛是人工引进群落，不便于判断它们与当地群落的演替关系。

（3）红树林群落生物多样性

钦州湾潮滩上主要的原生红树植物种群有 3 种，种群重要值秋季大于春季，各种群重要值大小排序为桐花树＞白骨壤＞秋茄，见表 4-20。

表 4-20 钦州湾（断面 M4~M6）红树植物重要值

树种	相对密度/%		相对频度/%		相对盖度/%		重要值（IV）	
	春季	秋季	春季	秋季	春季	秋季	春季	秋季
白骨壤	10.99	10.98	37.04	26.20	26.63	37.04	0.644	0.742
秋茄	2.63	2.40	33.33	6.61	7.42	25.93	0.337	0.349
桐花树	86.38	89.02	77.78	72.92	65.52	88.89	1.569	2.508

钦州湾红树林的 Simpson 指数 D、Shannon-Wiener 指数 H、种间相遇概率指数 PIE、群落均匀度指数 E 4 项计算指标均表现为春季大于秋季，说明该区域的红树林原生种群对 2008 年春季寒害具有较高的抵抗力，计算结果见表 4-21。

表 4-21 钦州湾红树林群落生物多样性指数

航次	D	H	PIE	E
春季	0.241	0.465	1.318	0.423
秋季	0.232	0.449	1.303	0.409

3. 廉州湾及北海市红树林群落

（1）廉州湾自然条件

廉州湾位于北海市区北侧，是半开敞海湾，地理范围：108°58'00"E~109°02'35"E，21°26'20"N~21°37'00"N。口门宽约 17 km，全湾岸线长约 72 km，海湾面积 109 km²。有南流江、廉州江、七星江等河流入海，形成河口三角洲地貌。

廉州湾年均气温 22.50℃，最热月均温 28.3℃，最冷月均温 14.0℃，极端最低温-0.8℃，年均降水量 1682.7 mm。A 值 4.03，属正规全日潮海湾，平均潮差 2.46 m，平均海面 0.37 m，平均高潮位 1.66 m，平均低潮位-0.80 m。平均海面在当地水尺零面上 2.55 m，黄海海面在当地水尺零面 2.18 m。

（2）红树林群落面积及演替

廉州湾以及北海市大冠沙至营盘沿岸分布有 12 个红树林群丛，面积 1286.8 hm²，其中桐花树群丛占的比例高达 36.1%，白骨壤+桐花树群丛、秋茄-桐花树群丛以及秋茄群丛占红树林面积比例均超过 10%（表 4-22），这些群丛基本上是以偏向淡水生境的桐花树和秋茄种群为建群种，充分显示了廉州湾的河口生境特征。从低潮滩到高潮滩自然群落演替规律是：

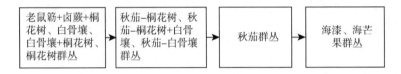

无瓣海桑群丛和红海榄群丛是人工引进群落。

表 4-22 廉州湾、北海市红树林群落面积

群丛	面积/hm²	比例/%
白骨壤	112	8.7
白骨壤+桐花树	204.7	15.9
海芒果	0.3	0.0
海漆	9.0	0.7
红海榄	63	4.9
老鼠簕+卤蕨+桐花树	31.9	2.5
秋茄	153	11.9
秋茄-白骨壤	37.7	2.9
秋茄-桐花树	173.2	13.5
秋茄-桐花树+白骨壤	33.1	2.6
桐花树	463.9	36.1
无瓣海桑	5.0	0.4
合计	1286.8	100.0

（3）红树林群落生物多样性

廉州湾东江口、木案、垌尾红树林群落中主要的原生红树植物种群有 3 种，各种群重要值大小排序为桐花树 > 秋茄 > 白骨壤。这 3 个种群重要值的季节变化均表现为秋季大于春

季,主要是因为秋季盖度大于春季造成的,见表4-23。

表4-23 廉州湾(断面M7~M9)红树植物重要值

树种	相对密度/%		相对频度/%		相对盖度/%		重要值(IV)	
	春季	秋季	春季	秋季	春季	秋季	春季	秋季
白骨壤	5.82	5.78	29.63	23.66	22.43	29.63	0.527	0.591
秋茄	16.71	16.70	51.85	30.04	30.40	55.56	0.870	1.023
桐花树	77.47	76.09	62.96	43.21	46.96	62.96	1.117	1.823

廉州湾红树林群落的Simpson指数D、Shannon-Wiener指数H、种间相遇概率指数PIE、均匀度指数E见表4-24。在反映群落α多样性的4个不同指数之间,春季、秋季均表现为PIE > H > E > D。在相同的测度指标中,秋季的计算值均大于春季,即未受寒害的秋季群落多样性指数高于受寒害的春季群落。

表4-24 廉州湾红树林群落生物多样性指数

季节	D	H	PIE	E
春季	0.369	0.662	1.584	0.603
秋季	0.372	0.667	1.593	0.607

4. 铁山港红树林群落

(1)铁山港自然条件

铁山港地处广西沿海东部,与广东省英罗港相邻,地理范围:109°26'00"E~109°45'00"E,21°28'35"N~21°45'00"N。口门宽约32 km,全湾岸线长约170 km,海湾面积340 km²。

铁山港年均气温22.9℃,最热月均温28.8℃,最冷月均温15.0℃,极端最低温1.5℃,年均降水量1573.4 mm。A值3.29,属非正规全日潮海湾,平均潮差2.53 m,平均海面0.37 m(黄海基面),平均高潮位1.62 m,平均低潮位-0.91 m。平均海面在当地水尺零面上4.99 m,黄海海面在当地水尺零面4.62 m。

(2)红树林群落面积及演替

铁山港红树林有8个群丛,面积1866.8 hm²,白骨壤群丛面积最大,占铁山港红树林面积的63.2%,红海榄群丛和木榄+秋茄-桐花树群丛所占比例均超过10%(表4-25)。群落演替规律是:

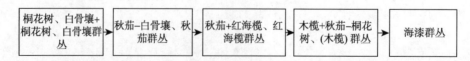

在铁山港范围内的山口国家级红树林生态自然保护区位于沙田半岛东西两侧,红树林分布的半岛东面是与广东毗连的英罗港,西面是铁山港海汊丹兜海。山口国家级红树林生态自然保护区红树林群落面积818.7 hm²,也是分为8个群丛,其中红海榄群丛占保护区红树林面积比例最大,达到33.3%,木榄+秋茄-桐花树也占了27.1%,白骨壤群丛占20.6%,见

表 4-26。山口国家级红树林生态自然保护区的红树林种类多样性丰富、群落结构复杂，代表了整个铁山港的群落类型与特点。这里有广西唯一的、大陆连片面积最大的天然红海榄群落。

表 4-25　铁山港红树林群落面积

群丛	面积/hm^2	比例/%
白骨壤	1179.3	63.2
白骨壤+桐花树	0.8	0.0
红海榄	272.4	14.6
木榄+秋茄–桐花树	222.1	11.9
秋茄	34.6	1.9
秋茄+红海榄	13.3	0.7
秋茄–白骨壤	100.3	5.4
桐花树	44.0	2.4
合计	1866.8	100.0

表 4-26　山口国家级红树林生态自然保护区红树林群落面积

群丛	面积/hm^2	比例/%
白骨壤	168.7	20.6
白骨壤+桐花树	0.8	0.1
红海榄	272.4	33.3
木榄+秋茄–桐花树	222.1	27.1
秋茄	33.5	4.1
秋茄+红海榄	13.3	1.6
秋茄–白骨壤	100.3	12.3
桐花树	7.6	0.9
合计	818.7	100.0

（3）红树林群落生物多样性

铁山港的榄子根、丹兜新村和英罗站红树林群落中主要的原生红树植物种群有 6 种，各种群重要值大小排序为白骨壤 > 桐花树 > 秋茄 > 红海榄 > 木榄 > 海漆，见表 4-27。

表 4-27　铁山港（含山口国家级红树林生态自然保护区）（断面 M10~M12）红树植物重要值

树种	相对密度/%		相对频度/%		相对盖度/%		重要值（IV）	
	春季	秋季	春季	秋季	春季	秋季	春季	秋季
白骨壤	25.73	30.84	85.19	45.11	44.56	85.19	1.314	1.611
秋茄	5.61	5.35	51.85	13.67	13.61	48.15	0.624	0.672
桐花树	63.97	59.76	66.67	24.47	25.15	66.67	0.933	1.509
红海榄	3.68	3.12	33.33	11.68	11.63	33.33	0.454	0.481
木榄	0.97	0.49	18.52	2.87	4.17	14.81	0.192	0.182
海漆	0.05	0.04	3.70	0.88	0.88	3.70	0.046	0.046

红树林群落 Simpson 指数 D、Shannon-Wiener 指数 H、种间相遇概率指数 PIE、均匀度指数 E 见表 4-28。春季、秋季多样性指数均表现为 $PIE > H > D > E$。除了 PIE 秋季值大于春季值之外，其他 3 个指标都是春季值大于秋季值。

表 4-28 铁山港（含山口国家级红树林生态自然保护区）红树林群落生物多样性指数

季节	D	H	PIE	E
春季	0.582	0.967	2.084	0.539
秋季	0.540	0.965	2.176	0.538

5. 防城港东西湾红树林群落

（1）防城港自然条件

防城港位于广西西部海岸，东与企沙半岛围成东湾，有暗埠口江水道，西与白龙半岛围成西湾，有防城河流入。地理范围：107°17'30"E~108°35'00"E，21°32'30"N~21°43'00"N。防城港湾口宽约 10 km，全湾岸线长约 115 km，海湾面积 115 km²。

防城港年均气温 21.6℃，最热月均温 27.6℃，最冷月均温 13.4℃，极端最低温 1.4℃，年均降水量 2466.5 mm。A 值 5.2，属正规全日潮海湾，平均潮差 2.25 m，平均海面 0.37 m（黄海基面），平均高潮位 1.66 m，平均低潮位–0.771 m。平均海面在当地水尺零面上 2.27 m，黄海海面在当地水尺零面上 1.90 m。

（2）群落面积及演替

防城港东西湾有红树林群落 9 个群丛，面积 881.6 hm²。白骨壤群丛是面积最大的群丛，占东西湾红树林面积的 61.6%，桐花树群丛面积占的比例为 24.0%，其余群丛所占比例均在 10% 以下（表 4-29），低矮灌丛类型是该区域红树林群落的主要特征。防城港东西湾这几大群丛的演替关系为：

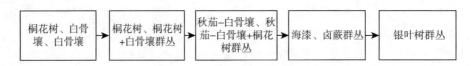

表 4-29 防城港东西湾红树林群落面积

群丛	面积/hm²	比例/%
白骨壤	543.3	61.6
白骨壤+桐花树	6.2	0.7
海漆	1.3	0.1
卤蕨	0.6	0.1
秋茄–白骨壤	80.1	9.1
秋茄–桐花树+白骨壤	15.4	1.7
桐花树	211.3	24.0
桐花树+白骨壤	21.4	2.4
银叶树	2.0	0.2
合计	881.6	100.0

6. 大风江口及金鼓江红树林群落

（1）大风江口自然条件

大风江口位于广西顶端，地处钦州湾和廉州湾之间，具多条港汊的溺谷型河口湾，口门东起西场镇大木城（108°54'34"E，21°37'04"N），西至犀牛脚镇大王山（108°51'50"E，21°37'42"N），口门宽约5 km，全湾岸线长约110 km，海湾面积68.6 km^2。

大风江口年均气温23.1℃，最热月均温29.4℃，最冷月均温14.2℃，极端最低温–0.8℃，年均降水量1700~2100 mm。A值4.43，属正规全日潮海湾，平均潮差2.53 m，平均海面0.42 m（黄海基面），平均高潮位1.63 m，平均低潮位–0.94 m。平均海面在当地水尺零面上2.60 m，黄海海面在当地水尺零面上2.18 m。

（2）群落面积及演替

大风江口至金鼓江一带沿岸有7个主要的红树林群丛，面积1538.9 hm^2。在7个群丛中桐花树群丛占的比例最大，达到了64.2%，群落的河口特征明显，此外白骨壤+桐花树群丛也占了16.9%（表4-30）。潮滩上红树林群落演替的一般规律是：

表4-30 大风江口及金鼓江红树林群落面积

群丛	面积/hm^2	比例/%
白骨壤	103.5	6.7
白骨壤+桐花树	260.2	16.9
秋茄	18.3	1.2
秋茄+桐花树	52.9	3.4
秋茄–桐花树	95.1	6.2
秋茄–桐花树+白骨壤	20.3	1.3
桐花树	988.7	64.2
合计	1538.9	100.0

二、红树林的面积与分布

所调查的红树林地类包括盖度（郁闭度≥0.2）的红树林群落，或者造林后保存株数大于合理保存株数50%的人工红树林地，小班面积不小于0.1 hm^2。

根据2001年调查的广西红树林GIS小班图程统计，全区共有1026个红树林和未成林造林地小班。筛选调查了可能有变化的小班280个，结果发现被破坏小班70个，面积229.3 hm^2，其中原地类为红树林的小班50个，面积93.1 hm^2，原地类为未成林造林地的小班20个，面积136.2 hm^2。此外还有7个红树林小班被2002年后营建的人工林替代，面积为208 hm^2。

经过修测调查调整后的红树林小班共有1016个，面积9197.4 hm^2，其中2002~2007年造林保存小班59个，面积983.9 hm^2，2001年以前造林保存小班32个，面积801.7 hm^2，天然红树林共有小班 925 个，面积 7411.8 hm²。

（一）按起源统计的广西红树林面积

广西红树林总面积为 9197.4 hm²，其中天然林 7411.8 hm²，占 80.6%；2001 年前的人工林 801.7 hm²，占 8.7%；2002 年后营造存活的人工林 983.9 hm²，占 10.7%。防城港市天然红树林占其红树林面积的比例最高达到 88%，其次是北海市为 86%，再次是钦州市为 67%，见图 4-2。

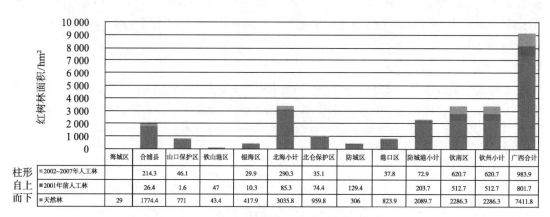

图 4-2　按起源统计的广西红树林面积

（二）按地貌统计的广西红树林面积

红树林海岸地貌类型有人工地貌与自然地貌。海（河、塘）堤外围滩涂生长的红树林为人工地貌红树林，在岛屿、台地、山（沙）丘等海岸滩涂生长的红树林为自然地貌红树林，离海岸较远（>400 m）难以进行地貌判别的列入其他项。

统计结果表明，广西红树林生长在人工海岸的占很大比例，其中标准海堤红树林面积占 27.8%，简易海堤红树林面积占 27.1%，即人工海岸红树林面积占 54.9%，而岛屿、台地、山丘等自然海岸红树林面积占 45.1%。在北海市，人工海岸红树林面积 2737.0 hm²，占全市红树林面积的 71.4%；防城港市人工海岸红树林面积 1994.0 hm²，占全市红树林面积的 84.3%。钦州市人工海岸红树林面积 620.7 hm²，占全市红树林面积的 18.2%。对北海市和防城港市而言，人工海岸红树林面积占到当地红树林面积的 70%以上，其防浪护岸功能尤为重要，必须加强保护。

红树林面积按地貌统计数据见图 4-3。

（三）按群落类型统计的广西红树林面积

植物群落是刻画研究自然植被的生态学尺度，由植被型-群系-群丛 3 个级别的单位组成。群丛是群落分类的基本单位，指种结构相同，各层优势种或共优种相同的植物群落，群丛的命名以优势种+共优种表示，乔灌层之间用破折号连接。

林鹏和胡继添（1983）最早开展广西红树林群落的研究，划分出 8 大群落类型，它们分别是白骨壤群落、桐花树群落、秋茄-桐花树群落、红海榄群落、木榄群落、木榄-桐花树群落、桐花树-海漆稀树群落和红海榄+秋茄-桐花树群落。

图 4-3 按地貌统计的广西红树林面积

柱形自上而下		海城区	合浦县	山口保护区	铁山港区	银海区	北海小计	北仑保护区	防城区	港口区	防城港小计	钦南区	钦州小计	广西合计
	其他		321.5	50.4	3.5	303	405.6	38.1	129.4	39.8	207.3	2 798.9	2 798.9	3 411.8
	山(沙)丘		193.8	5.9	1.9	6.6	208.1	40.6	55.6	16.5	112.7			320.8
	开阔台地		268.1	83.4			351.5	5.4	1.3	27.5	34.2			385.7
	岛屿		9.1				9.1	6	12.2		18.3			27.4
	简易海堤	5.2	605.3	374.1	3.5	63.5	1 051.7	7.3	210.9	777.9	996.2	443.5	443.5	2 491.4
	标准海堤	23.8	617.1	305.1	81.5	357.8	1 385.3	971.8	26		997.8	177.2	177.2	2 560.3

图 4-3 按地貌统计的广西红树林面积

梁士楚（2000）根据建群种特征将广西红树植物群落划分为 8 个群系（15 个群落类型），分别是白骨壤（白骨壤，白骨壤、桐花树，白骨壤、秋茄群落）、桐花树（桐花树群落）、秋茄（秋茄，秋茄、桐花树群落）、红海榄（红海榄，红海榄、木榄，红海榄、秋茄群落）、木榄（木榄群落）、海漆（海漆，海漆、桐花树群落）、老鼠簕（老鼠簕，老鼠簕、桐花树群落）和银叶树（银叶树群落）。另外还有半红树群落：黄槿群落、杨叶肖槿群落和海芒果群落。

在 2001 年的全国红树林资源调查中，统计了广西 16 种红树林群落类型的面积，这些群落类型（群丛）是：卤蕨，木榄，秋茄，红海榄，老鼠簕，海漆，桐花树，白骨壤，海芒果，黄槿，秋茄-白骨壤，秋茄-桐花树+白骨壤，白骨壤+桐花树，秋茄-桐花树，木榄+秋茄-桐花树，老鼠簕、卤蕨、桐花树混生。

本次面积修测调查统计了 20 个红树林群丛面积，与 2001 年的调查结果相比较，新增加了桐花树+白骨壤（46.8 hm²），秋茄+桐花树（52.9 hm²），秋茄+红海榄（13.3 hm²），无瓣海桑+红海榄（284.4 hm²），无瓣海桑（182.2 hm²），银叶树（5.0 hm²）6 个群丛。

为便于统计，我们将 20 个群丛归纳入 11 个群系，这些群系包括白骨壤（白骨壤，白骨壤+桐花树群丛），桐花树（桐花树，桐花树+白骨壤群丛），秋茄（秋茄，秋茄-白骨壤，秋茄-桐花树，秋茄-白骨壤+桐花树，秋茄+桐花树，秋茄+红海榄），红海榄（红海榄群丛），木榄（木榄，木榄+秋茄-桐花树群丛），无瓣海桑（无瓣海桑，无瓣海桑+红海榄群丛），老鼠簕、卤蕨、桐花树（混生群丛），银叶树（银叶树群丛），海芒果（海芒果群丛），海漆（海漆群丛），黄槿（黄槿群丛）。统计结果见图 4-4。

（四）按树高级统计的广西红树林面积

在广西红树林种群的高度分级中，树冠高度小于 3 m 的为灌木，高度 3 m 以上的为乔木。全区乔木红树林面积仅 295.3 hm²。乔木可分为小乔木（3~5 m）、中乔木（5~7 m）和大乔木（>7 m）。小乔木面积 232.5 hm²，主要种群为秋茄、红海榄和木榄等；中乔木面积 23.7 hm²，大乔木面积 39.1 hm²，中大乔木以无瓣海桑为主，银叶树平均高达 12.5 m，最高可达 13.6 m。其余全部是灌木。灌木可分为矮灌（0.1~0.9 m）、中灌（1.0~1.9 m）和高灌（2.0~2.9 m）。

面积按树高级统计汇总如图 4-5 所示。

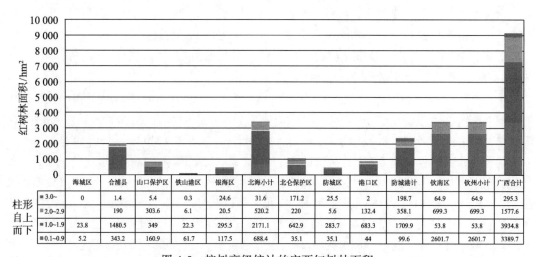

图 4-4 按群落类型统计的广西红树林面积

柱形自上而下	海城区	合浦县	山口保护区	铁山港区	银海区	北海小计	北仑保护区	防城区	港口区	防城港计	钦南区	钦州小计
黄槿						0	1.9			1.9		0
海漆					9	9	2.1	1.3		3.4		0
海芒果				0.3		0.3				0		0
银叶树						0	3		2	5		0
混生		31.9		0	0	31.9	24.8	1.5		26.3		0
无瓣海桑	0	5	0	0	0	5	0			0	461.7	461.7
木榄	0	0	222.1	0	0	222.1	160.9	0	0	160.9	0	0
红海榄		42.6	272.4		20.5	335.4				0		0
秋茄	25.4	382.9	147.1	15.2	108.2	678.9	215.5	32.5	187.3	435.4	671.6	671.6
桐花树	3.5	551.6	7.7	36.3	33.1	632.2	106.1	394.5	40.7	540.1	1810.6	1810.6
白骨壤		1001.2	169.5	38.6	287.3	1496.6	555.1	6.6	631.7	1193.5	475.8	475.8

图 4-5 按树高级统计的广西红树林面积

柱形自上而下	海城区	合浦县	山口保护区	铁山港区	银海区	北海小计	北仑保护区	防城区	港口区	防城港计	钦南区	钦州小计	广西合计
3.0~	0	1.4	5.4	0.3	24.6	31.6	171.2	25.5	2	198.7	64.9	64.9	295.3
2.0~2.9		190	303.6	6.1	20.5	520.2	220	5.6	132.4	358.1	699.3	699.3	1577.6
1.0~1.9	23.8	1480.5	349	22.3	295.5	2171.1	642.9	283.7	683.3	1709.9	53.8	53.8	3934.8
0.1~0.9	5.2	343.2	160.9	61.7	117.5	688.4	35.1	35.1	44	99.6	2601.7	2601.7	3389.7

从全广西红树林群落来看，高度在 0.1~0.9 m 的占 37%，高度在 1.0~1.9 m 的占 43%，高度在 2.0~2.9 m 的占 17%，全部灌木群落面积占到了红树林群落面积的 97%，而乔木群落仅占 3%。

红树林群落构成分别是：防城港市乔木群落占 8%，矮灌占 4%，中矮灌占 73%，高灌占 15%；钦州市乔木占 2%，矮灌占 76%，中矮灌占 2%，高灌占 20%；北海市乔木占 1%，矮灌占 20%，中矮灌占 64%，高灌占 15%。

（五）按郁闭度统计的广西红树林面积

郁闭度（盖度）是红树林群落冠层下投影面积占林地面积的比例（或百分比），可分为疏（0.2~0.39）、中（0.4~0.69）、密（0.7~1.0）3个等级，新造红树林达到合格造林株数但还没达到最低郁闭度要求的也列入疏林等级进行统计，结果见图4-6。

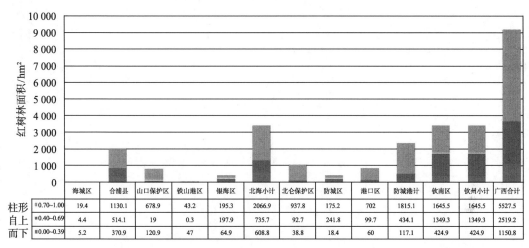

图 4-6　按郁闭度统计的广西红树林面积

数据显示，大部分的红树林生长茂密，郁闭度达到"密"的群落面积5527.5 hm²，超过了一半。全区郁闭度达到0.7~1.0的红树林群落占全部红树林面积的60%，其中防城港红树林群落中郁闭度0.7~1.0占的比例最大，达到77%，钦州市的最小，仅占48%。

（六）按自然度统计的广西红树林面积

自然度是指植被状况与原始顶极群落相差的距离，或者次生群落位于演替中的阶段，划分标准见表4-31。根据2002年全国红树林调查分省自然度划分的规定，结合广西红树林群落特点，5级自然度所对应的群落见表4-31。

表 4-31　自然度划分标准及广西红树林群落

自然度	标准	符合对应自然度标准的广西红树林群落
V	原始或基本原始的植被	保存完好的原始的海芒果、海漆等群系
IV	有明显人为干扰的天然植被或处于演替后期的次生群落	银叶树、木榄等群系
III	人为干扰很大的次生群落，处于次生演替中期阶段	红海榄、秋茄群系
II	人为干扰极大，演替逆行于次生植被阶段	白骨壤、桐花树群系或者以上群系中受人为干扰较大的植被
I	人为干扰强度极大而持续，植被几乎破坏殆尽，难以恢复的逆行演替后期	以上群系演替逆行处于极为残次的次生植被

全区红树林面积按自然度统计数据见图4-7。

全区红树林群落中严重退化的次生林（I级自然度）占33%，低矮且人为干扰很大的次生灌木植被（II级自然度）占58%，基本原生的V级自然度植被仅15.1 hm²，是一些在陆岸破碎的原始生境中生长的海漆、海芒果群落。从原生性相对较高的Ⅲ~Ⅴ自然度所占比例看，北海的比例最高，为25%，防城港和钦州分别为22%和16%。

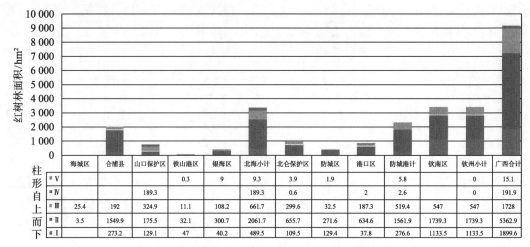

图 4-7　按自然度统计的广西红树林面积

三、人工红树林资源分布状况

（一）早期的人工红树林（2001 年以前）

广西是我国开展红树林人工造林最早的省（自治区）之一，1950 年以来沿海村民以及相关部门因生产和生活需要也开展了小规模的人工造林活动，如 1956 年钦州市林科所种植白骨壤饲料林 7 hm^2，这是广西历史上有记载的最早的造林活动（廖宝文等，1999）。钦州市沙井村民（钟应显等）在大食堂年代（1958~1961 年），为解决薪柴问题，从箭沟港采回种子种植了数十亩的桐花树林，目前已形成树高 1.5~2.7 m，盖度 70%~100% 的桐花树群落。1968 年合浦县林业局在党江镇和西场镇潮滩种植了秋茄、桐花树防护林，1970~1980 年广西沿海各地村庄时常有一些自发性的红树林造林活动。

调查数据显示，截至 2001 年，广西人工红树林保存面积为 1092.9 hm^2，各年度造林树种与保存面积见表 4-32。数据显示，20 世纪 90 年代造林保存面积最大达到了 622.3 hm^2，占同期人工林保存面积的 57%。从人工红树林地域分布来看，钦州湾茅尾海的造林保存面积最大，为 448.5 hm^2，占同期人工林保存面积的 41%。

表 4-32　广西 2001 年前人工红树林面积统计表　　　（单位：hm^2）

统计单位	合计	1980 年前	1980~1984 年	1985~1989 年	1990~1994 年	1995~2000 年	2001 年
合计	1092.9	274.7	49.6	50.3	261.8	360.5	96.0
北仑河口	24.2	—	—	—	—	24.2	
珍珠港	67.0	—	—	50.3		16.7	
钦州湾-茅尾海	448.5		49.6		261.8	137.1	
钦州湾-外湾	75.1	75.1					
大风江	49.1	49.1					

续表

统计单位	合计	1980年前	1980~1984年	1985~1989年	1990~1994年	1995~2000年	2001年
廉州湾	26.4	—	—	—	—	24.1	2.3
北海东岸	8.9	—	—	—	—	0.7	8.2
铁山港	108.0	—	—	—	—	40.7	67.3
英罗港	92.0	—	—	—	—	83.2	8.8
其他岸线	193.7	150.5	—	—	—	33.8	9.4

2001年前人工红树林面积按造林树种进行统计，结果见表4-33。历史上的广西主要造林种类是白骨壤、桐花树、秋茄和红海榄，其中桐花树和白骨壤是广西红树林造林最成功的种类，桐花树人工林面积518.3 hm²，占当时人工红树林面积的48%；桐花树和白骨壤人工林面积加起来占同期人工红树林面积的比例高达80%。混交林（主要是白骨壤与桐花树、秋茄与桐花树的混交）面积238.2 hm²，占同期人工林面积的22%。

表4-33 广西2001年前人工红树林按种类面积统计表 （单位：hm²）

种类	合计	1980年前	1980~1984年	1985~1989年	1990~1994年	1995~2000年	2001年
合计	1092.9	274.7	49.6	50.3	261.8	360.5	96.0
白骨壤	145.0	75.8	—	—	—	39.2	30.0
白骨壤+桐花树	205.9	198.9	—	—	—	7.0	—
秋茄	78.3	—	—	50.3	—	18.6	9.4
桐花树	518.3	—	49.6	—	261.8	190.1	16.8
秋茄-桐花树	32.3	—	—	—	—	24.1	8.2
红海榄	113.1	—	—	—	—	81.5	31.6

（二）近期（2002~2007年）的人工红树林

1. 造林作业面积

防城港市2002年以来红树林人工造林面积为784.3 hm²，投入造林经费453万元，每公顷平均造林投资为5776元。其中防城区营造红树林面积210.3 hm²，投入经费105万元，每公顷平均造林投资为4992元，主要造林树种是秋茄与木榄，造林存活率50%。港口区营造红树林374 hm²，投入经费240万元，每公顷平均造林投资为6417元，造林树种为红海榄，保存率比较低。东兴市2002~2005年的造林面积为200.1 hm²，投入经费90万元，每公顷平均造林投资为4498元，造林树种为桐花树（黑榄）、白骨壤和秋茄（红榄），已成林。

钦州市2002~2006年红树林造林面积为804.1 hm²。主要造林树种为海桑、桐花树和秋茄，造林保存率均达到60%以上。

北海市2002~2007年累计造林作业面积为1063.1 hm²，造林投资534.7万元，平均每公顷造林投资为5030元，主要造林树种为秋茄、白骨壤、红海榄、桐花树等，造林成活及保存率普遍较低。

全区2002~2007年红树林造林作业面积2651.5 hm²，混交林造林作业面积最大，其次是秋茄林。混交林是由于多年的补植造林形成的，树种以红海榄+无瓣海桑、秋茄+桐花树为主，见表4-34。

表 4-34　广西 2002~2007 年红树林造林作业面积按树种统计　（单位：hm²）

地点	无瓣海桑	木榄	红海榄	秋茄	桐花树	白骨壤	混交	合计
防城港市	—	—	373.9	—	—	—	410.3	784.3
钦州市	58.0	—	—	220.1	46.8	—	479.2	804.1
北海市	8.8	14.2	44.1	718.5	2.6	20.8	254.1	1063.1
广西	66.8	14.2	418.0	938.6	49.4	20.8	1143.6	2651.5

2. 造林保存面积

根据 2007~2008 年的野外调查结果进行统计计算，得到 2002~2007 年 6 年来广西人工红树林造林保存面积为 983.9 hm²，共有 59 个斑块，分布于 14 个沿海乡镇。全区红树林造林面积保存率为 37%，沿海 3 市红树林造林保存率分别为防城港市 9%，钦州市 77%，北海市 27%（表 4-34）。

各市人工红树林造林规模也不一样。防城港市的规模最小，仅为 72.8 hm²，分布于 4 个沿海乡镇。钦州市的保存面积最大，为 620.7 hm²，占广西人工红树林造林保存面积的 63%，分布于康熙岭等 4 个沿海乡镇，见图 4-8。

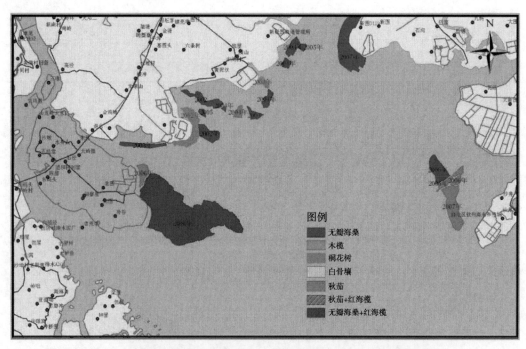

图 4-8　茅尾海（2002~2007 年）人工红树林分布图（见图版彩图）

北海市的人工红树林保存面积为 290.3 hm²，分布于 6 个沿海乡镇，占广西人工红树林保存面积的 30%，主要集中在南流江口，见表 4-34 和图 4-9。

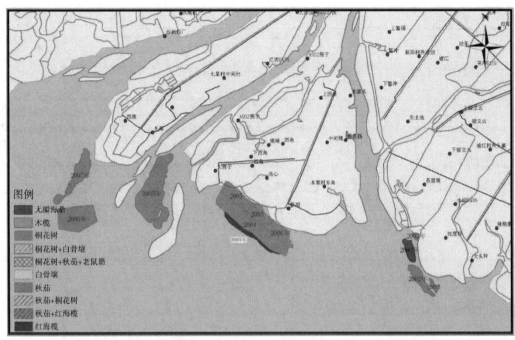

图 4-9 南流江口（2002~2007 年）人工红树林分布图（见图版彩图）

位于钦江、茅岭江、南流江河口的康熙岭镇、尖山镇和党江镇是广西这几年来红树林人工造林保存面积最多的 3 个镇，仅这 3 镇的人工林保存面积（686.3 hm²）就占到广西人工林保存面积的 70%。

从表 4-35 的统计数据可以看出，2006 年是广西红树林人工林营建的一个高峰年，造林面积占 6 年来人工红树林面积的 48%。

表 4-35 广西人工红树林（2002~2007 年）按年度面积统计表 （单位：hm²）

乡镇	2002 年	2003 年	2004 年	2005 年	2006 年	2007 年	合计
江平镇	—	0.4	18.6	7.1	—	—	26.1
江山乡	—	9.0	—	—	—	—	9.0
公车镇	—	—	—	—	—	21.4	21.4
光坡镇	—	—	—	—	16.4	—	16.4
防城港小计	—	9.4	18.6	7.1	16.4	21.4	72.8
康熙岭	66.8	24.5	31.2	6.2	296.0	0.0	424.7
尖山镇	—	—	—	—	39.8	103.3	143.1
东场镇	—	—	—	—	26.2	—	26.2
那丽镇	—	—	—	—	26.7	—	26.7
钦州市小计	66.8	24.5	31.2	6.2	388.7	103.3	620.7
西场镇	—	—	—	18.3	—	—	18.3
沙岗镇	—	—	—	40.3	22.8	15.2	78.4
党江镇	13.4	1.6	31.3	62.1	9.3	—	117.7
白沙镇	5.9	—	—	—	—	—	5.9
山口镇	4.6	12.1	1.2	0.6	19.8	1.8	40.2

续表

乡镇	2002年	2003年	2004年	2005年	2006年	2007年	合计
银滩镇	—	—	—	—	15.4	14.4	29.9
北海小计	23.9	13.7	32.5	121.4	67.4	31.4	290.3
合计	90.7	47.6	82.4	134.6	472.4	156.2	983.9

按造林树种面积进行统计(表4-36),可以发现广西最近这几年来的主要造林树种是秋茄和无瓣海桑,另外混交林更是这几年来发展较快的造林模式,主要的混交类型有无瓣海桑+红海榄、秋茄+红海榄或桐花树、桐花树+白骨壤等,也是以秋茄和无瓣海桑为主要种的混交造林(图4-10)。在混交配置上以块状配置为主,即在种植某一种类后因成片死亡又用别的种类补植,这种混交造林在操作上可行,也符合红树林生态恢复的发展方向,值得推广。

表4-36　广西人工红树林(2002~2007年)按树种面积统计表　(单位:hm²)

乡镇	无瓣海桑	木榄	红海榄	秋茄	桐花树	白骨壤	混交	合计
江平镇	—	7.5	—	18.6	—	—	—	26.1
江山乡	—	—	—	—	—	—	9.0	9.0
公车镇	—	—	—	—	—	—	21.4	21.4
光坡镇	—	—	—	—	—	—	16.4	16.4
防城港小计	—	7.5	—	18.6	—	—	46.8	72.9
康熙岭	88.6	—	—	5.7	34.4	—	296.0	424.7
尖山镇	88.6	—	—	54.5	—	—	—	143.1
东场镇	—	—	—	—	—	—	26.2	26.2
那丽镇	—	—	—	—	—	—	26.7	26.7
钦州小计	177.2	—	—	60.2	34.4	—	348.9	620.7
西场镇	—	—	—	18.3	—	—	—	18.3
沙岗镇	—	—	—	78.4	—	—	—	78.4
党江镇	5.0	—	42.6	70.2	—	—	—	117.7
白沙镇	—	—	—	5.9	—	—	—	5.9
山口镇	—	—	1.8	25.1	—	—	13.3	40.2
银滩镇	—	—	15.4	—	—	—	14.4	29.9
北海小计	5.0	—	59.8	197.8	—	—	27.7	290.3
合计	182.2	7.5	59.8	276.6	34.4	—	423.4	983.9

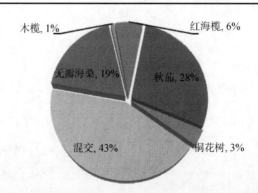

图4-10　广西人工红树林(2002~2007年)按树种面积统计图

3. 人工红树林地生境特征

(1) 气候水文

广西适合红树林生长的重要海湾有珍珠港、钦州湾、廉州湾和铁山港，这些海湾地处泛热带气候区，年均气温 22.5℃，极端高温 37.1（~38.2）℃，极端低温 –1.8（–2.3）℃，温暖指数 > 210℃。最近 6 年来广西人工红树林较为集中保存的地段是钦州湾的茅尾海和廉州湾的南流江口。茅尾海有钦江和茅岭江两大河流入海口，钦江平均流量为 62 m^3/s，年输沙量 46.5 万 t；茅岭江平均流量为 92 m^3/s，年输沙量 55.3 万 t。南流江是广西沿海最大的河流，平均流量为 217 m^3/s，年输沙量 150 万 t。显然海湾内河口区较大的输沙量与淡水条件是红树林造林成功的重要环境因素。

(2) 潮汐

铁山港平均海面潮高为 359 cm，广西东部海岸保存的 9 个斑块（46.1 hm^2）人工秋茄与红海榄红树林潮滩高程均高于平均海面，平均每日潮淹时间约 7 h。北海港平均海面潮高为 255 cm，除了西场官井村 14.1 hm^2 秋茄林潮滩高程刚好位于平均海面潮高外，其余 37 个斑块（867.3 hm^2）均位于平均海面以下，显然与平均海面理论相悖。防城港平均海面潮高为 230 cm，有 8 个斑块（56.5 hm^2）人工红树林，有 7.4 hm^2 人工木榄林的潮滩高程在平均海面以下，18.6 hm^2 秋茄红树林潮滩高程正好在平均海面位置上，有 30.4 hm^2 人工桐花树和白骨壤红树林潮滩高程在平均海面之上。

广西人工红树林潮滩潮水浸淹频率几乎都是 100%，即每天海水都会淹到林地，但在不同高程潮滩浸淹时长有别，通常在平均海面上的浸淹时长 < 10 h/d，平均海面下的潮滩浸淹时长 > 10 h/d。

(3) 土壤肥力

采集人工红树林潮滩土壤样品 38 份进行肥力测定，全区人工红树林潮滩盐土有机质平均含量 1.71%，低于广西天然红树林潮滩盐土的 2.92%，高于光滩的 0.92% 含量。人工红树林潮滩盐土 pH4.5，与天然红树林潮滩盐土的 pH4.6 相近，土壤偏酸性。土壤全盐含量为 1.36%。速效磷含量 11.07 ppm[①]是天然红树林土壤中 3.54 ppm 的近 3 倍。

不同造林树种林地肥力比较见图 4-11。土壤有机质含量以桐花树和无瓣海桑混交林的最高，超过 2.0%，木榄林地和造林地（无林）土壤的含量最低，约为 1.0%。速效钾则是红海榄林地土壤的含量最高，达到 777 ppm，木榄林地土壤含速效钾最少，仅为 20 ppm。另外白骨壤林地氨氮含量、红海榄林地土壤速效磷含量在全部调查林种中最大。

4. 幼林生长状况

从调查结果看，造林面积最大的秋茄与无瓣海桑有 1~6 年生幼林，白骨壤只有 1 年生幼林，红海榄、木榄只有 1~3 年生幼林，桐花树缺少 3~4 年生幼林。第 1 年各造林树种的幼林高生长都比较快，长得最快的是无瓣海桑，平均高度 71.8 cm，木榄和红海榄平均高度分别是 67.0 cm 和 54.5 cm，桐花树只有 28.3 cm。

无瓣海桑造林见效最快。钦州市康熙岭镇长坡村 2002 年种植的无瓣海桑平均树高达到 7.3 m，年均生长速度达到 121.7 cm；2003 年种植的无瓣海桑平均树高 6.9 m，年均生长速

---

① 1ppm=1 × 10^{-6}，下同。

度达到 138 cm。党江镇鱼江村 2002 年种的无瓣海桑平均高达到 8.71 m，年均生长速度为 145.2 cm。

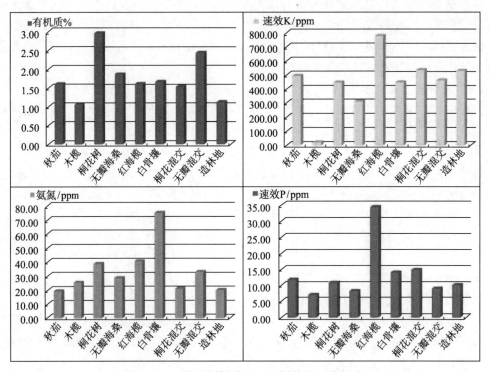

图 4-11　4 种不同树种人工红树林地土壤肥力

（三）广西人工红树林小结

通过近期（2002~2007 年）和早期（2001 年以前）广西红树林造林树种与面积变化的比较，可以发现以下特点。

1）人工林规模：进入 21 世纪以来广西的红树林造林规模明显扩大，最近 6 年建成的人工林规模（983.9 hm^2）与过去几十年相当。

2）造林树种选择：广西早期营建的红树林在树种选择上以乡土灌木种桐花树和白骨壤为主，它们在当时的人工林中占的比例高达 61%。近期造林则以当地小乔木种秋茄和外来乔木种无瓣海桑为主，占近期人工林的 47%。

3）混交林：与早期的造林相比，近期营造的混交林所占比例提高了一倍，由过去的 22%提高到现在的 43%。

4）树种选择建议：白骨壤是广西沿海天然红树林中最占优势的种群，应该比较容易适应当地的生境，可是在近期的人工林中很少。红海榄是广西海岸红树林生态演替中后期的乔木种群，树形优美，是红树林苗圃常见的育苗品种和我国东南海岸受欢迎的引种造林对象，然而在广西建成的人工红树林中也不多见。引进种无瓣海桑是红树林中的速生种，造林成功率较高，受到沿海各地林业部门青睐。建议选择适宜性好、树形高大且速生的树种造林。

2001 年调查的广西的红树林造林保存面积为 1092.9 hm^2,经过 2007 年面积修测调查后的保存面积为 801.7 hm^2（32 个小班），2002~2007 年红树林造林保存面积为 983.9 hm^2（59 个小班）。因此至 2007 年止,广西历年人工营建的红树林保存了 91 个小班,面积 1785.6 hm^2。

第二节 海 草 床

一、海草种类与群落类型

（一）海草种类及其分布特征

海草属于沼生目,目前全世界共发现有海草约 12 属、67 种,在我国共分布有 6 科、11 属、21 种海草（表 4-37）。

表 4-37 中国海草分类系统

科	属	种	拉丁名
大叶藻科 Zosteraceae	大叶藻属	大叶藻	*Zostera marina*
		具茎大叶藻	*Zostera caulescens*
		宽叶大叶藻	*Zostera asiatica*
		日本大叶藻（矮大叶藻）	*Zostera japonica*
		丛生大叶藻	*Zostera caespitosa*
	虾形藻属	黑须根虾形藻（黑纤维虾海藻）	*Phyllospadix japonicus*
		红须根虾形藻（红纤维虾海藻）	*Phyllospadix iwatensis*
聚伞藻科 Posidoniaceae	聚伞藻属	聚伞藻（聚散藻、波喜荡藻）	*Posidonia australis*
海神草科 Cymodoceaceae	海神草属	海神草（丝粉藻）	*Cymodocea rotundata*
		齿叶海神草	*Cymodocea serrulata*
	二药藻属	二药藻	*Halodule uninervis*
		羽叶二药藻（圆头二药藻）	*Halodule pinifolia*
	针叶藻属	针叶藻	*Syringodium isoetifolium*
	全楔草属	全楔草	*Thalassodendron ciliatum*
水鳖科 Hydrocharitaceae	海菖蒲属	海菖蒲	*Enhalus acoroides*
	泰来藻属	泰来藻	*Thalassia hemprichii*
	喜盐草属	喜盐草	*Halophila ovalis*
水鳖科 Hydrocharitaceae		小喜盐草	*Halophila minor*
		具毛喜盐草（有毛喜盐草）	*Halophila decipiens*
		贝壳喜盐草（无横脉喜盐草）	*Halophila beccarii*
眼子菜科 Potamogetonaceae	川蔓藻属	流苏藻（川蔓藻）	*Ruppia maritima*

广西沿岸的海草调查发现海草种类为 7 种,有文献（Hartog et al., 1990）记录在涠洲岛有针叶藻分布,针叶藻通常可分布至较深的海区。广西"908"专项调查未在涠洲岛开展

海草潜水调查，未能进一步确认针叶藻的存在，但本书认可针叶藻在广西存在，故广西海草种类为 8 种，占中国海草总种类数的 38%，见表 4-38。

表 4-38　广西海草种类及主要分布

科	拉丁名	中文名及俗名	在广西的主要分布地
大叶藻科	*Zostera japonica*	矮大叶藻、西草（钦州湾一带俗称）、扁西、海西（钦州湾一带）	北海沙田沿海、市区附近，钦州湾，防城港珍珠湾有面积较大的草床
海神草科	*Halodule uninervis*	二药藻、西草	北海市区附近、山口乌坭有零星分布
	Halodule pinifolia	羽叶二药藻、圆头二药藻	北海市区附近有零星分布
	Syringodium isoetifolium	针叶藻	北海涠洲岛
水鳖科	*Halophila ovalis*	（卵叶）喜盐草、龟蓬草、圆西、乒波叶、蟑螂草	北海铁山港有面积较大的草床，北海附近、钦州茅尾海、防城港企沙有零星分布
	Halophila beccarii	贝克喜盐草	北海沙田沿海、铁山港、市区附近，钦州茅尾海、钦州湾，防城港珍珠湾
	Halophila minor	小喜盐草	铁山港、钦州湾
眼子菜科	*Ruppia maritima*	流苏藻、川蔓藻、西草	广西沿海各地咸水体

对于流苏藻（川蔓藻，*Ruppia maritima*）是否属于海草仍存在争议。流苏藻可在咸水环境或淡水环境中存活，且以风水媒方式传粉，故不被某些学者归为真正意义的海草（Zieman，1982； Phillips，1960），但仍被有些学者划分到海草的范畴（Iverson and Bittaker，1986；Dawes et al.，1995；Murphy et al.，2003）。流苏藻能在咸水环境和淡水环境存活，但其生长与繁殖在咸水环境中表现最佳（Lazar and Dawes，1991）。*Global Seagrass Research Method*（Short and Coles，2001）和 *Seagrasses: Biology, Ecology and Conservation*（Larkum et al.，2006）等海草研究著作也将流苏藻归为海草。尽管流苏藻的划分未能在学术界取得一致，但本书仍将其划为海草。

广西沿海三市中，北海市海草种类最多，包含了广西所有的海草种类。防城港市与钦州市各有海草 5 种，占广西所有海草种类的 62.5%（表 4-39）。

表 4-39　海草种类在广西沿海三市的分布

编号	拉丁名	中文名	北海市	防城港市	钦州市
1	*Zostera japonica*	矮大叶藻	+	+	+
2	*Halophila ovalis*	喜盐草	+	+	+
3	*Halophila beccarii*	贝克喜盐草	+	+	+
4	*Halophila minor*	小喜盐草	+	+	+
5	*Ruppia maritima*	流苏藻	+	+	+
6	*Halodule uninervis*	二药藻	+		
7	*Halodule pinifolia*	羽叶二药藻	+		
8	*Syringodium isoetifolium*	针叶藻	+		

矮大叶藻、喜盐草、贝克喜盐草、小喜盐草、流苏藻 5 种海草在广西沿海三市都有分布；二药藻、羽叶二药藻、针叶藻 3 种海草仅在北海市有分布。

1. 喜盐草 *Halophila ovalis*

多年海生沉水草本。根状茎匍匐，细长，易折断，节间长 1~5 cm，直径约 1 mm，每节生细根 1 条和鳞片 2 枚。叶 2 枚，自鳞片腋部生出；叶片薄膜质，淡绿色，有褐色斑纹，长椭圆形或卵形，长 1~10 cm，宽 0.5~2 cm，全缘呈波状。叶脉 3 条，中脉明显，次级横脉 8~25 对。花单性，雌雄异株。蒴果肉质，近球形，直径 3~4 mm。种子多数，近球形，直径小于 1 mm；种皮具疣状突起与网状纹饰。花期 11~12 月。水媒传粉。

喜盐草生长较快，其水平根状茎年平均生长率可达 356（141~574）cm，是聚伞藻（*Posidonia oceanica*）的生长速率[2（1~6）cm/a] 的 178 倍（Marbà and Duarte, 1998）。喜盐草的死亡率高，其叶片寿命仅 12.4 d，枝的寿命仅 0.20 年，叶片年周转率高达 20.85（Duarte, 1991）。喜盐草在全球分布较广，是印度洋-西太平洋的广布种。在国内，南至西洋群岛，北到海南、广西、香港、广东和台湾沿海，都可见喜盐草。喜盐草生长潮带范围宽，从中潮带至水下 10~12 m 处皆有。喜盐草能适应从粗糙的珊瑚碎块到软泥滩的多样底质条件，其根系易在碎屑上固着，整个植株能够忍受泥沙覆盖。喜盐草是最广温性的海草，大量分布在热带-亚热带暖水水域，在低于 10℃的海水中也能生长。它还具有广盐性，能够生长于低盐的河口和内湾。

虽然喜盐草的生态耐力强，但生物学机能却很低。它通常是生长于新基质的先锋种类，但却不能长期定居，因其个体小、生长不茂盛、不能够持久固定于底质，而且根茎脆弱易分解。热带及部分亚热带海域的喜盐草，全年均可开花、结果，而在温度较低的海域，仅在全年温度最高的月份开花、结果。

喜盐草是广西分布面积最大的海草种类，共有 19 处分布点，分布于广西沿海三市，分布面积高达 808.1 hm^2，占全广西海草总面积（942.2 hm^2）的 85.8%。喜盐草在广西东海岸分布面积较大，是铁山港海草场的优势种，在淀洲沙沙背、下龙尾、川江外海与北暮盐场外海三个海草床中占绝对优势，其中在沙背的面积最大，高达 283.1 hm^2，在北暮盐外海的面积也达 170 hm^2。喜盐草在广西中部海岸的钦州茅尾海、西部海岸的防城港企沙有小面积的分布，在广西沿海地区的一些咸水体也有分布。从海草覆盖度来看，以北海铁山港下龙尾最高，达 25%，北海大冠沙其次，覆盖率达 20%，北海竹林外海与北海北暮外海的覆盖度也分别达 13%和 12%。喜盐草通常只形成单生群落，广西 19 处喜盐草分布点中，有 11 处为喜盐草单生群落，占 57.9%；其他的分布点与矮大叶藻或二药藻或贝克喜盐草或羽叶二药藻混生，见图 4-12。

相对于其他海草种类，喜盐草生长速度快、叶片纤维含量较低，是儒艮（美人鱼）最喜爱吃的海草种类（Yamamuro et al., 2005）。

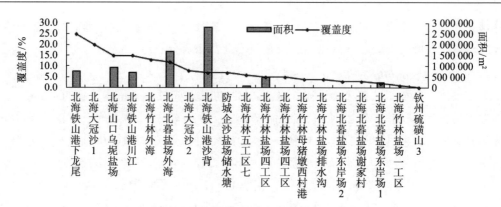

图 4-12 广西沿海喜盐草分布点的覆盖度与面积图

2. 贝克喜盐草 *Halophila beccarii*

贝克喜盐草又称无横脉喜盐草，海生沉水草本。根状茎纤细，匍匐，节间长 1~2 cm。叶 4~10 枚簇生直立茎顶端；叶片长椭圆形或披针形，长 6~13 mm，宽 1~2 mm，先端钝圆或尖，基部楔形，无毛，草绿色，全缘，有时具小刺；中脉较宽，明显。花单性，雌雄同株。蒴果，卵形，长 0.5~1.5 mm。种子小，1~4 颗，卵圆形，尖头，长 0.5~1 mm，种皮具网状纹饰。水媒传粉。

贝克喜盐草是水鳖科喜盐草属的海草植物，为海草植物里最古老的两个世系之一，有"活恐龙"之称（Short et al., 2010）。它生长于人为干扰压力日益增大的潮间带（Short et al., 2011），这些区域通常为深狭窄区域的泥质或泥沙质生境（Zakaria, 2001; Zakaria et al., 2002）。贝克喜盐草植物个体纤细，是全世界形态最小的海草之一，加之其主要分布范围为很窄的潮间带，生长分布国家少，故通常难以被人发现。贝克喜盐草生长迅速，具有 1 年生和多年生两种生活形（Zakaria, 2001; Zakaria et al., 2002）。据国际自然保护联盟（International Union for Conservation of Nature，IUCN）的评估，全球贝克喜盐草分布面积不到 2000 km^2，主要分布于马来西亚、泰国、新加坡、孟加拉国、印度、中国、缅甸、菲律宾等亚洲国家（UNEP, 2004; Short et al., 2010）。历史研究数据表明，印度尼西亚过去也有贝克喜盐草的分布，但近年的调查中并未能见到该草，推测贝克喜盐草很有可能已经从印度尼西亚海域消失了（UNEP, 2008）。鉴于贝克喜盐草有限的分布面积以及全球日趋衰退的现状，IUCN 将其列为全球范围内的易危级别（vulnerable, VU）的物种，是当前全球面临灭绝风险的 10 种海草之一（Short et al., 2011）。在我国，贝克喜盐草仅分布于西沙群岛、海南、广西、广东和台湾等地区(杨宗岱, 1979; 柯智仁, 2004; 黄小平等, 2010; 范航清等, 2011)，对现有资料的估算表明，全国贝克喜盐草分布面积已不足 200 hm^2，同样面临灭绝的风险(邱广龙等, 2013)。

贝克喜盐草在广西沿海三市均有分布，即分布在钦州茅尾海与钦州湾硫磺山、防城山心与下佳邦、北海山口那交河和铁山港沙背、下龙尾等共 14 处，其中以防城港交东、钦州茅尾海纸宝岭、防城港山心、北海北暮盐场、山口那交河的分布点的覆盖度最高，这几处分布点的海草覆盖度都超过 15%，尤其是在钦州茅尾海纸宝岭，贝克喜盐草覆盖度高达 35%。

全区贝克喜盐草总分布面积为 86.3 hm²，占全区海草总面积的 9.2%，其中以防城港交东、北海北暮盐场、钦州茅尾海纸宝岭和北海山口丹兜那交河 4 处的贝克喜盐草面积最大，4 处贝克喜盐草的海草面积占全区贝克喜盐草总面积的 87.6%。

贝克喜盐草在广西通常分布在潮带中相对较高的位置。贝克喜盐草在铁山港区沿岸的一些咸水体也有分布。它有时形成单优群落，如在钦州茅尾海纸宝岭和防城港山心形成的是单优群落，这样的单优群落在广西共 7 处，占广西所有贝克喜盐草分布点总数量的 50.0%；有时也混生于矮大叶藻群落中，贝克喜盐草和喜盐草同时出现的分布点为 6 处，概率为 42.9%。例如，在沙田榕根山和防城下佳邦则贝克喜盐草与矮大叶藻共同组成海草群落；其余的分布点和喜盐草或流苏藻同时出现（图 4-13）。

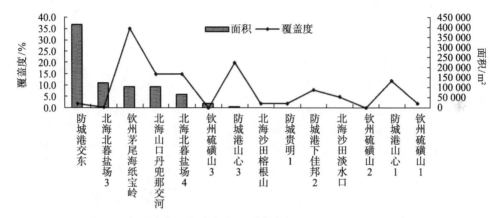

图 4-13　广西沿海贝克喜盐草分布点的覆盖度与面积图（2008 年夏季调查数据）

此外，该海草种类也常在红树林区出现，如北海沙田榕根山与淡水口、防城山心与下佳邦等多处均出现在红树林区。

3. 矮大叶藻（日本大叶藻）*Zostera japonica*

矮大叶藻又称日本大叶藻。

多年生草本。具发达的根状茎，根状茎匍匐，直径 0.5~1.5 mm，节间长 5~30 mm。营养枝具叶 2~4 枚；叶鞘长 2~10 cm，边缘膜质，叶耳钝圆，长 0.3~0.5 mm；叶片线形，深绿色，长 5~35 cm，宽 1~2 mm，先端钝或微凹，近基部略窄，略分叉；初级脉 3 条，平行，中脉于顶端增宽或分叉，侧脉边缘生，次级脉间隔 1~4 mm，与初级脉垂直排列。生殖枝长 10~30 cm，具佛焰苞几枚至多枚；花小，单性，雌雄同株。瘦果，椭圆形至长椭圆形，长约 2 mm；外果皮红褐色至淡紫褐色。种子棕色，一端稍扁，另一端稍尖细。花期 6~9 月。半水媒传粉。

矮大叶藻在广西的分布面积远不及喜盐草面积大，但其分布范围更广，分布也相当广泛，全区共有 27 处矮大叶藻的分布（图 4-14），沿海三市均有分布，总分布面积为 108.3 hm²，占全区海草总面积的 11.5%。其中以防城交东、北海北暮盐场东岸场、北海沙田山寮、北海竹林外海与防城班埃等处面积最大，尤其以防城交东面积最大，连片面积达 41.6 hm²，占全区矮大叶藻总面积的 38.4%。

从海草覆盖度来看，以防城交东与防城班埃的矮大叶藻最高，尤其以防城交东的覆盖度最高，达 20%；防城班埃的矮大叶藻覆盖度也较高，其他分布点的覆盖度都在10%以下。一半以上的分布点，矮大叶藻的覆盖率都小于 5%。

广西的矮大叶藻主要分布在潮间带，也常见于红树林，共有 13 处分布点，即有 48.1%（13×100/27=48.1%）的矮大叶藻群落是位于红树林区里或至少有部分分布于红树林区。矮大叶藻有时也与贝克喜盐草或喜盐草混生，如在广西共有 6 处矮大叶藻海草分布点混生有贝克喜盐草，占广西矮大叶藻所有分布点数量（27 处）的 22.2%。矮大叶藻与喜盐草混生的分布点也有 6 处，同样占广西所有矮大叶藻分布点数量的 22.2%。矮大叶藻单生群落为 15 处，占广西所有矮大叶藻分布点数量的 55.6%。由此可看出该种类通常以单生为主。

矮大叶藻在广西沿海的一些咸水体也有分布。

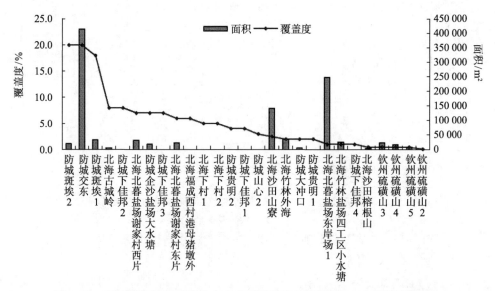

图 4-14　广西沿海矮大叶藻分布点的覆盖度与面积图（2008 年夏季数据）

4. 二药藻 *Halodule uninervis*

浅海生沉水草本。根状茎匍匐，单轴分支，节间长 2.5~3（~5）cm。直立茎短，基部常被残存叶鞘包围。叶互生；叶鞘长 2~3.5 cm，扁筒形；叶耳和叶舌明显；叶片线形，长 4~11（~15）cm，宽 0.25~3.5 mm，上部有时微弯呈镰状，基部渐狭，叶端常具 3 齿，中齿与侧齿等长，或稍长于侧齿，稍圆钝尖或 2 裂，或具数枚极细齿，2 侧齿略外斜；叶脉 3 条，平行，中脉明显。花小，单性，雌雄异株，无花被。坚果，卵球形，长 2.5 mm，宽 2 mm；不开裂。种子 1 枚，直生。花果期未定。水媒传粉。

二药藻在广西分布的范围较窄，仅见于北海。分布面积也很小，在北海共有 4 处分布点，面积仅 8.2 hm^2，占广西海草分布总面积的 0.9%。二药藻覆盖度普遍较低，最高的只有 2%，其他只有 1% 或 0.5%（图 4-15）。

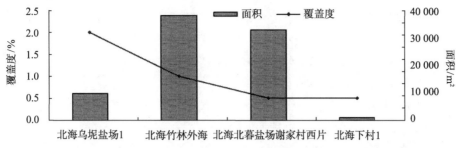

图 4-15 广西沿海二药藻分布点的覆盖度与面积图（2008 年夏季数据）

二药藻通常与其他海草混生，在广西未发现其单生群落，与矮大叶藻同时出现的概率最大，4 处分布点中，有 3 处是与矮大叶藻同时出现，占所有分布点的 75%，与喜盐草同时出现的分布点有 2 处，占所有分布点的 50%，与羽叶二药藻同时出现的仅有 1 处，占所有分布点的 25%。

二药藻通常见于潮间带较高处，如在北海竹林外海和北海下村，也在沿海的咸水环境中出现。二药藻属的海草，能在暖水水域的潮间带致密地分布，向上扩展到小潮平均高潮线。二药藻属种群在中国有 H.uninervise 和 H.pinifolia 两种，它们不局限分布于潮间带，能够一直分布于水下相当深处，在潮下带和潮间带的较低区域（M.L.W.N.和 M.L.W.S 之间）广为分布并在其他海草种群不适生长的地方成为优势种群。二药藻属广适应性的类群，在其他狭适应性类群不适宜的环境条件下率先出现，但在适于某些狭适应性类群生长、发育的条件下，缺乏竞争能力。

5. 羽叶二药藻 *Halodule pinifolia*

羽叶二药藻又称圆头二药藻。

浅海生沉水草本。根状茎匍匐，节间长 1~3 cm。叶 1~4 枚互生；叶耳和叶舌明显；叶片线形，扁平，长 2~8 cm，宽 0.6~1.2 mm，先端通常平截或钝圆，有时可见很不发育的 2 侧齿；平行脉 3 条，中脉明显，顶端常稍扩展或分叉，侧脉常不明显。花小，单性，雌雄异株，无花被。坚果，卵形，长约 2 mm，喙侧生，长约 1 mm。花果期未定。水媒传粉。

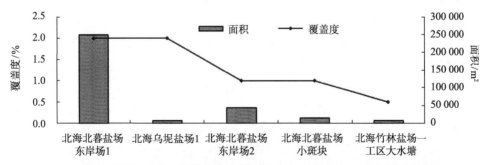

图 4-16 广西沿海羽叶二药藻分布点的覆盖度与面积图（2008 年夏季数据）

羽叶二药藻的海草覆盖度普遍也都在较低水平，最高的覆盖度只有 2%，其他的都只有 1%或 0.5%。

羽叶二药藻在广西只与其他海草混生，在广西未发现有单生群落。其中与喜盐草或流苏藻同时出现的概率最大，5处分布点中，有3处是与喜盐草或流苏藻同时出现，占60%；与矮大叶藻或羽叶二药藻同时出现的分布点有1处，占所有分布点的20%。

6. 小喜盐草 *Halophila minor*

多年生草本。根状茎匍匐，纤细，易断，多分枝；节间长1~3 cm；每节生纤细根1条，鳞片2枚；鳞片透明，凸或折叠，近圆形或椭圆形，长2~4 mm，先端急尖或微缺，基部耳状。叶2枚，自鳞片腋部生出；叶片绿色，透明，长椭圆形或卵形，长7~12 mm，宽3~5 mm，先端钝，或具小尖头，基部钝或短楔形，或骤缩下延至柄，全缘；叶脉3，中脉明显，缘脉与中脉在叶端连接，次级横脉3~8对，不明显，与中脉交角70°~90°；叶柄圆柱形，长0.5~3.5 cm。花单性，雌雄异株。蒴果，卵圆形、球形，长2~4 mm，喙长2~6 mm，果皮膜质。种子约20粒，近球形，棕色，直径约0.5 mm。花果期未定。水媒传粉。

小喜盐草在广西为广西"908"专项调查首次发现。小喜盐草在广西分布的面积相当小，2008年夏季对广西的调查仅发现有两处分布有小喜盐草，面积共13.6 hm²，仅占广西海草总面积的1.4%（图4-17）。

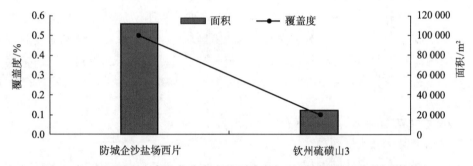

图4-17　广西沿海小喜盐草分布点的覆盖度与面积图（2008年夏季数据）

小喜盐草的覆盖度很低，在两个分布点分别只有0.1%和0.5%。

在广西未发现小喜盐草有单生群落，都是与其他海草混生，在钦州硫磺山与喜盐草、矮大叶藻和贝克喜盐草混生，在防城企沙与流苏藻混生。

7. 流苏藻 *Ruppia maritima*

流苏藻又称为川蔓藻。多年生或一年生沉水草本。根茎细而硬，初单轴分枝，后合轴分枝，匍生泥中，节上疏生须根。直立茎长或短。叶互生（花序下假对生），叶片狭线形，无柄，全缘或具极细缺刻，仅中肋1条，先端尖或呈刚毛状延长，基部叶鞘离生或抱茎，两侧具叶耳，无叶舌。穗状花序顶生或腋生，初时具短花梗，包藏于鞘内，果时强烈伸长或略伸长，漂浮水面或沉水；穗状花序由2朵至数朵花组成，花小，两性，花被片极小；雄蕊2枚；花药2室，外向纵裂，着生于短而宽的药隔两侧，药隔先端尖；花粉粒伸长，弓曲；雌蕊具离生心皮4枚或较多，柱头小，盘状或盾形，子房颈瓶状，初时近无柄，果时柄伸长，子房室1，具1悬垂胚珠。果实为不开裂的瘦果，不对称，顶端常具喙，果柄（子房柄）长，外果皮松软易腐，内果皮质硬，棕色或暗棕色。种子无胚乳。

分布于广西沿海各种咸水体中，共14处，面积共42.2 hm²，占广西海草总面积的4.5%。

海草覆盖度普遍较低，但在钦州沙井的流苏藻覆盖度高达30%，其他13个海草分布点即92.9%的海草分布点的流苏藻覆盖度都等于或小于10%。

大部分的流苏藻（共有8处，占广西所有流苏藻分布点的57.1%）只形成单优群落，与羽叶二药藻同时出现的次数为3次，占所有分布点的21.3%，与喜盐草同时出现的群落为2处，占所有分布点的14.3%，与矮大叶藻、二药藻或贝克喜盐草同时出现的次数都是1次，占所有分布点的7.1%（图4-18）。

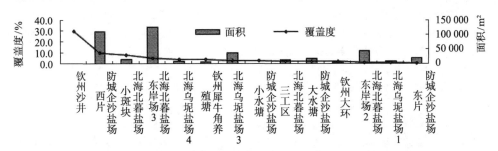

图4-18 广西沿海流苏藻分布点的覆盖度与面积图（2008年夏季数据）

流苏藻在广西的分布只见于沿海的咸水体。

8. 针叶藻 *Syringodium isoetifolium*

多年海生沉水草本，植株高约25 cm。根状茎纤细，匍匐，单轴分支，节间长1.5~3.5 cm，每节须根1~3条，分枝或不分枝。直立茎短，节间显著短缩。叶2~3枚互生，常生于短缩直立茎的上部；叶基部鳞片长约5 mm，早落；叶鞘长1.5~4 cm，常带红色，具叶耳和叶舌；叶片钻状针形，长7~10 cm，宽1~2 mm。聚伞花序下部二歧分枝，上部单歧分枝，花序上具退化叶片的苞鞘最长达7 mm，自下而上渐短；花单性，雌雄异株；雄花梗长约7 mm，花药卵形，长约4 mm；雌花无梗，子房椭圆形，长3~4 mm，花柱长约2 mm，柱头2分叉，长4~8 mm。果实斜倒卵形，长约4 mm，宽约2 mm，喙长约2 mm。花果期未定。水媒传粉。

杨宗岱等曾于1982年在广西北海涠洲岛采集过针叶藻的标本。

（二）广西的海草群落类型

广西的海草群落类型共有17种，其中以喜盐草单生群落所占面积最大，面积达763.62 hm²（表4-40）。矮大叶藻群落、喜盐草群落、流苏藻群落、贝克喜盐草群落、矮大叶藻-贝克喜盐草群落、喜盐草-矮大叶藻-二药藻群落、喜盐草-矮大叶藻-羽叶二药藻群落为广西主要的海草群落类型，该7种群落共有49处，占全区海草分布点总数的83.1%，面积为903.37 hm²，占广西海草总面积的95.9%。

表4-40 广西的海草群落类型面积及分布点数量

海草群落类型	分布点数量	面积/hm²	占广西海草总面积比例/%
矮大叶藻群落	15	26.84	2.85
喜盐草群落	11	763.62	81.05
流苏藻群落	8	9.60	1.02

续表

海草群落类型	分布点数量	面积/hm²	占广西海草总面积比例/%
贝克喜盐草群落	7	29.05	3.08
矮大叶藻–贝克喜盐草群落	5	42.22	4.48
喜盐草–矮大叶藻–二药藻群落	2	7.10	0.75
喜盐草–矮大叶藻–羽叶二药藻群落	1	24.94	2.65
小喜盐草–流苏藻群落	1	11.13	1.18
贝克喜盐草–流苏藻群落	1	12.59	1.34
喜盐草–贝克喜盐草–矮大叶藻–小喜盐草群落	1	2.47	0.26
喜盐草–羽叶二药藻群落	1	0.83	0.09
喜盐草–矮大叶藻群落	1	2.74	0.29
喜盐草–矮大叶藻–流苏藻群落	1	1.91	0.20
二药藻–羽叶二药藻–流苏藻群落	1	0.97	0.10
矮大叶藻–二药藻群落	1	0.11	0.01
喜盐草–羽叶二药藻–流苏藻群落	1	4.50	0.48
羽叶二药藻–流苏藻群落	1	1.54	0.16

1. 喜盐草群落

喜盐草群落为广西分布面积最大的海草群落，共有 11 处喜盐草单生的海草群落，面积高达 763.62 hm²，占全区海草总面积的 81.05%。

喜盐草群落在潮带所占据的空间较广，从潮间带到潮下带均可出现。该群落的底质多样，从较软的淤泥到较硬的沙砾环境都可发现喜盐草群落。

2. 矮大叶藻群落

矮大叶藻群落在广西的分布点最多，共有 15 处分布点，且分布均匀，但所占面积较小，全广西矮大叶藻单生群落仅 26.84 hm²，仅占全广西海草总面积的 2.85%。

3. 贝克喜盐草群落

单生的贝克喜盐草在广西共有 7 处，面积达 29.05 hm²，占广西海草总面积的 3.08%。面积最大的两个贝克喜盐草单生群落在钦州纸宝岭和山口那交河尾，这两处的贝克喜盐草面积占广西贝克喜盐草群落总面积的约 2/3。

4. 流苏藻群落

单生的流苏藻群落在广西分布有 8 处，面积共 9.60 hm²，流苏藻群落仅在沿海的咸水体出现。

5. 矮大叶藻–贝克喜盐草群落

矮大叶藻–贝克喜盐草群落只有 5 处，但总面积达 42.22 hm²，主要集中在防城港珍珠湾一带，钦州湾和北海沙田榕根山有小面积分布。

6. 喜盐草–矮大叶藻–二药藻群落

喜盐草–矮大叶藻–二药藻群落在广西共有 2 处，都位于北海市辖区，面积共 7.10 hm²，占全区海草总面积的 0.75%。

7. 喜盐草–矮大叶藻–羽叶二药藻群落

喜盐草–矮大叶藻–羽叶二药藻群落仅 1 处，分布在北海铁山港区，面积达 24.94 hm²，占广西海草总面积的 2.65%。

二、广西海草床的季节动态

（一）广西海草群落面积与覆盖度的季节性变化

1. 广西海草床（分布点）面积的季节变化

从广西各海草床（分布点）分布平均面积的季度变化（表 4-41）来看，以 2008 年夏季的平均面积最大，约达 16.0 hm²，其次是 2008 年春季的平均面积，约达 12.0 hm²，2007 年冬季的平均面积较小，仅 8.0 hm²，2007 年秋季的平均面积最小，仅 6.8 hm²。由此可看出夏季海草床（分布点）的连片面积最大，其次是春季，再次是冬季，而秋季海草床（分布点）的连片面积最小。

表 4-41　广西海草床各季度的面积汇总

项目	2007 年秋季	2007 年冬季	2008 年春季	2008 年夏季
海草分布区（点）数量	36	43	50	59
最大海草面积/m²	497 178	497 178	1 166 709	2 831 192
海草总面积/m²	2 460 515	3 457 741	5 975 950	9 421 539
平均海草面积/m²	68 348	80 413	119 519	159 687

2. 广西海草床（分布点）海草覆盖度的季节变化

从广西各海草床平均覆盖度的季度变化（表 4-42）来看，以 2008 年春季的平均覆盖度最高，达 14.1%；其次是 2007 年秋季，为 11.1%；2007 年冬季平均覆盖度较小，为 9.6%；2008 年夏季平均覆盖度最低，仅 8.5%。一年最低的海草覆盖度分别出现在一年中有极端最高温的夏季和极端最低温的冬季。

表 4-42　广西海草床各季度的覆盖度汇总

项目	2007 年秋季	2007 年冬季	2008 年春季	2008 年夏季
海草分布区（点）数量	36	43	50	59
海草覆盖度/% min	0.5	0.5	0.5	0.2
海草覆盖度/% max	70.1	50.5	93.0	35.0
海草覆盖度/% sum	401.3	411.5	702.7	502.0
海草覆盖度/% mean	11.1	9.6	14.1	8.5

总的来说，各季度海草平均面积与海草平均覆盖度无显著相关性（$P=0.798 > 0.05$）。

（二）广西海草床（分布点）藻类覆盖度的季节变化

从各季度的平均藻类覆盖度来看（表 4-43），冬季的藻类覆盖度较高，达 10.8%；夏季与春季的藻类覆盖度较低，分别仅 5.5% 和 4.7%；秋季的藻类覆盖度最低，仅 1.1%。

表 4-43　广西海草床各季度的藻类覆盖度汇总

项目	2007年秋季	2007年冬季	2008年春季	2008年夏季
海草分布区（点）数量	36	43	50	59
藻类覆盖度/% min	0.1%	0.0%	0.0%	0.0%
藻类覆盖度/% max	4.0%	75.0%	60.0%	80.0%
藻类覆盖度/% sum	41.2%	465.6%	237.0%	322.5%
藻类覆盖度/% mean	1.1%	10.8%	4.7%	5.5%

各季度的藻类平均覆盖度与海草平均覆盖度也无显著相关性（$P=0.636>0.05$）。

（三）广西海草床与红树林距离季度性动态

从各季度海草床与红树林的平均距离来看（表4-44），冬季海草与红树林的距离最近，平均距离仅566 m，其次分别为春季（642 m）与秋季（713 m），夏季海草与红树林距离最远，但与秋季相差不大，平均距离为715 m。

表 4-44　广西海草床与红树林距离各季度数据汇总

项目	2007年秋季			2007年冬季			2008年春季			2008年夏季		
	林外	林内	全部草床	林外	林内	全部草床	林外	林内	全部草床	林外	林内	全部草床
海草分布区（点）数量	30	6	36	35	8	43	45	5	50	42	17	59
与红树林距离/m min	10	4	4	0	3	0	0	12	0	0	2	0
与红树林距离/m max	3317	668	3317	3529	130	3529	2782	688	2782	3053	1474	3053
与红树林距离/m sum	24897	758	25655	23992	351	24343	31363	758	32121	32937	9223	42160
与红树林距离/m mean	830	126	713	685	44	566	697	152	642	784	543	715

4个季度海草床与红树林的平均远离仅（566+642+713+715）/4=659 m，4个季度均不足800 m，表明广西的海草床与红树林距离普遍较近。

（四）广西海草床与堤岸距离的季度性动态

从各季度海草床与堤岸的平均距离来看（表4-45），夏季海草与堤岸的距离最近，平均距离仅463 m，其次分别为春季（555 m）与冬季（570 m），秋季海草与堤岸距离最远，平均距离为607 m。

表 4-45　广西海草分布点与堤岸距离各季度数据汇总表

项目	2007年秋季			2007年冬季			2008年春季			2008年夏季		
	堤岸外	堤岸内	全部草床	堤岸外	堤岸内	全部草床	堤岸外	堤岸内	全部草床	堤岸外	堤岸内	全部草床
海草分布区（点）数量	16	20	36	17	26	43	17	33	50	33	26	59
与岸边距离/m min	25	0	0	15	0	0	18	0	0	3	0	0
与岸边距离/m max	3328	1800	3328	3500	1800	3500	2232	1900	2232	2300	1900	2300
与岸边距离/m sum	15352	6489	21841	16736	7786	24522	12228	15500	27728	16599	10719	27318
与岸边距离/m mean	960	324	607	984	299	570	719	470	555	503	412	463

从堤岸外的海草分布情况来看，秋季、冬季、春季、夏季 4 个季度海草离堤岸的平均距离分别为 960 m、984 m、719 m 和 503 m。表明夏季海草距离堤岸最近，冬季海草距离堤岸最远，春季与秋季居于其中。此外，4 个季度的平均海草距离堤岸均小于 1000 m，四季度平均值（960+984+719+503）/4=792 m，表明广西海草床离堤岸的平均距离仅 792 m。

从表 4-45 还可看到，堤岸内的海草普遍比堤岸外的海草距离堤岸更近。例如，秋季堤岸外 960 m > 堤岸内 324 m，冬季堤岸外 984 m > 堤岸内 299 m，春季堤岸外 719 m > 堤岸内 470 m，夏季堤岸外 503 m > 堤岸内 412 m。

三、广西主要海草床的密度与生物量

（一）铁山港与珍珠湾重点海草生态区的海草枝密度

1. 北海沙田榕根山（S1 断面）

该海草床的优势海草种类为矮大叶藻。

秋季调查表明该断面的矮大叶藻平均枝密度仅 32 shoots/m^2。其中样带 A 有相对较高的枝密度，为 96 shoots/m^2；样带 B 与样带 C 的平均枝密度都为 0。

春季平均枝密度稍高，达 27 shoots/m^2。其中样带 C 有最高的枝密度，达 47 shoots/m^2；其次是样带 A，达 33 shoots/m^2；样带 B 平均枝密度为 0。

总体上整个海草床的枝密度属于非常低的水平。

2. 北海铁山港沙背（S2 断面）

该海草床的优势海草种类为喜盐草，偶见贝克喜盐草、小喜盐藻和矮大叶藻。

秋季调查表明该断面的海草（喜盐草与贝克喜盐草）的平均枝密度仅 233 shoots/m^2。其中样带 C 有最高的喜盐草枝密度，达 531 shoots/m^2；样带 A 与样带 B 的平均枝密度都为 85 shoots/m^2。

春季枝密度稍高，达 300 shoots/m^2。其中样带 C 有最高的喜盐草枝密度，达 632 shoots/m^2；其次是样带 A，达 155 shoots/m^2；样带 B 平均枝密度仅 14 shoots/m^2。

3. 北海沙田山寮（S3 断面）

该海草床的优势海草种类为矮大叶藻。

秋季调查表明该断面的矮大叶藻平均枝密度为 1114 shoots/m^2。其中样带 C 有最高的枝密度，高达 2175 shoots/m^2；其次是样带 B，平均枝密度为 806 shoots/m^2；样带 A 平均枝密度最低，仅 361 shoots/m^2，远远低于样带 B 和 C。

春季枝密度稍低，为 791 shoots/m^2。其中样带 B 有最高的枝密度（986 shoots/m^2），样带 C 稍低（858 shoots/m^2），最低枝密度仍出现在样带 A（528 shoots/m^2）。

4. 防城港交东（S4 断面）

该海草床的优势海草种类为矮大叶藻。

秋季航次调查表明，该断面的矮大叶藻平均枝密度较低，仅为 527 shoots/m^2。其中样带 C 有最高的枝密度，高达 1411 shoots/m^2；其次是样带 B，平均枝密度为 170 shoots/m^2，远远低于样带 C；而样带 A 的平均枝密度为 0。

春季枝密度较高，达 1187 shoots/m², 大约是秋季航次的 2.3 倍。其中样带 B 有最高的枝密度，高达 3221 shoots/m², 属于广西沿海较高的矮大叶藻枝密度；样带 C 的枝密度则低得多，只有 340 shoots/m², 仅是样带 B 的 10.6%；而样带 A 在调查时未发现有海草，平均枝密度为 0。

5. 防城港班埃 1（S5 断面）

该海草床的优势海草种类为矮大叶藻。

秋季航次调查表明，该断面的矮大叶藻平均枝密度较低，仅为 439 shoots/m²。其中样带 B 有最高的枝密度，高达 1316 shoots/m²；但样带 A 和样带 C 的平均枝密度都为 0。

春季枝密度较高，达 998 shoots/m², 大约是秋季航次平均枝密度的 2.3 倍。调查时仍以样带 B 有最高的枝密度，高达 2890 shoots/m², 也属于广西沿海中较高的矮大叶藻枝密度；样带 C 的枝密度则低得多，只有 104 shoots/m², 仅为样带 B 的 3.6%；样带 A 在调查时仍发现有海草，但平均枝密度为 0。

6. 防城港班埃 2（S6 断面）

该海草床的优势海草种类为矮大叶藻。

秋季航次调查表明，该断面的矮大叶藻平均枝密度较低，仅为 594 shoots/m²。其中样带 C 有最高的枝密度，达 1104 shoots/m²；样带 B 平均茎枝密度则低得多，仅为 679 shoots/m²；样带 A 在调查时未发现海草，平均枝密度为 0。

春季平均枝密度较高，达 1866 shoots/m², 是秋季航次平均枝密度的 3.1 倍。其中样带 B 有最高的枝密度，达 2334 shoots/m²；其次是样带 C，其枝密度稍低，达 2311 shoots/m²；样带 A 的平均枝密度最低，为 953 shoots/m², 仅是样带 B 的 41%。

7. 铁山港与珍珠湾重点海草生态区海草枝密度总体特征

在铁山港与珍珠湾重点海草生态区的 6 个调查断面中，只有 2 个断面是秋季平均枝密度比春季高，其他的 4 个断面则是相反的情况（表 4-46），即总体上仍是春季海草枝密度比秋季高。其中以 S6 断面最典型，其春季枝密度是秋季的 3.14 倍。表明在总体上看，广西海草在春季比秋季有更高的海草枝密度（前者是后者的 1.75 倍）。

表 4-46 广西海草各断面海草平均枝密度与平均生物量汇总

断面	优势种类	枝密度/(shoots/m²)		枝密度比值（春季:秋季）	生物量/(gDW/m²)		生物量比值（春季:秋季）	茎枝平均干重/(g/shoot)	
		2007年秋季	2008年春季		2007年秋季	2008年春季		2007年秋季	2008年春季
S1	矮大叶藻	32	27	0.84	0.1467	0.5710	3.89	0.0015	0.0136
S2	喜盐草	233	300	1.29	3.2477	3.3873	1.04	0.0077	0.0084
S3	矮大叶藻	1114	791	0.71	6.5840	31.3890	4.77	0.0052	0.0390
S4	矮大叶藻	527	1187	2.25	2.5760	37.3050	14.48	0.0029	0.0171
S5	矮大叶藻	439	998	2.27	2.3987	3.9413	1.64	0.0018	0.0132
S6	矮大叶藻	594	1866	3.14	3.8197	29.7623	7.79	0.0045	0.0167
平均值		490	862	1.75	3.1288	17.7260	5.60	0.0040	0.0180

秋季航次调查的 6 个海草断面的枝密度分别为：S3 北海沙田山寮（1114 shoots/m²）＞S6 防城港班埃 2（594 shoots/m²）＞S4 防城港交东断面（527 shoots/m²）＞S5 防城港班埃 1（439 shoots/m²）＞S2 北海铁山港沙背（233 shoots/m²）＞S1 北海沙田榕根山（32 shoots/m²）。北海沙田山寮和北海沙田榕根山分别有最高和最低的海草枝密度。

春季航次调查的 6 个海草断面的枝密度分别为：S6 防城港班埃 2（1866 shoots/m²）＞S4 防城港交东断面（1187 shoots/m²）＞S5 防城港班埃 1（998 shoots/m²）＞S3 北海沙田山寮（791 shoots/m²）＞S2 北海铁山港沙背（300 shoots/m²）＞S1 北海沙田榕根山（27 shoots/m²）。防城港班埃 2 和北海沙田榕根山分别有最高和最低的海草枝密度。

（二）铁山港与珍珠湾重点海草生态区的海草生物量

1. 北海沙田榕根山（S1 断面）

该海草床的优势海草种类为矮大叶藻。

秋季航次断面调查表明，该断面的矮大叶藻平均生物量仅 0.1467 gDW/m²。其中样带 A 有相对较高的生物量，为 0.4400 gDW/m²；样带 B 与样带 C 的生物量都为 0。

该断面的调查结果表明春季的海草平均生物量远高于秋季，达 0.5710 gDW/m²，是秋季的 3.89 倍。其中样带 C 有最高的生物量，达 1.2320 gDW/m²；其次是样带 A，为 0.4810 gDW/m²；样带 B 的平均生物量为 0。

在广西沿海所布设的 6 个海草断面中，该海草床的生物量处于最低的水平。

2. 北海铁山港沙背（S2 断面）

该海草床的优势海草种类为喜盐草。

秋季航次断面调查表明，该断面的喜盐草平均生物量仅 3.2477 gDW/m²。其中样带 C 的生物量相对较高，为 9.2720 gDW/m²；其次是样带 A，生物量为 0.4000 gDW/m²；样带 B 的生物量非常低，仅有 0.0710 gDW/m²。

春季航次的调查结果表明该断面生物量比秋季稍高，达 3.3873 gDW/m²。其中仍以样带 C 有最高的生物量，为 6.2740 gDW/m²；其次是样带 A，为 3.8880 gDW/m²；样带 B 的平均生物量为 0。

3. 北海沙田山寮（S3 断面）

该海草床的优势海草种类为矮大叶藻。

秋季航次断面调查表明，该断面的矮大叶藻生物量仅 6.5840 gDW/m²。其中样带 C 有最高的生物量，为 14.2540 gDW/m²；其次是样带 B，生物量为 4.0100 gDW/m²；样带 A 的生物量非常低，仅有 1.4880 gDW/m²。

春季航次的生物量远高于秋季的生物量，高达 31.3890 gDW/m²，是秋季的 4.77 倍。其中样带 C 有最高的生物量，高达 44.2550 gDW/m²；其次是样带 B，为 33.0650 gDW/m²；样带 A 的平均生物量仅有 16.8470 gDW/m²。

在广西沿海所布设的 6 个海草断面中，该海草床的生物量处于较高水平。其中秋季调查时为该海草床为 6 个断面中生物量最高，春季调查时其生物量在 6 个断面中居第二位，仅次于 S4 防城港交东断面。

4. 防城港交东（S4 断面）

该海草床的优势海草种类为矮大叶藻。

秋季航次断面调查表明，该断面的矮大叶藻生物量仅 2.5760 gDW/m²。其中样带 C 有相对较高的生物量，为 7.0880 gDW/m²；其次是样带 B，但生物量仅 0.6400 gDW/m²；样带 A 的生物量为 0。

春季航次的生物量远高于秋季的生物量，高达 37.3050 gDW/m²，是秋季的 14.48 倍。其中样带 B 有较高的生物量，高达 105.6450 gDW/m²，为广西沿海较高海草生物量；其次是样带 C，为 6.2700 gDW/m²；样带 A 的平均生物量为 0。

春季调查时，该海草床的海草生物量为广西沿海 6 个断面中最高。

5. 防城港班埃 1（S5 断面）

该海草床的优势海草种类为矮大叶藻。

该断面秋季航次的矮大叶藻平均生物量较低，仅 2.3987 gDW/m²。其中仅有样带 B 有海草分布，生物量为 7.1960 gDW/m²；样带 A 与样带 C 的生物量都为 0。

春季航次的调查结果比秋季稍高，达 3.9413 gDW/m²。其中以样带 B 有最高的生物量，达 7.9900 gDW/m²；其次是样带 C，为 3.8340 gDW/m²；样带 A 的平均生物量为 0。

6. 防城港班埃 2（S6 断面）

该海草床的优势海草种类为矮大叶藻。

该断面秋季航次的矮大叶藻平均生物量较低，仅 3.8197 gDW/m²。其中样带 C 有较高的生物量，达 5.8190 gDW/m²；样带 C 稍低，为 5.6400 gDW/m²；样带 A 的平均生物量为 0。

春季航次的调查结果远高于秋季，达 29.7623 gDW/m²。其中以样带 B 有最高的生物量，达 37.7180 gDW/m²；其次是样带 C，生物量稍低，为 32.6150 gDW/m²；样带 A 的生物量最低，为 18.9540 gDW/m²。

7. 铁山港与珍珠湾重点海草生态区海草生物量总体特征

在铁山港与珍珠湾重点海草生态区所布设的 6 个海草调查断面中，均以春季的海草生物量比秋季高。个别海草床，如 S4 交东海草床，春季生物量是秋季生物量的 14.48 倍。总体上看，广西海草春季生物量是秋季的 5.60 倍。表明广西海草春季的生物量远大于秋季的生物量。

秋季航次调查的 6 个海草断面的生物量分别为：S3 北海沙田山寮（6.5840 gDW/m²）＞S6 防城港班埃 2（3.8197 gDW/m²）＞S2 北海铁山港沙背（3.2477 gDW/m²）＞S4 防城港交东断面（2.5760 gDW/m²）＞S5 防城港班埃 1（2.3987 gDW/m²）＞S1 北海沙田榕根山（0.1467 gDW/m²）。北海沙田山寮和北海沙田榕根山分别有最高和最低的海草生物量。

春季航次调查的 6 个海草断面的生物量分别为：S4 防城港交东断面（37.3050 gDW/m²）＞S3 北海沙田山寮（31.3890 gDW/m²）＞S6 防城港班埃 2（29.7623 gDW/m²）＞S5 防城港班埃 1（3.9413 gDW/m²）＞S2 北海铁山港沙背（3.3873 gDW/m²）＞S1 北海沙田榕根山（0.5710 gDW/m²）。防城港交东和北海沙田榕根山分别有最高和最低的海草生物量。

广西春季平均海草生物量为秋季平均海草生物量的 5.60 倍，但春季海草枝密度仅为秋季平均枝密度的 1.75 倍，两者并未成比例，这是因为春季的海草个体远大于秋季的海草。广西海草春季茎枝平均重达 0.0180 g/shoot，DW，但秋季的茎枝平均重仅 0.0040 g/shoot，DW，前者是后者的 4.5 倍。

四、广西海草床的分布

（一）广西海草床在沿海三市的分布

从广西沿海三市的海草分布情况（表 4-47）来看，北海市所拥有的海草分布点是最多的，共 42 处，占全广西的 60.9%；其次是防城港，有 18 处，占全广西的 26.1%；钦州市的海草分布点最少，仅 9 处，占全广西的 13.0%。

表 4-47 广西海草在沿海三市的分布统计

项目	北海市（广西东海岸）		钦州市（广西中部海岸）		防城港（广西西海岸）	
	数量	比例/%	数量	比例/%	数量	比例/%
海草分布点	42	60.9	9	13.0	18	26.1
海草种类	8	100	5	62.5	5	62.5
面积最大海草点/m²	2 831 192		107 316		416 096	
总面积/m²	8 760 592	91.5	172 492	1.8	644 270	6.7
平均面积/m²	208 586		19 166		35 793	

北海市的海草面积最大，共 876.1 hm²，占广西海草总面积的 91.5%；防城港市的海草面积为 64.4 hm²，占广西海草总面积的 6.7%；钦州市海草面积最小，仅 17.2 hm²，为广西海草总面积的 1.8%。北海市、防城港市、钦州市三市最大海草床面积分别是 283.1 hm²、41.6 hm²、10.7 hm²。

广西各海草分布点的平均面积北海市为 20.8 hm²，防城港为 3.6 hm²，而钦州市的仅有 1.9 hm²。由此可看出北海市海草床（分布点）的连片面积最大，其次是防城港市，连片面积最小的是钦州市的海草床（分布点）。

1. 广西海草床在堤岸内外的分布

47.8%的海草分布点，即 33 处海草分布点位于海堤以外的潮滩上；52.2%的海草分布点位于沿海一些与外海有海水交换的咸水体，如盐场的储水塘等。外海的海草分布点面积总和为 794.9 hm²，占广西海草总面积的 83.0%；沿海地区的咸水体的海草分布点面积总和为 162.9 hm²，占广西海草总面积的 17.0%（表 4-48）。

2. 广西的主要海草床

面积大于 10 hm²、位于外海、覆盖度相对较高的 9 个海草床见表 4-49。9 个海草床 2008 年夏季总面积为 777.1 hm²，占全区海草总面积的 81.1%，海草种类主要是喜盐草、矮大叶藻和贝克喜盐草。北海沙田山寮的海草覆盖度仅 2.5%，其他海草床夏季覆盖度都大于 7%。

表 4-48 广西海草床岸堤内外分布统计

	堤外	堤内
海草床数量	33（47.8%）	36（52.2%）
最小面积/m²	2 831 192	497 178
最大面积/m²	7 948 757（83.0%）	1 628 597（17.0%）
平均面积/m²	240 871	45 239

注：括号内为占全广西百分比

表 4-49 广西主要海草床的海草种类、覆盖度与面积

海草床名称	喜盐草覆盖度/%	贝克喜盐草覆盖度/%	矮大叶藻覆盖度/%	海草群落总覆盖度/%	面积/m²
北海铁山港沙背海草床	7.0	0.0	0.0	7.0	2 831 192
北海北暮盐场外海海草床	12.0	0.0	0.0	12.0	1 700 673
北海山口乌坭外海	15.0	0.0	0.0	15.0	941 118
北海铁山港下龙尾	25.0	0.0	0.0	25.0	791 299
北海铁山港川江	15.0	0.0	0.0	15.0	733 005
防城交东	0.0	2.0	20.0	22.0	416 096
北海沙田山寮	0.0	0.0	2.5	2.5	142 641
钦州纸宝岭	0.0	35.0	0.0	35.0	107 316
北海山口丹兜那交河	0.0	15.0	0.0	15.0	107 224
合计	—	—	—	—	7 770 564

（1）北海铁山港沙背海草床

该海草床位于铁山港深水槽东侧流沙脊边滩涂，是广西目前所发现海草床面积最大、生长较茂盛的海草床。2008 年夏季面积最大时达 283.1 hm²，超过广西海草总面积的 1/4。

该海草床以喜盐草占绝对优势，海草覆盖度常年均能保持在 5%以上。有时可见零星的矮大叶藻或小喜盐草、贝克喜盐草分布。该海草床的密度秋季为 233 shoots/m²，春季稍高，为 300 shoots/m²。春季平均生物量（3.3873 gDW/m²）也比秋季（3.2477 gDW/m²）稍高。该海草床曾是合浦儒艮国家级自然保护区内儒艮的主要进食地之一，历史上曾有几百头儒艮在该区被捕获（邓超冰，2002），具有十分重要的保护价值。该海草床也是受人为干扰较严重的区域，挖沙虫、耙贝、电鱼虾、毒鱼虾、底网拖渔、非法设置渔箔等影响海草床可持续发展的活动十分活跃。

（2）北海北暮盐场外海海草床

该海草位于北海铁山港北暮盐场外海的中、低潮带的滩涂。面积仅次于北海铁山港沙背海草床，2008 年夏季面积为 170.1 hm²。

海草床以喜盐草占绝对优势，有时也可见零星分布的矮大叶藻、小喜盐草或贝克喜盐草。海草覆盖度常年较低，一般都在 5%以下。2008 年夏季覆盖度达 12%，但该季节该海域藻类覆盖度也相当高，达 65%，且海草被泥沙覆盖的现象也十分普遍。挖沙虫、耙贝等活动也很常见。

（3）北海山口乌坭海草床

位于北海山口英罗港口外，即乌坭东南面一侧的滩涂。喜盐草为该海草床的优势种。2008年夏季该海草床面积为94.1 hm^2。海草覆盖度除了夏季（2008年夏季有的海草覆盖度为15%）以外，常年较低。该海草床曾经也是一个重要的儒艮进食的地方，但现在该海草床受人为干扰十分严重，多处被用于海水养殖（如花蛤螺养殖）。

（4）北海铁山港下龙尾海草床

位于北海铁山港沙背海草床正南方1~2 km处中、低潮带的滩涂。2008年夏季的面积达79.1 hm^2，覆盖度高达25%。该海草床以喜盐草为优势种类，偶见零星分布的矮大叶藻、贝克喜盐草或小喜盐草。该海域贝类养殖现象十分突出，挖沙虫、耙贝、电鱼虾等活动也十分普遍。

（5）北海铁山港川江海草床

位于北海铁山港区川江村海堤外2~3 km处中、低潮带的海滩，是铁山港区比较重要的海草床之一。面积在生长高峰期（2008年夏季）可达73.3 hm^2，覆盖度可达15%。海草床优势种为喜盐草，偶见小簇的二药藻。主要的人为活动为设置渔箔、海水养殖等。

（6）防城港交东海草床

位于防城港交东村海堤外的红树林南侧滩涂，是珍珠湾最重要的海草床，同时也是广西面积最大、生长最茂盛的矮大叶藻群落。海草床靠近红树林一侧春季与夏季可见贝克喜盐草的分布。海草床北侧是以桐花树、白骨壤和秋茄为主的红树林。部分贝克喜盐草生长至红树林内。

主要的人为影响有挖螺耙贝、挖沙虫、电鱼虾等。

2008年夏季调查时面积达41.6 hm^2，覆盖度高达22%。2007年秋季对该海草床的断面调查表明其枝密度为527 shoots/m^2，生物量为2.5760 gDW/m^2；2008年春季断面调查时该海草床枝密度为1187 shoots/m^2，生物量为37.3050 gDW/m^2。

（7）北海沙田山寮海草床

该海草床位于北海沙田山寮村的滩涂，上部边界距离岸边仅200多米。2008年春季的调查有较高的覆盖度（15%）与较大的面积（29.2 hm^2），但到2008年夏季调查覆盖度仅有2.5%，面积也仅14.3 hm^2。该海草床仅有矮大叶藻一种海草。主要的人为影响有挖沙虫、泊船、挖螺耙贝、电鱼虾等。

2007年秋季对该海草床的断面调查表明其枝密度为1114 shoots/m^2，生物量为6.5840 gDW/m^2；2008年春季断面调查时该海草床枝密度为791 shoots/m^2，生物量为31.3890 gDW/m^2。

（8）钦州纸宝岭海草床

2008年夏季调查的结果表明该海草床的面积达10.7 hm^2，到红树林距离为-3 m（负值表示海草长至红树林内3 m），到岸边最近的距离为80 m。该海草床只有贝克喜盐草一种海草，但海草覆盖度相当高，达35%。海草生长良好，但绝大部分叶片被淤泥所覆盖。藻类覆盖很低，仅3%，未见任何底上动物覆盖。其底质类型为淤泥。叶片平均长度为2.10~2.70 cm，叶宽为 0.18~0.22 cm。海草床枝密度高达 9550 shoots/m², 远高于我国华南地区流沙湾的贝克喜盐草的密度（5958 shoots/m²）。地上与地下部分生物量分别为 11.51 gDW/m² 和 6.79 gDW/m², 它们之比达到 1.7, 表明该种海草将更多的能量物质分配在地上部分。总生物量为 18.30 gDW/m²。该海草床内常见挖沙虫现象，附近又有面积较大的牡蛎插桩养殖区。此外，挖耙贝类、设置渔箔、电鱼虾与泊船等情况也偶有发生。

(9) 北海山口丹兜海那交河海草床

位于北海山口丹兜海那交河尾以西的红树林外的滩涂，红树林以白骨壤和桐花树等为优势种，海草床附近有生长旺盛的互花米草。海草仅见贝克喜盐草一种，但海草覆盖度也较高，达到 15%, 面积达 10.7 hm²。海草床有较多的和尚蟹（*Mictyris* spp.）和滩栖螺(*Batillaria* spp.)。主要的人为影响是挖泥丁沙虫、耙螺等。

第三节 珊 瑚 礁

一、珊瑚的种类

我国的造礁石珊瑚属印度–太平洋区系，据初步调查统计，华南大陆沿岸和离岛的岸礁已报道的造礁珊瑚共 25 属，海南岛及其离岛的岸礁与离岸礁已报道的造礁珊瑚共 36 属，台湾岛及其离岛的岸礁已报道的造礁珊瑚共 52 属，东沙群岛岛礁和暗沙已报道的造礁珊瑚共 44 属，中沙群岛的珊瑚礁已报道的造礁珊瑚共 34 属，西沙群岛的岛礁区已报道的造礁珊瑚共 38 属，南沙群岛的岛礁礁区已报道的造礁珊瑚共 45 属（赵焕庭等，1999）。

黄金森 1987 年报道了 21 属、45 种。王敏干、王丕烈、麦海莉 1998 年对涠洲岛珊瑚礁进行了调查，报道了 19 属、17 种，8 种未定种。2006 年广西红树林研究中心承担北海市科技局的"涠洲岛海区珊瑚礁资源调查"的基础研究课题，研究了涠洲岛珊瑚礁资源分布状况及区域理化环境因子对珊瑚的影响等内容，分析了照片录像资料，鉴定出涠洲岛、斜阳岛珊瑚礁分布海域内腔肠动物 3 目、14 科、38 种。其中，石珊瑚目 11 科、33 种，软珊瑚目 2 科、4 种，群体海葵目 1 科、1 属、1 种。2006 年广西红树林研究中心承担北海市科技局的"涠洲岛海区珊瑚礁资源调查"的基础研究课题，对涠洲岛珊瑚礁资源分布状况及区域理化环境因子对珊瑚的影响等内容进行研究，通过照片录像资料的分析，确定涠洲岛、斜阳岛珊瑚礁分布海域内腔肠动物门珊瑚虫纲共采样鉴定有 3 目、14 科、38 种。其中，石珊瑚目 11 科、33 种，软珊瑚目 2 科、4 种，群体海葵目 1 科、1 属、1 种。鉴于涠洲岛、斜阳岛历年来的属种鉴定大多依靠录像、照片资料的判读，广西"908"专项调查在涠洲岛、斜阳岛共采集了石珊瑚、柳珊瑚等 250 个样品(白龙尾珊瑚分布范围及属种较少，只采用照片鉴定)，与中国科学院南海海洋研究所合作鉴定，确定了涠洲岛、斜阳岛调查海域内腔肠动物门珊瑚虫纲共出现 5 目、18 科、66 种，9 个未定种，其中造礁石珊瑚为 1 目、10 科、22 属、46 种，9 个未定种，发现石珊瑚 1 个新记录科，4 个新记录属，3 个新记录种，2 个未定种（表 4-50）。

表 4-50 涠洲岛珊瑚属种

科	属	种	拉丁名	1964	1984	1987	1998	2001	2005	2006	2009	2010
铁星珊瑚科	假铁星珊瑚属		*Pseudosiderastrea*				+					
	沙珊瑚属		*Psammocora*			+						
		毗邻沙珊瑚	*Psammocora contigua*		+					+		
		深室沙珊瑚	*Psammocora profundacella*	+								
		沙珊瑚	*Psammocora* sp.				+					
鹿角珊瑚科	鹿角珊瑚属		*Acropora*			+						
		隆起鹿角珊瑚	*Acropora tumida*							+		
		鹿角珊瑚	*Acropora* sp.				+					
		鹿角珊瑚	*Acropora* sp.					+				
		鹿角珊瑚	*Acropora* sp.					+				+
		鹿角珊瑚	*Acropora* sp.					+				+
		佳丽鹿角珊瑚	*Acropora pulchra*	+					+	+		
		匍匐鹿角珊瑚	*Acropora prostrata*				+	+				+
		多孔鹿角珊瑚	*Acropora millepora*	+	+			+	+	+		+
		宽片鹿角珊瑚	*Acropora lutkeni*							+		
		粗野鹿角珊瑚	*Acropora hunilis*		+	+		+	+		+	
		美丽鹿角珊瑚	*Acropora formosa*			+	+	+		+	+	+
		浪花鹿角珊瑚	*Acropora cythesea*			+	+					+
		松枝鹿角珊瑚	*Acorpora brueggemanni*			+						+
		霜鹿角珊瑚	*Acropora pruinosa*			+						+
		伞房鹿角珊瑚	*Acropora corymbosa*							+		
		狭片鹿角珊瑚	*Acorpora haimei*									+
		花鹿角珊瑚	*Acorpora florida*									+
		粗野鹿角珊瑚	*Acorpora humilis*								+	+
	蔷薇珊瑚属		*Montipora*				+					
		蔷薇珊瑚	*Montipora* sp.							+		
		单星蔷薇珊瑚	*Montipora monasteriata*	+	+					+		
		变形蔷薇珊瑚	*Montipora informlis*					+				
		叶状蔷薇珊瑚	*Montipora foliosa*							+		
		繁锦蔷薇珊瑚	*Montipora efflorescens*							+	+	+
		指状蔷薇珊瑚	*Montipora digitata*							+		
		鬃刺蔷薇珊瑚	*Montipora hispida*	+								
		浅窝蔷薇珊瑚	*Montipora faveolata*	+								
		膨胀蔷薇珊瑚	*Montipora turgescens*								+	+
	星孔珊瑚属	多星孔珊瑚	*Astreopora myriophthalma*	+								
	假鹿角珊瑚属		*Anacropora*				+					
		尖锥假鹿角珊瑚	*Anacropora tapera*	+								

续表

科	属	种	拉丁名	1964	1984	1987	1998	2001	2005	2006	2009	2010
菌珊瑚科	牡丹珊瑚属		*Pavona*			+						+
		叶形牡丹珊瑚	*Pavona frondifera*	+						+	+	+
		十字牡丹珊瑚	*Pavona decussata*	+	+		+	+	+	+	+	+
		易变牡丹珊瑚	*Pavana varians*	+								
		小牡丹珊瑚	*Pavana minuta*									+
		牡丹珊瑚	*Pavona* sp.			+						+
	厚丝珊瑚属	标准厚丝珊瑚	*Pachyseris speciosa*							+		
滨珊瑚科	滨珊瑚属		*Porites*			+						
		滨珊瑚	*Porites* sp.				+					
		澄黄滨珊瑚	*Porites lutea*		+		+	+	+	+	+	+
		扁枝滨珊瑚	*Porites andrewsi*	+								
		普哥滨珊瑚	*Porites pukoensis*			+						
	角孔珊瑚属		*Goniopora*			+						
		斯氏角孔珊瑚	*Goniopora stutchburyi*					+			+	+
		二异角孔珊瑚	*Goniopora duofasciata*	+				+		+	+	+
		柱角孔珊瑚	*Goniopora columna*				+		+	+		+
		大角孔珊瑚	*Goniopora djiboutiensi*									
		角孔珊瑚	*Goniopora* sp.						+	+		
木珊瑚科	陀螺珊瑚属		*Turbibaria*			+						
		小星陀螺珊瑚	*Turbinaria stellulata*							+		
		陀螺珊瑚	*Turbinaria* sp.							+		
		叶状陀螺珊瑚	*Turbinaria foliosa*							+		
		优雅陀螺珊瑚	*Turbinaria elegans*	+						+		
		盾形陀螺珊瑚	*Turbinaria peltata*	+	+			+				+
		波形陀螺珊瑚	*Turbinaria undata*	+								
		不规则陀螺珊瑚	*Turbinaria itrregularis*			+						
		复叶陀螺珊瑚	*Turbinaria frondens*	+								+
		小星陀螺珊瑚	*Turbinaria stellulata*									
		皱折陀螺珊瑚	*Turbinaria mesenterina*	+	+							+
		漏斗陀螺珊瑚	*Turbinaria crater*									+
枇杷珊瑚科	盔形珊瑚属		*Galaxea*				+					
		丛生盔形珊瑚	*Galaxea fascicularis*	+	+		+		+	+		
		稀杯盔形珊瑚	*Galaxea astreata*	+	+				+		+	+
裸肋珊瑚科	刺柄珊瑚属	刺柄珊瑚				+						
		腐蚀刺柄珊瑚	*Hydnophora exesa*							+		+
	裸肋珊瑚属	阔裸肋珊瑚	*Merulina ampliata*									+
蜂巢珊瑚科	蜂巢珊瑚属		*Favia*			+						
		黄癣蜂巢珊瑚	*Favia favus*					+				+
		帛琉蜂巢珊瑚	*Favia palauensis*								+	+
		蜂巢珊瑚	*Favia* sp.			+			+			
		标准蜂巢珊瑚	*Favia speciosa*	+	+		+	+		+	+	+
		翘齿蜂巢珊瑚	*Favia matthaii*	+				+		+		+
		罗图马蜂巢珊瑚	*Favia rotumana*			+						

续表

科	属	种	拉丁名	1964	1984	1987	1998	2001	2005	2006	2009	2010
蜂巢珊瑚科	角蜂巢珊瑚属		*Favites*			+						
		多弯角蜂巢珊瑚	*Favites flexuosa*					+			+	+
		秘密角蜂巢珊瑚	*Favites abdita*	+	+		+		+	+	+	+
		海孔角蜂巢珊瑚	*Favites halicora*			+			+		+	+
		五边角蜂巢珊瑚	*Favites penagona*								+	+
		角蜂巢珊瑚	*Favites* sp.						+			+
	扁脑珊瑚属		*Platygyra*				+					
		中华扁脑珊瑚	*Platygyra sinensis*				+	+				
		交替扁脑珊瑚	*Platygyra daedalea*	+							+	+
		精巧扁脑珊瑚	*Platygyra crosslandi*	+	+					+		
		扁脑珊瑚	*Platygyra* sp.									+
		扁脑珊瑚	*Platygyra* sp.						+			+
	菊花珊瑚属		*Goniastrea*			+						
		菊花珊瑚	*Goniastrea* sp.						+	+		
		粗糙菊花珊瑚	*Goniastrea aspera*		+		+					
		网状菊花珊瑚	*Goniastrea retiformis*		+							+
		少片菊花珊瑚	*Goniastrea yamanarii*	+							+	+
		菊花珊瑚	*Goniastrea* sp.			+						
	圆菊珊瑚属	曲圆菊珊瑚	*Montastrea curta*									+
	刺星珊瑚属		*Cyphastrea*				+					
		刺星珊瑚	*Cyphastrea* sp.					+				
		锯齿刺星珊瑚	*Cyphastrea serailia*	+	+				+		+	+
	同星珊瑚属		*Plesiastrea*			+						
		多孔同星珊瑚	*Plesiastrea versipora*						+		+	+
	双星珊瑚属	同双星珊瑚	*Diploastrea heliopora*									+
	小星珊瑚属		*Leptastrea*				+					
		紫小星珊瑚	*Leptastrea purpurea*				+	+	+		+	+
		横小星珊瑚	*Leptastrea transversa*	+								
	刺孔珊瑚属	薄片刺孔珊瑚	*Echinopora lamellosa*						+			
		宝石刺孔珊瑚	*Echinopora gemmacea*									+
		刺孔珊瑚	*Echinopora* sp,			+				+		
梳状珊瑚科	刺叶珊瑚属	刺叶珊瑚	*Echinophyllia* sp,			+	+	+				
		粗糙刺叶珊瑚	*Echinophyllia aspera*						+		+	+
杯形珊瑚科	杯形珊瑚属	杯形珊瑚	*Pocillopora* sp.					+				
	柱状珊瑚属	柱状珊瑚	*Stylophora* sp.					+				
石芝珊瑚科	足柄珊瑚属		*Podabacia*	+		+						
		壳形足柄珊瑚	*Podabacia crustacea*							+		+
	帽状珊瑚属	小帽状珊瑚	*Halomitra pileus*			+						
裸肋珊瑚科	裸肋珊瑚属		*Merulina*				+					
	刺柄珊瑚属	腐蚀刺柄珊瑚	*Hydnophora exesa*	+	+						+	
褶叶珊瑚科	合叶珊瑚属	菌状合叶珊瑚	*Symphyllia agaricia*							+		
		蓟珊瑚	*Scolymia* sp.				+					

续表

科	属	种	拉丁名	1964	1984	1987	1998	2001	2005	2006	2009	2010
褶叶珊瑚科	叶状珊瑚属	肋叶状珊瑚	*Lobophyllia costata*				+					
		赫氏叶状珊瑚	*Lobophyllia hemprichii*			+						
		叶状珊瑚	*Lobophyllia* sp1.									+
		叶状珊瑚	*Lobophyllia* sp2.									+
	棘星珊瑚属	棘星珊瑚	*Acanthastrea* sp.				+					
		棘星珊瑚	*Acanthastrea echinata*		+							
种类数量				32	35	21	26	21	14	33	24	55

白龙尾通过照片鉴定确定调查海域造礁石珊瑚共出现 1 目、3 科、8 属、10 种。

三个调查区以石珊瑚的种类最多,占总种数的 73.3%;其次是柳珊瑚,占 17.3%;软珊瑚、群体海葵的种类较少,分别占 5.3%、4%(图 4-19)。

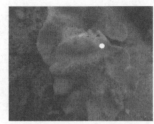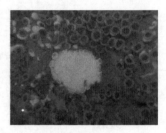

图 4-19 柳珊瑚(左)、软珊瑚(中)和群体海葵(右)(见图版彩图)

二、珊瑚礁分布面积

涠洲岛珊瑚核心礁区主要分布于西南部沿岸浅海、西北沿岸浅海、东北沿岸浅海一带海域。涠洲岛珊瑚沿着海岸线分布,西北部沿岸海域最宽,分布外沿垂向岸线宽度最宽处约为 2.56 km,东北部、东部、东南部、西南部次之,分别为 0.98~2.07 km、1.11~2.35 km、1.10~2.08 km、0.86~1.15 km。猪仔岭南侧沿岸有小范围岸礁分布,宽度为 0.20~0.34 km,而西部(竹蔗寮-大岭脚)沿岸海域只有零星活石珊瑚分布,南湾内仅有西侧沿岸发现零星的石珊瑚分布。涠洲岛沿岸珊瑚分布的岸线较长,岛上沿岸均有出现,分布的岸线长约 19.84 km,面积约为 29.05 km^2,涠洲岛猪仔岭珊瑚分布的岸线约为 0.12 km,面积约为 0.07 km^2。

斜阳岛珊瑚围绕基岩海岸分布,整个沿岸均有分布,其中东北沿岸、东部、东南沿岸海域珊瑚分布范围较大,垂向岸线宽度为 0.47~0.56 km,南部、西南部、西部、北部沿岸分布范围较小,垂向岸线宽度为 0.025~0.34 km。斜阳岛珊瑚分布的岸线长度约为 5.73 km,面积约为 1.42 km^2。

白龙尾的珊瑚沿白龙尾基岩海岸生长,呈现零星分布状况,垂向岸线宽度为 0.24~0.57 km,珊瑚分布的岸线长度约为 1.727 km,面积约为 0.72 km^2(图 4-20、表 4-51)。

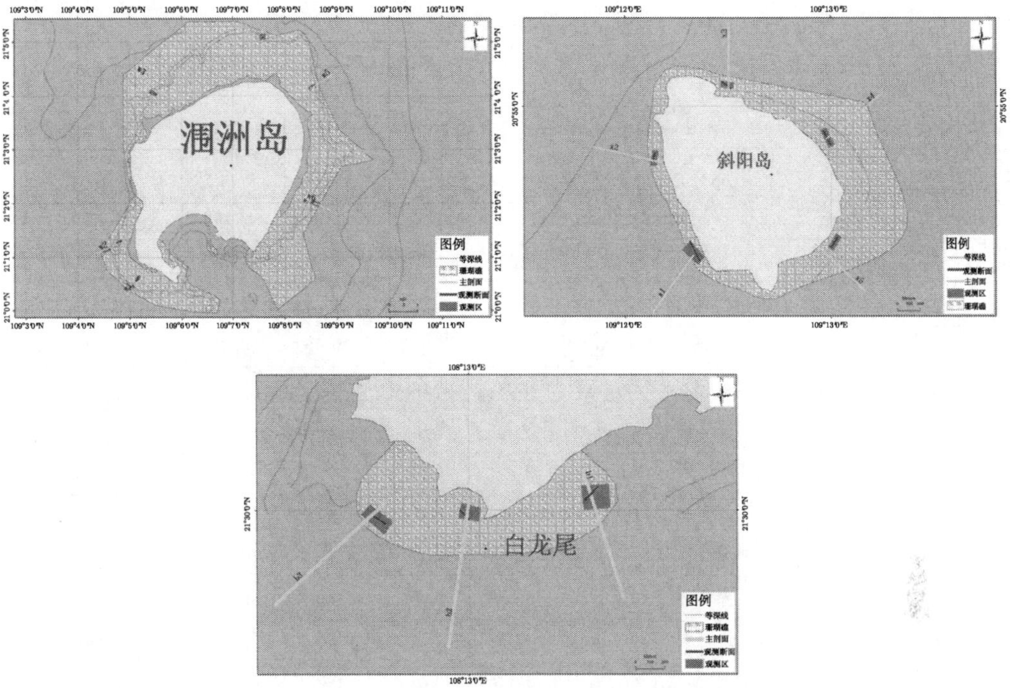

图 4-20　珊瑚礁分布范围示意图

表 4-51　涠洲岛、斜阳岛、白龙尾珊瑚分布面积统计表

地点	面积/km²	离岸最大距离/km	离岸最小距离/km	岸线/km
涠洲岛沿岸	29.050	2.561	0.098	19.837
斜阳岛	1.420	0.561	0.025	5.729
涠洲岛猪仔岭	0.072	0.318	0.121	0.118
白龙尾	0.720	0.571	0.236	1.727

三、珊瑚种群结构及其分带特征

（一）珊瑚种群结构

珊瑚的优势类群由各种珊瑚的重要值（importance value, IV）排序获得。珊瑚的相对多度（relative abundance, RA）是该种珊瑚的群体总数与所有种珊瑚的群体总数之比，相对覆盖度（relative coverage, RC）是该种珊瑚的覆盖度面积与所有种珊瑚覆盖度面积之比，相对频度（relative frequency, RF）是该种珊瑚的频度与所有种珊瑚的频度总和之比，其中频度为一个种出现的样方数（或样线数）与调查样方（或样线）的总数之比。3 种数值的总和即为该种珊瑚的重要值，重要值百分比为该种重要值与所有种重要值总和的比值（Magurran，1988；赵志模和郭依泉，1990；于登攀和邹仁林，1996；赵美霞等，2008）。

应用重要值计算方法，计算出 3 个调查岛区的珊瑚优势属（表 4-52~表 4-55）。

表 4-52　涠洲岛造礁石珊瑚群落组成分析表

科名	属名	相对多度	相对频度	相对覆盖度	重要值	属重要值百分比/%
鹿角珊瑚科 Acroporidae	鹿角珊瑚属 Acropora	0.008	0.02	0.004	0.032	1.067
	蔷薇珊瑚属 Montipora	0.161	0.109	0.183	0.453	15.105
石芝珊瑚科 Fungia	足柄珊瑚属 Podabacia	0.001	0.007	0.000	0.008	0.267
菌珊瑚科 Agariciidae	牡丹珊瑚属 Pavona	0.074	0.095	0.073	0.242	8.069
滨珊瑚科 Poritidae	滨珊瑚属 Porites	0.170	0.122	0.232	0.524	17.472
	角孔珊瑚属 Goniopora	0.069	0.102	0.052	0.223	7.436
枇杷珊瑚科 Oculinidae	盔形珊瑚属 Galaxea	0.027	0.061	0.021	0.109	3.635
裸肋珊瑚科 Merulinidae	刺柄珊瑚属 Hydnophora	0.005	0.027	0.003	0.035	1.167
	裸肋珊瑚属 Merulina	0.001	0.007	0.001	0.009	0.300
蜂巢珊瑚科 Faviidae	蜂巢珊瑚属 Favia	0.061	0.109	0.037	0.207	6.902
	角蜂巢珊瑚属 Favites	0.331	0.136	0.306	0.773	25.775
	同星珊瑚属 Plesiastrea	0.003	0.02	0.001	0.024	0.800
	刺孔珊瑚属 Echinopora	0.025	0.02	0.027	0.072	2.401
	扁脑珊瑚属 Platygyra	0.046	0.082	0.039	0.167	5.569
	小星珊瑚属 Leptastrea	0.002	0.007	0.001	0.010	0.333
褶叶珊瑚科 Mussidae	叶状珊瑚属 Lobophyllia	0.008	0.027	0.013	0.048	1.601
梳状珊瑚科 Pectiniidae	刺叶珊瑚属 Echinophyllia	0.003	0.02	0.003	0.026	0.867
木珊瑚科 Dendrophylliidae	陀螺珊瑚属 Turbinaria	0.006	0.027	0.004	0.037	1.234

表 4-53　斜阳岛造礁石珊瑚群落组成分析表

科名	属名	相对多度	相对频度	相对覆盖度	重要值	属重要值百分比/%
鹿角珊瑚科 Acroporidae	鹿角珊瑚属 Acropora	0.007	0.03	0.006	0.043	1.433
	蔷薇珊瑚属 Montipora	0.177	0.182	0.169	0.528	17.600
菌珊瑚科 Agariciidae	牡丹珊瑚属 Pavona	0.007	0.03	0.002	0.039	1.300
滨珊瑚科 Poritidae	滨珊瑚属 Porites	0.347	0.182	0.390	0.919	30.633
	角孔珊瑚属 Goniopora	0.156	0.152	0.122	0.430	14.333
蜂巢珊瑚科 Faviidae	蜂巢珊瑚属 Favia	0.109	0.121	0.122	0.352	11.733
	角蜂巢珊瑚属 Favites	0.143	0.091	0.154	0.388	12.933
	同星珊瑚属 Plesiastrea	0.020	0.061	0.006	0.087	2.900
	同星珊瑚属 Plesiastrea	0.020	0.061	0.006	0.087	2.900
	刺孔珊瑚属 Echinopora	0.014	0.061	0.004	0.079	2.633
	扁脑珊瑚属 Platygyra	0.014	0.061	0.017	0.092	3.067
木珊瑚科 Dendrophylliidae	陀螺珊瑚属 Turbinaria	0.007	0.03	0.006	0.043	1.433

表 4-54　白龙尾造礁石珊瑚群落组成分析表

科名	属名	相对多度	相对频度	相对覆盖度	重要值	属重要值百分比/%
滨珊瑚科 Poritidae	滨珊瑚属 Porites	0.286	0.182	0.296	0.764	25.458
蜂巢珊瑚科 Faviidae	蜂巢珊瑚属 Favia	0.333	0.364	0.333	1.030	34.322
	刺星珊瑚属 Cyphastrea	0.238	0.273	0.204	0.715	23.825
	同星珊瑚属 Plesiastrea	0.143	0.182	0.167	0.492	16.395

表 4-55　涠洲岛、斜阳岛、白龙尾海域活石珊瑚覆盖率

调查岛区	所处位置	区域覆盖度/%	总计/%
涠洲岛（属历年调查）	西南面沿岸浅海	8.45	17.60
	西北面沿岸浅海	25.3	
	北面沿岸海域	12.1	
	东北面沿岸浅海	24.58	
	东南面沿岸浅海	17.58	
斜阳岛	西南面沿岸浅海	0.6	4.67
	西北面沿岸浅海	2.8	
	北面沿岸浅海	5.6	
	东北面沿岸浅海	14.35	
	东南面沿岸浅海	0	
白龙尾	南面东侧沿岸浅海	2.15	0.9
	南面沿岸浅海	0.4	
	南面西侧沿岸浅海	0.15	

活石珊瑚平均覆盖度以涠洲岛的最高，为 17.60%，斜阳岛次之，为 4.67%，白龙尾最低，为 0.9%。

涠洲岛活石珊瑚的平均覆盖度以西北面沿岸部分断面最高，东北面、东南面、北面、西南面沿岸浅海次之，分别为 25.3%、24.58%、17.58%、12.1%、8.45%。表明涠洲岛活石珊瑚主要分布区域为西北面沿岸浅海、东北面沿岸浅海、东南面沿岸浅海、西南面沿岸浅海 4 个区域（图 4-21）。

斜阳岛活石珊瑚除了东南面沿岸浅海未见分布外，其余海域东北面沿岸浅海、北面沿岸浅海、西北面沿岸浅海、西南面沿岸浅海均有分布，覆盖度从东北面沿岸浅海依次降低。

白龙尾活石珊瑚呈现零星分布，覆盖度较低。

涠洲岛、斜阳岛珊瑚优势属是角蜂巢珊瑚属（*Favites*）、滨珊瑚属（*Porites*）、蔷薇珊瑚属（*Montipora*），其属级重要值百分比分别为 25.775%、17.472%、15.105%，其余属重要值百分比均低于 9%的有 15 属，低于 1%的有 5 属，优势属重要值百分比总和为 58.35%，非优势属重要值百分比总和少于 50%。在科级的组成上，蜂巢珊瑚科（Faviidae）、滨珊瑚科（Poritidae）、鹿角珊瑚科（Acroporidae）为优势类群，其科级重要值百分比分别为 41.780%、24.908%、16.172%，其余 7 个科的重要值百分比均低于 9%。涠洲岛、斜阳岛珊瑚优势属主

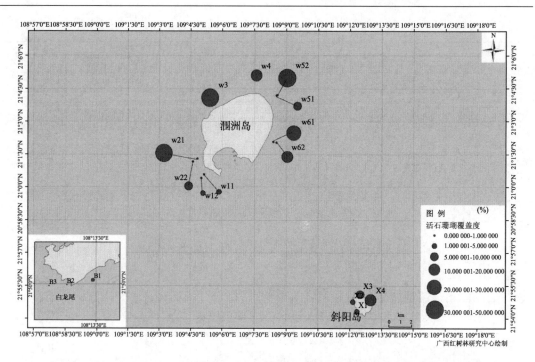

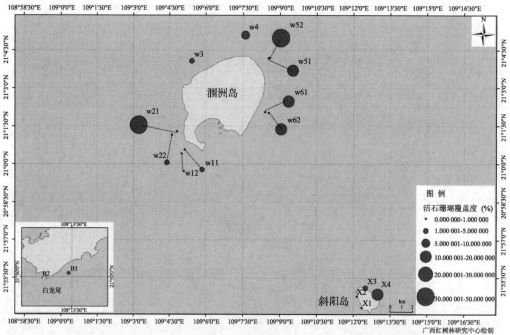

图 4-21　涠洲岛、斜阳岛、白龙尾珊瑚礁调查区活石珊瑚覆盖度分布
上图：秋季；下图：春季

要以块状珊瑚为主，与其他印度-太平洋区的热带珊瑚礁不同，其他印度-太平洋区的热带珊瑚礁都以分枝状的鹿角珊瑚为优势种。这与涠洲岛珊瑚礁地处珊瑚礁分布的北缘有关，表现出很强北缘珊瑚礁生态系统的特色。

白龙尾活石珊瑚呈零星分布,优势属不明显。

(二)活珊瑚种群分带特征

涠洲岛西部大岭脚及南湾内西侧沿岸属陡崖型海蚀海岸,悬崖直逼水边线,珊瑚呈现稀疏分布状况,其余沿岸的海底地形较为平缓。据调查断面位置结合涠洲岛地形图等深线分析,可以发现,现代活石珊瑚主要分布于水深沿岸 0.5~6 m(以理论深度基面为基准面,下同)的珊瑚礁坪生长带上。

涠洲岛的西南面海岸属海蚀-堆积交替海岸,海蚀作用和堆积作用季节性交替进行(王国忠,2001),珊瑚分布自岸向海有以下 4 种生物地貌带模式分为块状珊瑚生长稀疏带、块状珊瑚生长繁盛带、柳珊瑚生长繁盛带 3 个生物地貌带。块状珊瑚生长稀疏带宽 120~180 m,水深 0.3~1.8 m 或 3~6 m;块状珊瑚生长繁盛带宽 270~290 m,水深 1.8~4 m;柳珊瑚生长繁盛带宽 130~230 m,水深 4~12.5 m(图 4-22)。

涠洲岛的东南面、东北面海岸珊瑚分布自岸向海分为块状珊瑚生长繁盛带、块状珊瑚匍匐珊瑚混合带等 3 个生物地貌带。块状珊瑚生长繁盛带宽 160~200 m,水深 2.2~2.8 m 或 2.2~4 m;块状珊瑚匍匐珊瑚混合带等宽 90~220 m,水深 0.8~2.2 m 或 2.8~4.2 m;柳珊瑚生长繁盛带宽 110~150 m,水深 4~6.3 m(图 4-22)。

斜阳岛由于沿岸属于陡崖型海蚀海岸,常年受到拍岸浪冲击,石珊瑚的分布仅见于沿岸 100~150 m;白龙尾也同样分布于基岩海岸,石珊瑚分布范围 230~540 m,呈零星分布,均未发现较为典型的地域石珊瑚种群分带特征。

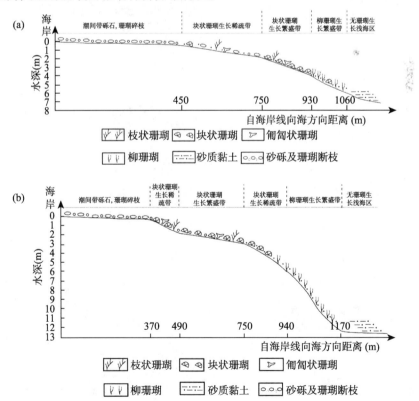

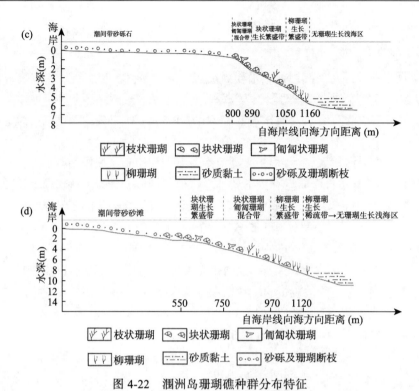

图 4-22 涠洲岛珊瑚礁种群分布特征

涠洲岛西南部沿岸 W1 断面[(a)]和 W2 断面[(b)]珊瑚种群分布特征；涠洲岛东北面沿岸 W5 断面珊瑚种群分布特征[(c)]
涠洲岛东南部沿岸 W6 断面珊瑚种群分布特征[(d)]

四、珊瑚的死亡状况

涠洲岛石珊瑚的平均死亡率为 20.17%，其中涠洲岛东南面沿岸浅海死亡率最高，为 39.375%，从高到低依次是西南面沿岸浅海（18.51%）、西北面沿岸浅海（15.8%）、东北面沿岸浅海（15.45%）、北面沿岸海域（11.7%），显示死亡的珊瑚主要集中在岛区的东南、西南、东北海域（表 4-56）。

表 4-56 涠洲岛、斜阳岛、白龙尾海域珊瑚死亡率（区域性）

调查岛区	所处位置	观测主剖面	珊瑚死亡率/%	区域死亡率/%	总计/%
涠洲岛	西南面沿岸浅海	W1	20.1	18.51	20.17
		W2	16.93		
	西北面沿岸浅海（属历年调查空白区域）	W3	15.8	15.8	
	北面沿岸海域	W4	11.7	11.7	
	东北面沿岸浅海	W5	15.45	15.45	
	东南面沿岸浅海	W6	39.375	39.375	
斜阳岛	西南面沿岸浅海	X1	7.85	7.85	1.92
	西北面沿岸浅海	X2	0	0	
	北面沿岸浅海	X3	1.75	1.75	

第四章　广西典型海洋生态系统的资源与分布现状　　　　　　　　　　　　　　　　·153·

续表

调查岛区	所处位置	观测主剖面	珊瑚死亡率/%	区域死亡率/%	总计/%
斜阳岛	东北面沿岸浅海	X4	0	0	1.92
	东南面沿岸浅海	X5	0	0	
白龙尾	南面东侧沿岸浅海	B1	3.4	3.4	1.67
	南面沿岸浅海	B2	0.1	0.1	
	南面西侧沿岸浅海	B3	1.5	1.5	

斜阳岛石珊瑚的平均死亡率为1.92%，白龙尾石珊瑚的平均死亡率为1.67。

斜阳岛珊瑚死亡率较低，总平均死亡率仅为1.92%。整个岛区只有个别断面发现死亡珊瑚，且没有近期死亡现象，多为死亡2年以上的。

白龙尾珊瑚死亡率最低，总平均死亡率仅为1.67%。白龙尾珊瑚死亡主要为最近死亡、半年和1~2年的，说明珊瑚近期（30 d 以内）受到快速的损害，且受到持续的破坏。

五、珊瑚的白化状况和受损害状况

（一）珊瑚的白化

涠洲岛的珊瑚白化在西南面沿岸海域、东北面沿岸海域、东南面沿岸海域皆有发现。

斜阳岛断面未发现最近死亡的珊瑚，白化率均为0，珊瑚白化病极少。

白龙尾的珊瑚平均白化率0.9%、平均白化病0.23%，比率居三个调查区之首，显示出珊瑚的最近死亡及白化病害状况严重。

（二）珊瑚遭受的损害

1. 贝类侵蚀

从调查断面影像资料统计，调查区涠洲岛、斜阳岛均发现贝类侵蚀现象，其中涠洲岛较多，集中在西南面沿岸，遭侵蚀的石珊瑚类型为蜂巢珊瑚、小牡丹珊瑚、扁脑珊瑚；斜阳岛仅在东北面沿岸海域发现，侵蚀石珊瑚的类型为扁脑珊瑚。

2. 遭核果螺吞噬

调查区中活石珊瑚遭核果螺吞噬的现象较常见，涠洲岛、白龙尾均有发现，其中涠洲岛集中在西南面沿岸海域、西北面沿岸海域、东北面沿岸海域，遭损害的活石珊瑚为滨珊瑚、角孔珊瑚、盔形珊瑚、扁脑珊瑚、蜂巢珊瑚、角蜂巢珊瑚、鹿角珊瑚、小牡丹珊瑚。白龙尾遭核果螺吞噬的现象较普遍，遭损害的活石珊瑚类型为帛琉蜂巢珊瑚、翘齿蜂巢珊瑚、滨珊瑚等。

3. 大型藻类的附着

大型海藻在秋季较为少见，春季较多出现。在涠洲岛发现的大型海藻为宽边叉节藻、囊藻、团扇藻、珊瑚藻、叉珊藻；斜阳岛较少，白龙尾较多，为叉珊藻、囊藻。

4. 珊瑚上受沉积物掩盖

从影像资料发现，斜阳岛的活石珊瑚受沉积物掩盖影响较大，珊瑚的生长和保护受到较大影响。

5. 其他损害

调查区还发现活石珊瑚遭受其他的损害,包括珊瑚遭残留渔网或纤维带缠绕、长棘海胆、因船锚拖拉或水下挖螺造成的珊瑚倒伏等,调查区中的涠洲岛、斜阳岛均有发现。

(三)珊瑚生长的补充量情况

广西"908"专项调查发现,斜阳岛、白龙尾没有活石珊瑚补充生长,涠洲岛调查主剖面中除一条外均有活石珊瑚补充量的发现,活石珊瑚补充量最高为14个,显示涠洲岛珊瑚生态环境处于健康稳定状态,石珊瑚呈现持续增长的状况。

(四)珊瑚群落生物多样性分析

群落物种多样性指数的研究方法和测度指数在国内外生态学文献中多有记载(Magurran,1988;赵志模和郭依泉,1990;于登攀和邹仁林,1996;赵美霞等,2008;黄晖和练健生,2006)。多样性指数是反映丰富度和均匀度的综合指标。以下为Shannon-Wiener指数(H)和均匀度指数(E):

$$H = -\sum_{i=1}^{s} P_i \ln P_i, \ P_i = \frac{N_i}{N},$$

式中,P_i为种i的覆盖率(或一个群体属于第i种的概率);

$$E = H/\ln(S)$$

式中,S为样方(或样带)内物种数。

多样性指数在陆地生物群落研究中通常以种为测度单位,但在珊瑚生物群落研究中,由于水下取样调查的困难,以属和科等较高分类阶元为多样性测度单位相当常见,考虑到生物分类的等级特征,同时进行种以上分类阶元为单位的多样性测度是有必要的,有助于更全面的反映一个特定群落的物种多样性特征(Magurran,1988;赵志模和郭依泉,1990),同时也便于与其他学者的研究结论相对比,因而,我们选取了珊瑚属的群体数和覆盖度作为指标来计算断面珊瑚群落属级的多样性指数。

从表4-57数据可以看到,多样性指数H和均匀度指数E均显示一致的规律:①涠洲岛调查主剖面W2、W5多样性指数H均较高,而以覆盖度作为指标来计算,W6多样性指数稍高于W2剖面;均匀度指数E变化不大,说明涠洲岛调查区6条主剖面珊瑚属种分布均匀度变化不大,只是随着多样性指数的增大略微提高。②W4的属优势重要值的优势程度为最大,滨珊瑚属重要值最大,优势明显,而W4的均匀度指数E最低,显示出优势属较明显时,珊瑚种群分布均匀度稍差。③W5、W6优势属重要值优势程度稍低于W1、W2、W3、W4,可以看出,其均匀度指数E也稍高于其余4条断面。④三个调查区的珊瑚种群多样性指数H以涠洲岛为最高,斜阳岛次之,白龙尾最小,均匀度指数E涠洲岛、斜阳岛较为接近,白龙尾稍高,这与白龙尾珊瑚零星分布,优势属不明显有关。

表 4-57　涠洲岛、斜阳岛、白龙尾珊瑚群落生物多样性指数分析表

调查区域	主剖面	多样性指数（群体数指标）		多样性指数（覆盖度指标）	
		H	E	H	E
涠洲岛	W1	1.540	0.701	1.206	0.549
	W2	1.868	0.728	1.566	0.611
	W3	1.512	0.688	1.408	0.641
	W4	1.489	0.621	1.120	0.467
	W5	1.913	0.746	1.817	0.708
	W6	1.635	0.710	1.591	0.691
涠洲岛		2.036	0.704	1.940	0.671
斜阳岛		1.785	0.745	1.563	0.652
白龙尾		1.344	0.9696	1.350	0.974

第五章 广西典型海洋生态系统的生物多样性

第一节 鱼类浮游生物

一个海区的鱼卵及仔稚的种类和数量的多少，可直接反映该海区鱼类的种类组成、种群的补充特点和再生能力。

红树林、珊瑚礁和海草床是海洋生态系统中最典型而重要的生态区系，是许多经济鱼类索饵、栖息和产卵繁殖的场所。研究统计表明，珊瑚礁在全球海洋中所占面积不足 0.25%，但超过 1/4 的已知海洋鱼类靠珊瑚礁生活。在澳大利亚著名的大堡礁珊瑚群中，至少生活着 1000 多种鱼类；我国南海西沙群岛、中沙群岛、南沙群岛和东沙群岛的珊瑚礁鱼类有 3000 种；西沙群岛、中沙群岛和南沙群岛珊瑚礁的外缘水域鱼类种类就有 168 种。北部湾是我国南海著名的渔场之一，已知鱼类有 500 多种。有关北部湾仔稚鱼的调查，过去曾较系统地进行过 4 次，但都没有或很少涉及广西海区红树林、珊瑚礁和海草床这三个海洋生态区系。1959~1960 年全国海洋普查时，曾调查过粤西海区和北部湾口的仔稚鱼状况，鉴定出 62 科、21 种。1969~1961 年中苏合作调查过北部湾及其临近海区，共鉴定出 47 科、77 种。1962 年中越合作调查北部湾时，鱼卵和仔鱼、稚鱼也列为调查项目之一，但调查结果的资料没有公开发表。1983~1985 年我国进行大规模的全国性海岸带和海涂资源综合调查时，对北部湾的鱼卵及仔鱼、稚鱼进行了较全面的调查，北部湾广西海域共鉴定出 32 科、52 种。

一、鱼卵和仔稚鱼种类组成

广西"908"专项调查记录了鱼卵和仔稚鱼种类 16 种，分属 7 目、15 科（表 5-1）。

表 5-1 三个典型生态区鱼卵和仔稚鱼种类组成

目	科	种
鼠鱚目 Gonorhynchiformes	鳀科 Engraulidae	小公鱼属 *Anchoviella* sp. 稜鳀属 *Thrissa* sp.
鲑形目 Salmoniformes	狗母鱼科 Synodcntidae	多齿蛇鲻 *Saurida tumbil*
银汉鱼目 Atheriniformes	银汉鱼科 Atherinidae	白氏银汉鱼 *Atherina bleekeri*
鲈形目 Perciformes	鱚科 Sillaginidae	多鳞鱚 *Sillago sihama*
	鲹科 Carangidae	仔鱼
	鲷科 Sparidae	仔鱼
	鯻科 Theraponidae	细鳞鯻 *Therapon jarbua*
	鳚科 Blenniidae	美肩鳃鳚 *Omobranchus elegans*
	鰕虎鱼科 Gobiidae	仔鱼
	鲾科 Leiognathidae	鲾属 *Leiognathus* sp.

续表

目	科	种
鲈形目 Perciformes	鳍科 Callionymidae	鳍属 *Callionymus* sp.
	双边鱼科 Ambassidae	眶棘双边鱼 *Ambassis gymnocephalus*
鲽形目 Pleuronectiformes	舌鳎科 Cynoglossidae	仔鱼
鲱形目 Clupeiformes	鲱科 Clupeidae	小沙丁鱼属 *Sardinella* sp.
鳉形目 Cyprinodontiformes	胎鳉科 Poeciliidae	食蚊鱼 *Gambusia affinis*（淡水种类）

已鉴定的种类中，包含了鲈形目9科和其余6目、6科的种类。广西"908"专项调查采集到的鲱形目鲱科、鳉形目胎鳉科，以及鲈形目中鲾科、鳍科和双边鱼科仔鱼，在1983~1985年的广西海岸带及海涂资源综合调查中未采集到。20世纪80年代的调查未记录鳚科美肩鳃鳚、鳍科鳍属鱼、双边鱼科眶棘双边鱼和胎鳉科食蚊鱼这4种的仔稚鱼或成鱼，它们是本海区的首次记录种类。

二、三个典型生态区鱼卵和仔稚鱼种类组成特点

在红树林区采集到的鱼卵及仔鱼种类有10种，即眶棘双边鱼仔鱼、鰕虎鱼科仔鱼、白氏银汉鱼仔鱼、鲹科仔鱼、小沙丁鱼属仔鱼、美肩鳃鳚仔鱼、棱鳀属仔鱼、食蚊鱼稚鱼、鲷科仔鱼和小公鱼属仔稚鱼。在海草区采集的仔鱼有鳍属仔鱼、鰕虎鱼科仔鱼、鲷科仔鱼、眶棘双边鱼仔鱼、美肩鳃鳚仔鱼和多鳞鱚仔鱼共6种。珊瑚礁区采集到的仔鱼种类有小沙丁鱼属仔鱼、鲾属卵、舌鳎科卵、多鳞鱚卵及仔鱼、多齿蛇鲻卵和细鳞鲬仔鱼共6种，以及9个未鉴定出种类的鱼卵（表5-2）。

表5-2 三个典型生态区鱼卵和仔稚鱼种类组成

	红树林区					海草区		珊瑚礁区		
	北仑河口	珍珠湾	茅尾海	钦州湾	廉州湾	铁山港	珍珠湾	铁山港	珍珠湾	涠洲岛	斜阳岛
棱鳀属 *Thrissa* sp.				+							
多齿蛇鲻 *Saurida tumbil*										+	
白氏银汉鱼 *Atherina bleekeri*		+									
多鳞鱚 *Sillago sihama*							+			+	+
鲹科仔鱼		+									
鲷科仔鱼					+		+				
细鳞鲬 *Therapon jarbua*											+
美肩鳃鳚 *Omobranchus elegans*			+		+		+				
鰕虎鱼科仔鱼	+		+	+	+	+	+				
鲾属 *Leiognathus* sp.									+	+	+
鳍属 *Callionymus* sp.							+				
眶棘双边鱼 *Ambassis gymnocephalus*	+	+		+			+				
舌鳎科仔鱼							+	+			

续表

	红树林区						海草区		珊瑚礁区		
	北仑河口	珍珠湾	茅尾海	钦州湾	廉州湾	铁山港	珍珠湾	铁山港	珍珠湾	涠洲岛	斜阳岛
小沙丁鱼属 Sardinella sp.			+	+	+				+	+	
食蚊鱼 Gambusia affinis					+						
小公鱼属 Anchoviella sp.											
种类数量	2	3	3	3	5	4	3	3	3	5	3

广西重点生态区鱼卵和仔鱼的种类组区域性明显。除了多鳞鱚和小沙丁鱼外，在红树林区和海草床区采集到的小公鱼、棱鳀、银汉鱼、鲹科鱼、美肩鳃鳚、鰕虎鱼、鲻科鱼、眶棘双边鱼和食蚊鱼鱼卵和仔鱼9种，在珊瑚礁区均没有采集到。相反，在珊瑚礁区采集到的多鳞鱚、细鳞鲥和鲾属鱼仔鱼或卵，在红树林区和海草床区均未采集到。红树林区及海草床区的海水盐度比珊瑚礁区低且变化大，在这两个区域出现的仔鱼应该是广盐性种类，广西"908"专项调查在东江口红树林区采集到的食蚊鱼仔鱼实际上属河口淡水种类。

从数量组成来看，数量较多的种类主要有5种，以鲾属数量最多（占48.87%），其余4种依次为多鳞鱚（16.22%）、小沙丁鱼属（13.99%）、鰕虎鱼科（8.72%）和眶棘双边鱼（6.29%）。棱鳀属、鲹科鱼、细鳞鲥、鲻科和食蚊鱼数量最少。从鱼卵及仔鱼的分布面来看，也是以鲾属、小沙丁鱼属和多鳞鱚仔鱼分布最广，其次是鰕虎鱼科，眶棘双边鱼和美肩鳃鳚（图5-1）。

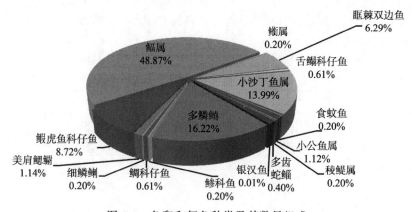

图 5-1 鱼卵和仔鱼种类及其数量组成

三、鱼卵及仔稚鱼的季节变化

2008年夏、秋两个航次的鱼卵和仔稚鱼调查的统计结果见表5-3。在三个重点生态区采集到的16种鱼卵和仔鱼中，有15种出现在夏季，6种出现在秋季，季节变化很明显（图5-2）。定量拖网的鱼卵和仔鱼渔获量统计表明，夏季繁殖的产卵量明显地大于秋季。

重点生态区鱼卵和仔鱼的分布和密度也随季节而变化。在夏季，鱼卵和仔鱼的最大生物密度出现于珊瑚礁区，达56.5 ind/m³，最小生物密度出现在红树林区，为0.5 ind/m³。在秋季，红树林区只有1个站位采集到仔鱼，海草床没有一个站位采集到仔鱼，珊瑚礁区只有

5个站位采集到仔鱼。近岸的红树林和海草床生物密度均较小,而在较近外海的珊瑚礁深水区,仔鱼的生物密度普遍较高。

表 5-3 鱼卵、仔鱼种类和数量的季节变化情况

时间	调查站位数	数量			鱼卵及仔鱼种类数/种	生物密度/(ind/m³)		
		鱼卵/粒	鱼仔/尾	总计		平均	最高	最低
夏季	32	234	247	481	15	7.58	56.5	0
秋季	32	13	23	36	6	0.56	10.5	0

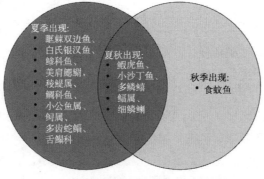

图 5-2 不同季节出现的鱼卵和仔稚鱼种类

(一)红树林区鱼卵及仔鱼的季节变化

红树林区夏季出现的种类有眶棘双边鱼仔鱼、鰕虎鱼科仔鱼、白氏银汉鱼仔鱼、鲹科仔鱼、小沙丁鱼属仔鱼、美肩鳃䲁仔鱼、棱鳀属仔鱼、小公鱼属仔鱼和鲷科仔鱼共9种。出现频率最高的是小沙丁鱼属、眶棘双边鱼和鰕虎鱼科仔鱼,它们出现的站位均达到4个,其他种类只出现于1~2站位。小沙丁鱼属和鰕虎鱼科仔鱼的密度也是最高的,小沙丁鱼属的最高密度达 17.5 ind/m³,鰕虎鱼科仔鱼达 7.5 ind/m³。秋季出现的种类有食蚊鱼幼鱼、小沙丁鱼仔鱼和鰕虎鱼科仔鱼。显然,只有小沙丁鱼仔鱼和鰕虎鱼科仔鱼在夏秋两季都出现。眶棘双边鱼仔鱼、鰕虎鱼科仔鱼和小沙丁鱼属仔鱼分布最广,在防城、钦州和北海三海区均有分布,但眶棘双边鱼仔鱼在秋季没有出现,说明大多数鱼类的繁殖期在夏季。除了仔鱼种类有季节性变化外,其相应的生物量的季节变化也很明显。

(二)海草区鱼卵及仔稚鱼的季节变化

海草区夏季出现的种类有鲥属仔鱼、鰕虎鱼科仔鱼、鲷科仔鱼、眶棘双边鱼仔鱼、美肩鳃䲁仔鱼和多鳞鱚仔鱼6种,其中在珍珠湾采集到鲥属仔鱼、鰕虎鱼科仔鱼和鲷科仔鱼3种,在铁山港采集到眶棘双边鱼、美肩鳃䲁和多鳞鱚仔鱼3种。生物密度最高的种类是眶棘双边鱼,为 11.0 ind/m³,出现于铁山港海区山寮。秋季调查没有采集到鱼卵或仔鱼。

(三)珊瑚礁区鱼卵及仔鱼的季节变化

珊瑚礁区仔鱼种类及其数量的季节变化明显。夏季出现的有5种,即小沙丁鱼属仔鱼、鲾属卵及仔鱼、舌鳎科仔鱼、多鳞鱚卵及仔鱼和多齿蛇鲻仔鱼,以及9个未鉴定出种类的鱼

卵，小沙丁鱼属出现于6个站位，鲾属出现于12个站位。多鳞鱚和鲾属生物密度明显高于其他种类，前者最高为14.0 ind/m³，后者为41.5 ind/m³。秋季出现的只有鲾属卵、多鳞鱚卵和细鳞鯻仔鱼3种，以多鳞鱚分布最广，出现的站位有5个。夏秋两季都出现的只有鲾属仔鱼和多鳞鱚仔鱼两种。细鳞鯻仔鱼仅秋季出现。

珍珠湾夏季出现的有小沙丁鱼属前仔鱼、鲾属鱼卵和舌鳎科卵3种，秋季全无。涠洲岛夏季出现的种类有小沙丁鱼属鱼卵及仔鱼、舌鳎科鱼卵、鲾属卵、多鳞鱚卵和多齿蛇鲻卵5种；秋季出现的种类只有鲾属卵和多鳞鱚卵。斜阳岛夏季出现的种类有鲾属卵和多鳞鱚卵2种；秋季出现鲾属、多鳞鱚和细鳞鯻3种仔鱼。

四、鱼卵及仔稚鱼种类分布及其生物密度

在广西海域重点生态区采集到并已经鉴定的鱼卵及仔稚鱼共有16种，以及未鉴定出的鱼卵样本9个。仔鱼的平面分布情况是，北海海区共16个站有仔鱼，其中红树林区有6个站，海草床有2个站，珊瑚礁有8个站。钦州海区只有2个站，都分布在红树林区。防城海区有6个站，其中红树林区有3个站，海草床有2个站，珊瑚礁有1个站。鱼卵基本上出现在珊瑚礁区，红树林区和海草床区无一站位能采到鱼卵。

在三个重点生态区中，红树林生态区出现的仔鱼种类最多。16种鱼卵及仔鱼的分布具有明显的生态区系特点。在红树林区和珊瑚礁区都出现的只有小沙丁鱼，在红树林区和海草床都出现的有4种，说明红树林区和海草床区同属盐度、水温和其他生态要素均比较相似的近岸生态系（图5-3，表5-4）。

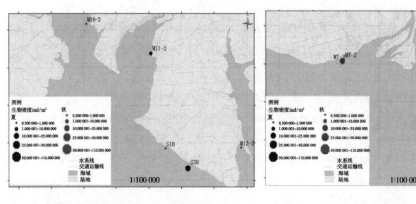

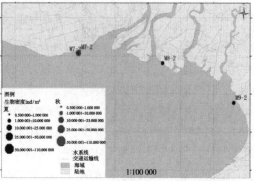

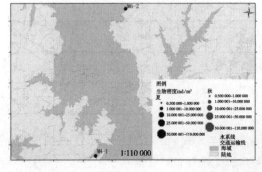

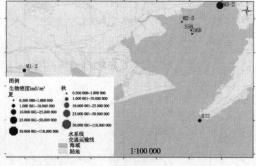

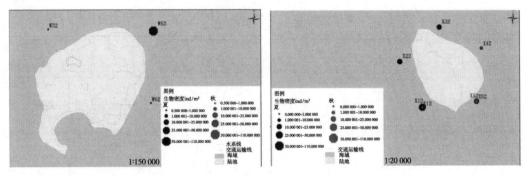

图 5-3 重点生态区鱼卵及仔鱼分布的季节变化

表 5-4 仔鱼在重点生态区分布情况

鱼卵、仔鱼种类	出现站位数	出现区域			生物密度/(ind/m³)		
		红树林	海草床	珊瑚礁	平均	最高	最低
小公鱼属	2	2	0	0	1.0	1.5	0.5
稜鯷属	1	1	0	0	0.5	—	—
多齿蛇鲻	1	0	0	1	1.0	—	—
白氏银汉鱼	1	1	0	0	2.5	—	—
多鳞鱚	8	0	1	7	14.0	4.44	0.5
鲹科鱼	1	1	0	0	0.5	—	—
鲷科鱼	2	1	1	0	0.75	1.0	0.5
细鳞鯻	1	0	0	1	0.5	—	—
美肩鳃鰕	4	2	2	0	0.88	2.0	0.5
鰕虎鱼科	6	5	1	0	3.58	8.0	0.5
鲾属	12	0	0	12	10.0	41.5	1.0
鲻属	1	0	1	0	0.5	—	—
眶棘双边鱼	6	4	2	0	2.58	11.0	0.5
舌鳎科	2	0	0	2	0.75	1.0	0.5
小沙丁鱼属	11	5	0	6	3.13	18.5	0.5
食蚊鱼	1	1	0	0	0.5	—	—

鱼卵及仔稚鱼的分布，除了与红树林、海草床和珊瑚礁的生态区系不同有关外，还与地理位置有关。就红树林区而言，北海海域红树林区分布有 8 种仔鱼，即小公鱼属、稜鯷属、鲷科、美肩鳃鰕、鰕虎鱼科、眶棘双边鱼、小沙丁鱼属和食蚊鱼等。在防城海域的红树林区有 5 种，即白氏银汉鱼、鲹科、鰕虎鱼科、眶棘双边鱼和小沙丁鱼属等。在钦州海域红树林区只有 3 种，即小沙丁鱼、鰕虎鱼和美肩鳃鰕。显然，相隔较远的北海与防城海区仔鱼种类差别较大。就海草床而言，北海海区的仔鱼分布有 3 种，即眶棘双边鱼、美肩鳃鰕和多鳞鱚；防城海区也有 3 种，但种类完全不同，即有鲻属鱼、鰕虎鱼和鲷科鱼。珊瑚礁区的情况也是这样。防城海区的珊瑚礁为陆岸和内湾型珊瑚礁，广西"908"专项调查采集到小沙丁鱼、

鲾属鱼和舌鳎科鱼 3 种仔鱼和 1 种未鉴定的鱼卵样本。北海海域的珊瑚礁位于距北海陆地沿岸 30 海里（1 海里≈1.85 km）的涠洲岛，属外海岛屿型珊瑚礁，因此，除了分布有防城海区珊瑚礁所具有的 3 种仔鱼外，还出现多齿蛇鲻、多鳞鱚、细鳞鲥，以及 8 个无法鉴定的鱼卵样本。

此外，重点生态区鱼卵及仔鱼分布范围、密度和群体的大小，因种类而异。棱鳀、多齿蛇鲻、白氏银汉鱼、鲹科鱼、细鳞鲥、鳓鱼和食蚊鱼 7 种仔鱼只在 1 个站位出现，平均生物密度也只有 0.5~2.5 ind/m³，可以推断，它们在这三个重点生态区的资源群体不会很大。而小沙丁鱼属、鲾属和多鳞鱚出现的站位最多，分布较广，各自分别为 11 个、12 个和 9 个站位，平均生物密度最低也有 3.13 ind/m³，最高达 14.0 ind/m³，说明这 3 种仔鱼不但分布较广，而且在海区中所形成的群体也较大。鰕虎鱼和小沙丁鱼仔鱼为红树林区出现频率最高的种类，应属于红树林区的常见种，多鳞鱚和鲾属仔鱼在珊瑚礁区出现的频率最高，也应该是珊瑚礁区的常见种类。海草床区基本上没有高频率出现的种类。

五、鱼卵及仔稚鱼常见种和新记录种的分布

（一）鱚科（Sillaginidae）

多鳞鱚 [*Sillago sihama*（Forskal）]，鱚科鱼类，俗名沙钻鱼、船丁鱼、麦穗。广西沿海捕捞常见渔获物成分和以往的海洋生物资源综合调查结果表明，多鳞鱚为北部湾盛产的中小型近岸性鱼类，有时还进入河口或咸淡水区，整个广西海区均有分布，属广温、广盐性鱼类，繁殖期为 3~10 月，但以夏季繁殖最多。

广西"908"专项调查在海草床区 1 个站位和珊瑚礁区涠洲岛和斜阳岛之间 7 个站位采集到仔鱼和鱼卵。夏、秋两季都产卵繁殖，其中夏季采集到仔鱼的站位有 5 个，秋季也是 5 个，但在海草床区秋季没有采集到仔鱼或鱼卵。在采集到仔鱼的站位中，水温变化范围为 27.14~30.36℃，盐度为 12.99~32.35。其最大生物密度出现在夏季的珊瑚礁区 2 个站位，分别为 12.0 ind/m³ 和 14.0 ind/m³。

（二）鳚科鱼（Blenniidae）

本科鱼类多分布于太平洋西部近海，我国仅见于黄海北部和渤海等海域。广西"908"专项调查在广西海域采集到鳚科种类中的美肩鳃鳚[*Omobranchus elegans*（Steindachner）]，属本海区首次记录种，沿海百姓称为莺歌鱼。

美肩鳃鳚仔鱼只在 4 个站位出现，其中有红树林区的大冲口和丹兜海 2 个站，海草床区榕山根和山寮 2 个站。采集到仔鱼的站位，在夏季有 3 个站，秋季只有 1 个站。美肩鳃鳚出现的站位水温变化范围为 27.55~31.67℃，盐度为 0.37~21.02。夏、秋两季最高和最低水温都出现在大冲口，但最高盐度出现在秋季大冲口站，最低盐度出现在夏季的丹兜海站。从其分布的环境特点可知，美肩鳃鳚属近岸广盐性鱼类；体型较小，属小型鱼类。夏、秋两季均有产卵繁殖现象，但夏季繁殖旺于秋季。仔鱼密度最高为 2.0 ind/m³，最低为 0.5 ind/m³，证明在其出现的海区群体数量不少。

（三）鰕虎鱼科（Gobiidae）

俗称胖头鱼、海鲶鱼、扔巴、光鱼等，我国黄海、渤海沿岸浅水区常见种类，如矛尾腹虾虎鱼。根据记载，一般认为鰕虎鱼科为暖水性中小型底层杂食性鱼类，但调查结果表明，属亚热带气候的中国南方海域中，鰕虎鱼科鱼也是常见的种类。

广西"908"专项调查结果表明，鰕虎鱼在广西海区分布很广，从东面到西面海区均有分布，主要分布于水温较高、水深较浅、盐度较低的沿岸红树林区和海草床区，在32个调查站位中就有6个站位采集到仔鱼，出现频率达11.3%。其中，在红树林区出现的有5个站位，海草床区只有1个站位，最高生物密度达8 ind/m^3。夏季采集到鰕虎鱼仔鱼的站位有4个，但秋季只有2个，说明其在夏、秋两季均产卵繁殖，但以夏季为繁殖旺季。鰕虎鱼仔鱼出现的站位和时间的水温变化范围为28.02~32.76℃，盐度为2.80~29.30。

（四）鲾科（Leiognathidae）

广西沿海俗称巴鲽、肉鲽鱼，热带浅海到深海均有分布，半咸淡水域也有分布，为广盐性小型鱼类。

广西"908"专项调查分别于白龙尾、涠洲岛和斜阳岛3个珊瑚礁区12个站位采集到鲾属 *Leiognathus* sp.仔鱼和鱼卵。本科鱼在珊瑚礁区分布密度很高，几乎每个站位都出现，最高密度达到41.5 ind/m^3。但在红树林区和海草床区却没有一个站位采集到。仔鱼出现的季节和站位的水温变化范围为26.73~28.29℃，盐度为28.60~32.42。本科鱼在夏、秋两季均有产卵繁殖，但夏季为繁殖旺季。在广西"908"专项调查中，仔鱼在夏季出现的站位有11个，秋季只有3个，最高密度在夏季出现。

（五）䲗科（Callionymidae）

本科鱼均为近海底层小型鱼类，分布于太平洋西部，我国见于黄海。䲗科鱼为我国不常见的种类。根据报告，我国仅见有3属、14种。䲗科鱼都是鳃孔很小的鱼类，鳃孔侧位或上位，且前鳃盖骨后端为棘状，腹鳍为喉位。

广西"908"专项调查只在海草区班埃站采集到䲗属 *Callionymus* sp.仔鱼。这也是广西海区首次采集到的新记录种类。本科仔鱼在夏季出现，秋季没有采集到，因此推断本海区的䲗属繁殖期为夏季5~7月。䲗属仔鱼出现的站位水温为29.0℃，盐度29.30，水深只有1.6 m。由仔鱼的分布可知，广西海区的䲗属也是一种近岸浅水性鱼类。

（六）双边鱼科（Ambassidae）

俗称玻璃鱼，属暖水性小型鱼类，主要分布于河口、淡水江河下游和近海。本科仔鱼为本海区首次记录种类。

广西"908"专项调查所采集到的种类为眶棘双边鱼（*Ambassis gymnocephalus*）。眶棘双边鱼出现于红树林区4个站位和海草床区2个站位，为广西"908"专项调查出现频率较高的鱼类之一，即占总调查站位的11.3%。珊瑚礁区均未采集到本科鱼类。此外，本科仔鱼仅在夏季采集到，因此推断其繁殖季节可能只有夏季。眶棘双边鱼分布的站位水温变化范围为27.74~31.74℃，盐度为0.27~26.91。从盐度变化幅度来看，眶棘双边鱼属于适盐性极广的广盐性鱼类，可以在淡水中生活。

（七）鲱科（Clupeidae）

本科鱼为广西沿岸分布广、产量较大的中上层小型鱼类。20世纪80年代广西进行海岸带生物资源综合调查时，每个航次都能采集到鱼卵和仔鱼、稚鱼，常见种类主要是斑鰶，此外，还有青鳞鱼、鰳鱼和脂眼鲱等。

广西"908"专项调查采集到小沙丁鱼（*Sardinella* sp.）鱼卵和仔鱼，这是本海区首次记录。小沙丁鱼也称为青鳞鱼，属浅海小型鱼类，浮性卵，在我国北方海区产卵期为5~7月，属分批产卵型鱼类。广西"908"专项调查结果与以往调查所见到的鲱科其他种类的分布和数量基本相似，即分布较广，数量也比较大。小沙丁鱼仔鱼在红树林区5个站位和珊瑚礁区7个站位采集到，从广西海区的东部到西部均有分布。此外，夏、秋两季均采集到小沙丁鱼仔鱼，但秋季只有1个站位采集到仔鱼，密度为2.0 ind/m^3，而夏季则有11个站位采集到仔鱼，最大密度为18.5 ind/m^3，说明在这两个季节中均有产卵繁殖现象，但繁殖盛期在夏季。小沙丁鱼出现区的水温变化范围为27.61~32.76℃，盐度为0.27~32.47。小沙丁鱼属于适盐范围广、分布广、产卵繁殖期较长的常见鱼类。

（八）胎鳉科(Poeciliidae)

本科鱼属淡水鱼类，但在广西入海河口区采集到食蚊鱼（*Gambusia affinis*）。食蚊鱼属本海区最新发现和新记录的种类。广西"908"专项调查只在红树林区东江口采集到食蚊鱼仔鱼，并且是在秋季采集到，采样时水温为24.11℃，盐度24.76，水深0.5 m，透明度0.3 m。根据仔鱼出现点生态环境因子判断，食蚊鱼适应的盐度范围很广，繁殖期可能也很长，虽然夏季可能由于时间不适宜而没有采集到仔鱼和鱼卵，但不能排除它们在夏季也产卵繁殖的可能性，因为大多数鱼类均在水温较高的夏季繁殖。食蚊鱼在本海区的分布极少，密度也很低，只有0.5 ind/m^3。

第二节 浮 游 生 物

一、浮游植物

（一）浮游植物种类组成、数量及季节性变化

广西"908"专项调查记录的广西重点生态区的浮游植物种类有63种，硅藻为优势类群（表5-5）。在近岸的红树林区和海草床区，浮游植物的种类数量季节变化不大，而在离岸较远的涠洲岛珊瑚礁区，秋季的浮游植物种类数量明显高于夏季。

表5-5 广西沿海重点生态区浮游植物种类

中文名	拉丁名	红树林		海草床		珊瑚礁	
		春季	秋季	春季	秋季	春季	秋季
硅藻类 Bacillariophyta 丛毛辐杆藻	*Bacteriastrum comosum*			+			
叉状辐杆藻	*Bacteriastrum furcatum*					+	+

续表

	中文名	拉丁名	红树林 春季	红树林 秋季	海草床 春季	海草床 秋季	珊瑚礁 春季	珊瑚礁 秋季
硅藻类 Bacillariophyta	透明辐杆藻	*Bacteriastrum hyalinum* var. *hyalinum*				+		
	辐杆藻	*Bacteriastrum* sp.				+		
	日本星杆藻	*Asterionella japonica*						+
	派格棍形藻	*Bacillaria paxillifera*						+
	盒形藻	*Biddulphia* sp.						+
	角管藻	*Cerataulina* sp.						+
	双角角管藻	*Cerataulina bicornis*						+
	角毛藻	*Chaetoceros* sp.	+	+				
	角毛藻	*Chaetoceros* spp.				+		+
	劳氏角毛藻	*Chaetoceros lorenzianus*	+		+			
	旋链角毛藻	*Chaetoceros curvisetus*						+
	艾氏角毛藻	*Chaetoceros eibenii*						+
	宽梯形藻	*Climacodium frauenfeldianum*						+
	棘冠藻	*Corethron* sp.		+				
	圆筛藻	*Coscinodiscus* sp.	+	+	+	+		+
	星脐圆筛藻	*Coscinodiscus asteromphalus*		+				+
	虹彩圆筛藻	*Coscinodiscus oculusiridis*						+
	细弱圆筛藻	*Coscinodiscus subtilis*	+	+				
	小环藻	*Cyclotella* sp.	+	+	+	+		+
	双尾藻	*Ditylum* sp.		+	+			
	布纹藻	*Gyrosigma* sp.	+	+	+			
	长角弯角藻	*Eucampia cornuta*						+
	短角弯角藻	*Eucampia zodiacus*						+
	半管藻	*Hemiaulus* sp.						+
	膜质半管藻	*Hemiaulus membranacus*		+	+			
	细柱藻	*Leptocylindrus* sp.	+	+			+	+
	舟形藻	*Navicula* spp.	+	+		+	+	+
	齿状藻	*Odontella* sp.				+		
	活动齿状藻	*Odontella mobiliensis*						
	菱形藻	*Nitzschia* sp.	+	+				+
	新月菱形藻	*Nitzschia closterium*	+	+			+	+
	长菱形藻	*Nitzschia longissima*	+	+				
	洛氏菱形藻	*Nitzschia lorenziana*	+	+				+
	齿状藻	*Odontella* sp.						+
	活动齿状藻	*Odontella mobiliensis*						+
	中华齿状藻	*Odontella sinensis*						+
	羽纹藻	*Pinnularia* spp.	+	+	+	+	+	+

续表

中文名		拉丁名	红树林		海草床		珊瑚礁	
			春季	秋季	春季	秋季	春季	秋季
硅藻类 Bacillariophyta	漂流藻	*Planktoniella* sp.				+		
	曲舟藻	*Pleurosigma* sp.	+	+	+	+		
	端尖曲舟藻	*Pleurosigma acutum*			+			+
	海洋曲舟藻	*Pleurosigma pelagicum*		+	+	+	+	+
	尖刺伪菱形藻	*Pseudo-nitzschia pungens*			+			+
	螺端根管藻	*Rhizosolenia cochlea*			+			
	根管藻	*Rhizosolenia* sp.		+				+
	旭氏藻	*Schröderella* sp.	+	+		+		+
	针杆藻	*Synedra* spp.				+	+	+
	骨条藻	*Skeletonema* sp.	+					+
	热带骨条藻	*Skeletonema tropicum*	+					
	佛氏海线藻	*Thalassionema frauenfeldii*		+	+		+	
	菱形海线藻	*Thalassionema nitzschioides*	+		+	+		
甲藻类 Pyrrophyta	角甲藻	*Ceratium* sp.	+				+	
	多甲藻	*Peridinium* sp.	+	+		+	+	+
裸藻类 Euglenophyta	裸藻	*Euglena* sp.		+				
蓝藻类 Cyanophyta	颤藻	*Oscillatoria* sp.	+	+	+			
	螺旋藻	*Spirulina* sp.	+	+				
绿藻类 Chlorophyta	栅藻	*Scenedesmus* sp.	+					
	被甲栅藻	*Scenedesmus armatus*	+					
	二形栅藻	*Scenedesmus dimotphus*	+					
	斜生栅藻	*Scenedesmus oblipuus*	+					
	四尾栅藻	*Scenedesmus quadricauda*	+					
	爪蛙栅藻	*Scenedesmus javaensis*				+		
种类数量			27	26	17	16	11	39

（二）浮游植物密度（表 5-6）

表 5-6　广西沿海重点生态区浮游植物密度

		铁山港	廉州湾	钦州湾	北仑河口和珍珠湾	白龙尾	涠洲岛	斜阳岛
春季 /(10^6 cells/m^3)	红树林	(0.6~30.0)	(9.9~104.1)	(1.8~83.4)	(0~6.6)			
	海草床	(4.5~90.0)			(0~4.2)			
	珊瑚礁					(0~0.6)	(0~1.2)	(0~4.2)
秋季 /(10^6 cells/m^3)	红树林	(0.3~6.3)	(0.6~38.4)	(0.3~4.8)	(0~3.6)			
	海草床	(0.3~8.4)			(0.3~3.9)			
	珊瑚礁					(1.2~9.6)	(1.8~66.9)	(17.1~282.6)

（三）浮游植物优势种及其季节性变化

浮游植物的优势种通过计算种类优势度（Y）来判别，根据前人的观点，我们将 $Y > 0.02$ 的种类定为优势种。

1. 红树林生态区（表 5-7）

表 5-7 红树林生态区浮游植物优势种

	铁山港	廉州湾	钦州湾	北仑河口和珍珠湾
春季	颤藻 舟形藻 菱形海线藻	旭氏藻 新月菱形藻 长菱形藻 骨条藻	旭氏藻 四尾栅藻	羽纹藻 曲舟藻 栅藻 新月菱形藻
秋季	细柱藻 旭氏藻 新月菱形藻	新月菱形藻 舟形藻	舟形藻 颤藻 螺旋藻 角毛藻	旭氏藻 细弱圆筛藻 羽纹藻 小环藻

2. 海草床生态区（表 5-8）

表 5-8 海草床生态区浮游植物优势种

	铁山港	北仑河口和珍珠湾
春季	角毛藻 劳氏角毛藻 菱形海线藻 颤藻	羽纹藻 螺端根管藻 圆筛藻 舟形藻
秋季	海洋曲舟藻 辐杆藻 角毛藻 舟形藻	角毛藻 圆筛藻

3. 珊瑚礁生态区（表 5-9）

表 5-9 珊瑚礁生态区浮游植物优势种

	白龙尾	涠洲岛	斜阳岛
春季	角甲藻 舟形藻 圆筛藻	菱形海线藻 海洋曲舟藻 新月菱形藻 圆筛藻	菱形海线藻 羽纹藻
秋季	角毛藻 圆筛藻 海洋曲舟藻 针杆藻 辐杆藻	海链藻 角毛藻	海链藻 角毛藻 菱形海线藻 短角弯角藻

(四)浮游植物分布特点

1. 红树林生态区

1)广西红树林生态区浮游植物的分布密度,基本上是在 10^5~10^6 cells/m³ 的水平上,只有个别达到 10^7 cells/m³ 的水平,与陈长平等报道的福建樟江口红树林区浮游植物密度(平均达到 $3.15×10^8$ cells/m³)相比,明显低很多。

2)从优势种方面来看,广西红树林生态区各站位浮游植物主要以硅藻类的菱形藻、圆筛藻、羽纹藻等单细胞藻类为主,很少见到呈链状的角毛藻、骨条藻、海链藻等种类。

3)红树林区浮游植物在春季(雨季)和秋季(旱季)种类和数量都是以硅藻为主。但在春季出现了一定种类和数量的淡水种。这和红树林区处于潮间带和河口区有很大关系。

4)红树林区浮游植物的特征是出现较多的原本为底栖硅藻的种类,起到丰富浮游植物的作用,对维持浮游植物较高的密度和维持生态系统较高的初级生产力发挥重要作用。

2. 海草床生态区

1)海草床生态区浮游植物在秋季(旱季)和春季(雨季)种类和数量都是以硅藻为主。只是个别离岸较近的站位出现个别淡水种类。

2)海草床生态区浮游植物出现了原本为底栖硅藻的种类,起到丰富浮游植物的作用,对维持浮游植物较高的密度和较高的生态系统初级生产力发挥重要作用。

3. 珊瑚礁生态区

1)珊瑚礁生态区在秋季(旱季)和春季(雨季)种类和数量都是硅藻占绝对优势。但秋季的种类和数量比春季多得多。

2)珊瑚礁区属于开放海域,浮游植物的种类分布特点与外海类似,但是密度比外海高很多。这可能与珊瑚礁区丰富的营养盐有关。对维持珊瑚礁区较高的生产力和生物多样性有重要意义。

二、浮游动物

(一)浮游动物种类组成、数量及季节性变化

广西"908"专项调查记录的广西重点生态区的浮游动物种类有 68 种,桡足类为优势类群(表5-10)。浮游动物的种类数量季节变化不大。

表5-10 广西沿海重点生态区浮游动物种类

	中文名	拉丁名	红树林		海草床		珊瑚礁	
			春季	秋季	春季	秋季	春季	秋季
哲水蚤目	拔针纺锤水蚤	*Acartia southwelli*	+	+	+	+	+	
	微驼隆哲水蚤	*Acrocalanus gracilis*	+	+	+	+	+	+
	中华矮水蚤	*Bestiola sinica*			+	+	+	+
	双刺唇角水蚤	*Labidocera bipinnata*					+	
	真刺唇角水蚤	*Labidocera euchaeta*	+		+			+
	卵形光水蚤	*Lucicutia ovalis*						+

续表

	中文名	拉丁名	红树林 春季	红树林 秋季	海草床 春季	海草床 秋季	珊瑚礁 春季	珊瑚礁 秋季
哲水蚤目	欧氏后哲水蚤	*Metacalanus aurivilli*	+	+	+	+	+	+
	针刺拟哲水蚤	*Paracalanus aculeatus*		+		+	+	+
	小刺拟哲水蚤	*Paracalanus parvus*	+	+	+	+	+	+
	孔雀强额哲水蚤	*Pavocalanus crassirostris*	+	+	+	+	+	+
	亚强次真哲水蚤	*Subeucalanus subcrassus*						+
	火腿伪镖水蚤	*Pseudodiaptomus poplesia*	+					
	锥形宽水蚤	*Temora turbinata*		+		+	+	+
剑水蚤目	细长腹剑水蚤	*Oithona attenuatus*	+	+	+	+	+	+
	拟长腹剑水蚤	*Oithona similis*						+
	瘦长腹剑水蚤	*Oithona tenuis*	+	+	+	+	+	+
	长腹剑水蚤 1	*Oithona* sp1.			+		+	+
	长腹剑水蚤 2	*Oithona* sp2.	+		+		+	
鞘口水蚤目	近缘大眼水蚤	*Corycaeus affinis*					+	+
	亮大眼水蚤	*Corycaeus andrewsi*					+	+
	背突隆水蚤	*Oncaea clevei*						+
	中隆水蚤	*Oncaea media*			+		+	+
	小隆水蚤	*Oncaea minuta*			+	+	+	+
猛水蚤目	硬鳞暴猛水蚤	*Clytemnestra scutellata*						+
	尖额谐猛水蚤	*Euterpina acutifrons*			+	+	+	+
	瘦长毛猛水蚤	*Macrosetella gracilis*	+	+	+		+	+
	小毛猛水蚤	*Microsetella norvegica*	+	+	+	+	+	+
	有爪猛水蚤	*Onychoca mptus* sp.						+
	猛水蚤	*Harpacticus* sp.	+	+	+	+	+	+
枝角目	脆弱象鼻溞	*Bosmina fatalis* (freshwater)	+					
	裸腹溞	*Moina* spp. (freshwater)	+		+		+	
	鸟喙尖头溞	*Penilia avirostris*			+		+	
	多型大眼溞	*Podon polyphemoides*	+					
	三角肥胖溞	*Pseudevadne tergestina*	+				+	
介形目	针刺真浮萤	*Euconchoecia aculeata*		+				
毛颚动物门	弱箭虫	*Aidanosagitta delicata*	+				+	+
	小箭虫	*Aidanosagitta neglecta*	+		+			
	肥胖箭虫	*Flaccisagitta enflata*				+	+	+
轮虫纲	壶轮虫	*Brachionus* sp. (freshwater)	+	+	+	+	+	
栉板动物门	球形侧腕栉水母	*Pleurobrachia globosa*	+					
水母纲	半口壮丽水母	*Aglaura hemistoma*					+	
	贝氏花杯水母	*Calycopsis bigelowi*					+	+
	花杯水母	*Calycopsis* sp.					+	

续表

中文名		拉丁名	红树林		海草床		珊瑚礁	
			春季	秋季	春季	秋季	春季	秋季
水母纲	异穴水母	*Cunina peregrima*	+				+	+
	富氏斜球水母	*Hybocodon forbesi*						+
	乌氏杯水母	*Phialidium uchidai*					+	+
	日本长管水母	*Sarsia nipponica*						+
	白针太阳水母	*Solmaris leucostyla*		+			+	+
	马氏嗜阴水母	*Solmissus marshalli*					+	
	单管美螅水母						+	
	水母 sp1.						+	
	水母 sp2.						+	
住囊虫纲	红住囊虫	*Oikopleura rufescens*	+	+	+	+	+	+
昆虫纲	石蛾幼体	*Stenopsyche* sp.		+				
原生动物门	沙壳纤毛虫	*tintinnid* spp.			+			
	拉鲁网膜虫	*Epiplcylis ralumensis*			+			
	板子原孔虫	*Proplectella perpusilla*			+			
浮游幼体类	哲水蚤桡足幼体	*Calanoida copepodite*	+	+	+	+	+	+
	剑水蚤桡足幼体	*Cyclopoida copepodite*	+	+	+	+	+	+
	短尾幼体	*Brachyura larva*	+	+	+		+	
	仔鱼	*Fish larva*	+					
	金星幼体	*Cypris larva*	+	+	+	+	+	+
	无节幼体	*Nauplius larva*	+	+	+	+	+	+
	多毛类幼体	*Polychaeta larva*	+	+	+	+	+	+
	双壳类幼体	*Lamellibrachia larva*	+		+	+	+	+
	腹足类幼体	*Gastropoda larva*	+				+	
	长尾幼体	*Macrura larva*					+	+
	柱头幼体	*Tornaria setorensis*						+
种类数量			33	28	31	23	44	42

（二）浮游动物密度（表 5-11）

表 5-11 广西沿海重点生态区浮游动物密度

		铁山港	廉州湾	钦州湾	北仑河口和珍珠湾	白龙尾	涠洲岛	斜阳岛
春季 /(10^4 cells/m³)	海草床区	(1.16~7.18)			(0.66~1.58)			
	红树林区	(1.02~10.42)	(0.38~16.72)	(2.42~11.28)	(0.46~2.08)			
	珊瑚礁区					(0.52~1.28)	(0~0.84)	(0.08~0.28)
秋季 /(10^3 cells/m³)	海草床区	(0.98~1.98)			(0.68~4.08)			
	红树林区	(0.26~1.62)	(0.06~1.96)	(0.10~0.94)	(1.60~8.08)			
	珊瑚礁区					(0.66~1.54)	(0.36~1.48)	(0.8~1.44)

(三)浮游动物优势种及其季节性变化

1. 红树林区(表5-12)

表5-12 红树林生态区浮游动物优势种

	铁山港	廉州湾	钦州湾	北仑河口和珍珠湾
春季	剑水蚤桡足幼体 哲水蚤桡足幼体 双壳类幼体 无节幼体 披针纺锤水蚤	无节幼体 壶轮虫 多毛类幼体	无节幼体 双壳类幼体 剑水蚤桡足幼体 哲水蚤桡足幼体	剑水蚤桡足幼体 无节幼体 长腹剑水蚤2 金星幼体 红住囊虫
秋季	长腹剑水蚤1 金星幼体 剑水蚤桡足幼体 多毛类幼体 无节幼体 小刺拟哲水蚤 红住囊虫	无节幼体 瘦长毛猛水蚤 猛水蚤 长腹剑水蚤1	金星幼体 无节幼体 哲水蚤桡足幼体 小刺拟哲水蚤 多毛类幼体	长腹剑水蚤1 无节幼体 剑水蚤桡足幼体 金星幼体

2. 海草床生态区(表5-13)

表5-13 海草生态区浮游动物优势种

	铁山港	珍珠湾
春季	剑水蚤桡足幼体 沙壳纤毛虫 无节幼体 长腹剑水蚤2 拉鲁网膜虫	无节幼体 长腹剑水蚤2 红住囊虫 孔雀强额哲水蚤 剑水蚤桡足幼体 哲水蚤桡足幼体 多毛类幼体 金星幼体 小刺拟哲水蚤 细长腹剑水蚤
秋季	哲水蚤桡足幼体 剑水蚤桡足幼体 无节幼体 长腹剑水蚤1 欧氏后哲水蚤 孔雀强额哲水蚤 小刺拟哲水蚤	无节幼体 长腹剑水蚤1 剑水蚤桡足幼体 小刺拟哲水蚤 孔雀强额哲水蚤

3. 珊瑚礁区（表 5-14）

表 5-14 珊瑚礁生态区浮游动物优势种

	白龙尾	涠洲岛	斜阳岛
春季	双壳类幼体 鸟喙尖头蚤 多毛类幼体 剑水蚤桡足幼体 红住囊虫 金星幼体 无节幼体 瘦长腹剑水蚤 孔雀强额哲水蚤 小刺拟哲水蚤	细长腹剑水蚤 红住囊虫 剑水蚤桡足幼体 瘦长腹剑水蚤 无节幼体 长腹剑水蚤 1	无节幼体 亮大眼水蚤 剑水蚤桡足幼体 瘦长腹剑水蚤 细长腹剑水蚤 红住囊虫
秋季	剑水蚤桡足幼体 无节幼体 红住囊虫 小刺拟哲水蚤 哲水蚤桡足幼体 多毛类幼体	红住囊虫 剑水蚤桡足幼体 长腹剑水蚤 1 多毛类幼体 中隆水蚤 亮大眼水蚤 哲水蚤桡足幼体 无节幼体 小刺拟哲水蚤 金星幼体 瘦长腹剑水蚤	无节幼体 多毛类幼体 剑水蚤桡足幼体 红住囊虫 哲水蚤桡足幼体 小刺拟哲水蚤 亮大眼水蚤 中隆水蚤 长腹剑水蚤 1

（四）浮游动物分布特点

1. 红树林生态区

1）红树林生态区浮游动物在秋季（旱季）和春季（雨季）种类和数量都是以桡足类为主。但在春季出现了一定种类和数量的枝角类淡水种。

2）相对于其他非典型生态区海区浮游动物数量分布（文献报道一般是在 10^2 ind/m^3 级别），红树林区浮游动物的数量较大（达到 10^4~10^5 ind/m^3 级别）。这对维持红树林生态系统较高的生产力有重要意义。

3）广西红树林区浮游动物优势种组成，其中浮游幼体的种类和数量占了很高的比例。

2. 海草床生态区

1）海草区生态浮游动物在秋季（旱季）和春季（雨季）种类和数量都是以桡足类为主。但在春季一些离岸较近的站位出现了一定种类和数量的枝角类淡水种。

2）相对于其他非典型生态区海区浮游动物数量分布（文献报道一般是在 10^2 ind/m^3 级别），海草区浮游动物的数量较大（达到 10^4~10^5 ind/m^3 级别）。这对维持海草床生态系统较高的生产力有重要意义。

3）广西海草区浮游动物优势种组成，其中浮游幼体的种类和数量占了很高的比例。

3. 珊瑚礁生态区

1）相对于其他非典型生态区海区浮游动物数量分布（文献报道一般是在 10^2 ind/m^3 级别），珊瑚礁区浮游动物的数量较大（达到 10^4~10^5 ind/m^3 级别）。这对维持珊瑚礁生态区较高的生产力有重要意义。

2）珊瑚礁区浮游动物优势种组成，其中浮游幼体的种类和数量占了很高的比例。

浮游动物作为许多经济动物，如鱼类、虾蟹类幼体饵料具有重要意义，尤其是一些浮游动物幼体，作为许多鱼类和虾蟹类的开口饵料，对这些鱼类和虾蟹类的发育生长具有不可替代的作用。由此，珊瑚礁生态区作为许多经济动物繁殖、育幼的理想场所，具有十分重要的生态意义。

第三节 大型底栖生物

（一）红树林生态区

1. 大型底栖生物种类组成、数量及季节性变化

广西"908"专项调查在广西红树林湿地发现了大型底栖动物 135 种，隶属于腔肠动物门、纽形动物门、环节动物门、星虫动物门、软体动物门、节肢动物门、腕足动物门、棘皮动物门和脊索动物门 9 门，共计 63 科、105 属（表 5-15）。

表 5-15 广西"908"专项调查在广西红树林湿地中发现了大型底栖动物种类数量

		科	属	种	种类占比/%
腔肠动物门		1	1	1	0.77
纽形动物门		1	1	1	0.77
环节动物门	多毛类	7	11	15	11.54
星虫动物门	星虫纲	2	2	2	1.54
软体动物门	软体类	30	49	60	46.15
节肢动物门	甲壳类	14	30	40	30.77
腕足动物门		1	1	1	0.77
棘皮动物门		1	1	1	0.77
脊索动物门	鱼类	6	9	9	6.92
合计		63	105	130	100.00

大型底栖动物全年总平均生物量为 116.94 g/m^2，年平均密度为 146 ind/m^3。在年总平均生物量中，软体动物所占比例最大，平均生物量为 67.34 g/m^2，占 57.6%；其次为甲壳类，年平均生物量为 43.97 g/m^2，占总量的 37.6%；第三为其他类群，年平均生物量为 5.04 g/m^2，占总平均生物量的 4.3%；多毛类数量很低，仅 0.60 g/m^2，占 0.5%。沙井、东江口、木案、丹兜湾和英罗港 5 条断面，软体动物的生物量低于甲壳类动物，甚至低于 10%。

大型底栖动物的年平均密度分布规律与年平均生物量相同，也表现为软体动物 > 甲壳类 > 其他类群 > 多毛类，棘皮动物缺失。在这几个类群中，软体动物年平均密度达 91 ind/m³，占全年总密度的 62.4%，软体动物在密度上的优势比在生物量上更大；甲壳类动物密度为 44 ind/m³，占全年总量的 30.0%；其他类群有 6 ind/m³，占了 4.3%；多毛类最低，仅 3 ind/m³，占 3.4%。在断面水平上，软体动物的密度不是总高于甲壳类动物，沙井、东江口、木案和英罗港 4 条断面的甲壳类动物密度高于软体动物。

软体类和甲壳类之和占总年平均生物量的 95.2%、总年平均密度的 92.4%，这两种类群形成了广西红树林大型底栖动物群落的最重要架构。

在春季广西红树林大型底栖动物群落的各类群数量组成中，以软体动物最高，生物量达 65.19 g/m²，密度为 93 ind/m³，分别占春季总量的 56.0% 和 58.1%。其次为甲壳类，生物量为 43.51 g/m²，密度为 52 ind/m³，分别占春季总量的 37.4% 和 32.8%；其他类群稍高于多毛类。

秋季红树林大型底栖动物仍以软体动物为第一优势类群，生物量为 69.49 g/m²，占秋季总量的 59.1%，密度为 90 ind/m³，占 67.6%；甲壳类次之，生物量为 44.43 g/m²，占秋季总量的 37.8%，密度为 35 ind/m³，占 26.6%；其他类群和多毛类数量仍然很低。

生物量的季节差异很小。软体动物变化最大，但秋季比春季仅高出 4.30 g/m²；其他类群变化次之，仅为 3.73 g/m²。密度变化稍大，秋季总密度比春季低了 16.6%，而且各个类群均有不同幅度的下降：甲壳类变化最大，秋季密度比春季少 17 ind/m³；其次为多毛类，降低了 5 ind/m³；软体动物和其他类群分别降低了 3 ind/m³ 和 2 ind/m³。

总体上，各类群的生物量和密度组成，尽管因季节的不同而有不同程度的变化，但软体动物始终是春、秋两季的主要类群。

2. 大型底栖生物优势种、生物多样性及季节性变化

软体动物中，常见优势种有黑口滨螺（*Littoraria melanostoma*）、珠带拟蟹守螺（*Cerithidea cingulata*）、小翼拟蟹守螺（*Cerithidea microptera*）粗糙滨螺（*Littoraria articulata*）、红果滨螺（*Littorina coccinea*）、紫游螺（*Dostia violacea*）、团聚牡蛎（*Ostrea glomerata*）、石磺（*Onchididum verruculatus*）、方格短沟蜷（*Semisulcospira cancellata*）、红树蚬（*Gelolna coaxans*）、中国绿螂（*Glauconme chinensis*）、奥莱彩螺（*Clithon oualaniensis*）、菲律宾无齿蛤（*Anodontes philippinana*）等。

主要甲壳类有长足长方蟹（*Metaplax longipes*）、褶痕相手蟹（*Sesarma plicata*）、弧边招潮（*Uca arcuata*）、扁平拟闭口蟹（*Paracleistostoma depressum*）、双齿相手蟹（*Sesarma bidens*）、明秀大眼蟹（*Macrophthalmus definitus*）、四齿大额蟹（*Metopograpsus quadridentatus*）、短脊鼓虾（*Alpheus brevicristatus*）、长腕和尚蟹、颗粒股窗蟹（*Scopimera tuberculata*）、宁波泥蟹 *Ilyoplax ningpoensis*）、凹指招潮（*Uca vocans*）、清白招潮（*Uca lacteus*）等。

多毛类中，长吻吻沙蚕（*Glycera chirori*）、小头虫（*Capitella capitata*）、独齿围沙蚕（*Perinereis cultrifera*）、软疣沙蚕（*Tylonereis bogoyawleskyi*）、疣吻沙蚕（*Tylorrhynchus heterochaetus*）等为优势种。

在其他类群中的两种星虫是我国华南沿海的重要经济海产，可口革囊星虫俗称"泥丁"，常见于红树林滩涂，光裸方格星虫俗称"沙虫"，可兴旺生长于红树林沙质潮沟。

广西红树林大型底栖动物群落的种类香农–威纳（Shannon-Wiener）指数 H 最高值为 3.63，出现在春季的丹兜湾断面；最低值为 0.86，出现在春季的班埃断面。丰富度指数 D 最高值也出现在春季的丹兜湾断面，达 2.83；最低 D 值出现在春季的草头村断面，为 0.86。均匀度 J 值规律与 Shannon-Wiener 指数 H 相似，最高值和最低值同样出现在春季的丹兜湾断面和春季的班埃断面，数值分别为 0.93 和 0.26。

广西红树林湿地大型底栖动物种类的 Shannon-Wiener 指数 H' 绝大部分为 1.0~3.0，表明广西红树林湿地大部分生物群落处于中度扰动状态，显然是人为干扰比较频繁，同时生态系统可以自然恢复到相当程度。处在国家级红树林保护区核心区范围内的丹兜湾断面两个季度调查的所有站位及石角断面春季调查的个别站位，种类多样性指数 H 大于 3.0，表明保护区内红树林生境中大型底栖动物群落的生物多样性较高。

（二）海草床生态区

1. 大型底栖生物种类组成、数量及季节性变化

广西"908"专项调查在广西海草床中发现了大型底栖动物 116 种，分别隶属于腔肠动物门、纽形动物门、扁形动物门、环节动物门、星虫动物门、软体动物门、节肢动物门、腕足动物门、棘皮动物门和脊索动物门 10 门，共计 61 科、95 属。

海草床软体类动物有 25 科、43 属、50 种，占总种数的 43.1%，是广西海草床大型底栖动物群落中物种数量最多的类群。多毛类是第二大类群，超过了甲壳类，有 13 科、23 属、26 种，占总种数的 22.4%。甲壳类动物种类不多，仅 9 科、14 属、22 种，占总种数的 19.0%。棘皮动物门记录了 5 科、5 属、6 种，占总种数的 5.2%。其他类群 6 门、9 科、10 属、12 种，占总种数的 10.3%。

广西海草床大型底栖动物全年总平均生物量为 215.22 g/m^2，年平均密度为 382 ind/m^3。其中，软体动物所占比例最大，平均生物量为 196.62 g/m^2，占 91.4%；其次为棘皮动物，年平均生物量为 10.50 g/m^2，占总量的 4.9%；第三为节肢动物，年平均生物量为 5.20 g/m^2，占总平均生物量的 2.4%；多毛类和其他类群数量很低，仅分别为 1.40 g/m^2 和 1.47 g/m^2，均占 0.7%。

年平均密度分表现为软体动物＞多毛类＞节肢动物＞棘皮动物＞其他类群。在这几个类群中，软体动物年平均密度达 354 ind/m^3，占全年总密度的 92.7%，软体动物在密度上的优势比在生物量上更大；多毛类动物密度为 10 ind/m^3，占全年总量的 2.6%；节肢类动物有 7 ind/m^3，占 2.0%；棘皮类动物有 6 ind/m^3，占 1.6%；其他类群最低，仅 4 ind/m^3，占 1.1%。

春季广西海草床大型底栖动物群落以软体动物最高，生物量达 206.20 g/m^2，密度为 334 ind/m^3，分别占春季总量的 93.5% 和 93.4%。其次为棘皮动物，生物量为 5.69 g/m^2，密度为 8 ind/m^3，分别占春季总量的 2.6% 和 2.3%；节肢动物与棘皮动物很接近。

秋季海草床大型底栖动物仍以软体动物为第一优势类群，生物量为 187.04 g/m^2，占秋季总量的 89.1%，密度为 373 ind/m^3，占 92.1%。在生物量上，棘皮类动物次于软体类动物，生物量为 15.31 g/m², 占秋季总量的 7.3%; 在密度上多毛类为第二大类群, 为 15 ind/m³, 仅占 3.7%。

春秋季节间生物量差异不大。软体动物变化最大, 秋季比春季低了 19.16 g/m²; 棘皮动物变化次之, 秋季比春季高了 9.62 g/m²。密度变化稍大, 秋季总密度比春季高 13.4%, 各个类群有增有减: 软体类变化最大, 秋季密度比春季高出 39 ind/m³; 其次为多毛类, 高出了 10 ind/m³。总体上, 各类群的生物量和密度组成, 尽管因季节的不同而有不同程度的变化, 但软体动物始终是春、秋两季的优势类群。

2. 大型底栖生物优势种、生物多样性及季节性变化

海草床软体动物优势种有: 纵带滩栖螺、珠带拟蟹守螺、豆满月蛤 (Pillucina pisidia)、秀丽织纹螺 (Nassarius festivus)、奥莱彩螺、大竹蛏 (Solen grandis)、四角蛤蜊 (Mactra veneriformis)、非凡智兔蛤 (Leporimetis spectabilis)、伊萨伯雪蛤 (Clausinella isabellina)、团聚牡蛎、突角镜蛤、透明美丽蛤 (Merisca diaphana)、笋锥螺 (Turritella terebra)、截形白樱蛤 (Macoma praerupta)、褐玉螺 (Natica spadicea)、彩虹明樱蛤 (Moerella iridescens)、长竹蛏 (Solen strictus) 等。

海草床甲壳类优势种有: 隆背大眼蟹 (Macrophthalmus convexus)、长腕和尚蟹、隆线拳蟹 (Philyra carinata)、拟脊活额寄居蟹 (Diogenes paracristimanus)、裸盲蟹 (Typhlocarcinus nudus)、艾氏活额寄居蟹 (Diogenes edwardii)、下齿细螯寄居蟹 (Clibanarius infraspinatus)、沙栖新对虾 (Metapenaeus moyebi)、钝齿蟳 (Charybdis hellerii)、刀额新对虾 (Metapenaeus ensis)、绒螯活额寄居蟹 (Diogenes tomentosus)、日本鼓虾 (Alpheus japonicus)、清白招潮蟹 (Uca lacteus)、布氏新对虾 (Metapenaeus burkenroadi)、凹指招潮蟹 (Uca vocans) 等。

扁平蛛网海胆 (Arachnoides placenta)、囊皮赛瓜参 (Stolus sacellus) 和棘刺锚参 (Protankyra bidentata) 等是棘皮动物中出现频率较高的种类。

广西海草床大型底栖动物群落的种类多样性指数 H 最高值为 3.63, 最低值为 0.73。丰富度指数 D 最高值达 3.03; 最低 D 值为 0.39。均匀度 J 值规律与上述 2 个指数相似, 最高值和最低值分别为 0.89 和 0.35。

第四节 其他生物

红树林区鸟类 (周放等, 2010)

1. 种类组成和生态类群

已记录的出现在广西红树林的鸟类有 343 种, 隶属 16 目、58 科。雀形目种类占优势, 有 24 科、135 种; 非雀形目的鸟类共有 15 目、34 科、208 种。从生态类群上看, 水鸟有 6 目、145 种, 陆鸟有 10 目、198 种。候鸟有 209 种, 其中冬候鸟 170 种, 夏候鸟 39 种, 留鸟有 92 种, 旅鸟有 38 种, 迷鸟有 4 种。冬候鸟构成鸟类的组成主体, 主要由雀形目、鸻形目、雁形目、隼形目、鹳形目、鹤形目及其他鸟类共 170 种组成。夏候鸟有鹳形目、鹃形目和雀形目为主的 39 种组成。留鸟以雀形目为主 (48 种)。旅鸟中有雀形目 16 种、鸻形目 14 种、鹤形目 5 种、其他目 3 种 (图 5-4)。

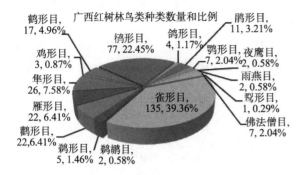

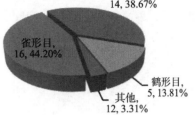
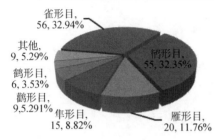

图 5-4 广西红树林的鸟类组成

2. 季节性变动

广西红树林鸟类中有迁徙鸟类 247 种。9~10 月，冬候鸟迁入，夏候鸟则迁出。3~4 月，夏候鸟迁入，一直到 7~8 月再南飞往别处越冬，冬候鸟则陆续迁出。

3. 鹭林

每年 3~4 月，在东南亚越冬的鹭鸟陆续迁徙北上，多种鹭鸟常聚集在一适宜生境的小范围内营群巢进行繁殖，形成所谓的"鹭林"，一个鹭林常聚集数百只甚至多达万只鹭鸟（周放等，2004）。广西沿海红树林区有 10 多个鹭林，其中位于防城江平京族三岛之一的巫头的鹭林为其中最大的鹭林之一，常聚集万只鹭鸟于其间繁殖。鹭林中鹭鸟的种类主要有苍鹭（*Ardea cinerea*）、草鹭（*Ardea purpurea*）、大白鹭（*Egretta alba*）、中白鹭（*Egretta intermidia*）、白鹭、黄嘴白鹭（*Egretta eulophotes*）、牛背鹭（*Bubulcus ibis*）、池鹭（*Ardeola bacchus*）、绿鹭（*Butorides striatus*）、夜鹭（*Nycticorax nycticorax*）、黄斑苇鳽（*Ixobrychus sinensis*）、栗苇鳽（*Ixobrychus cinnamonmeus*）。

4. 珍稀和受威胁鸟类

广西红树林出现的 343 种鸟类中，列入《国家重点保护野生动物名录》的鸟类有 53 种，其中Ⅰ级重点保护的鸟类有 3 种，即黑鹳（*Ciconia nigra*）、中华秋沙鸭（*Mergus squamatus*）和白肩雕（*Aquila heliacal*）。Ⅱ级重点保护的鸟类有 50 种。列入 2009 年 IUCN《世界濒危动物红皮书》名录中受威胁的鸟类有 18 种。列入《濒危野生动植物物种国际贸易公约》（CITES，2007）附录Ⅰ、附录Ⅱ中的鸟类有 42 种，列入《中华人民共和国政府与日本国政府保护候鸟及其栖息环境协定》的鸟类有 139 种，列入《中华人民共和国政府与澳大利亚政府保护候鸟及其栖息环境协定》的鸟类有 53 种。

广西红树林区是黑脸琵鹭越冬地之一，与深圳福田、香港米埔、澳门、海南东寨港和西海岸、越南红河三角等地构成了黑脸琵鹭的重要越冬地，全球黑脸琵鹭中约 30%在此越冬。

第六章　广西典型海洋生态系统演化趋势与主要影响因素

第一节　资源与环境演化趋势

一、红树林生态系统

华南大陆沿海是红树林分布的北缘，历史上广西的红树林面积不少，按现有红树林面积加上已经转化为盐田、农田的红树林面积测算，广西海岸曾经有红树林 23 904 hm^2，但到 1955 年减少了 61%，仅剩下 9351.2 hm^2，广西各年度红树林面积数据及来源统计于表 6-1。

表6-1　广西海岸各时期红树林面积统计表　　（单位：hm^2）

时期	面积	面积变化	调查方法	数据来源
历史上	23 904.0		土地替代利用	范航清等，广西海岸红树林现状及人为干扰
1955 年	9 351.2	−14 553.0	遥感分析	黄鹄等，广西海岸环境脆弱性研究
1977 年	8 288.7	−1 063.0	遥感分析	黄鹄等，广西海岸环境脆弱性研究
1986 年	7 244.0	−261.1	现场估算统计	广西海岸带和海涂资源综合调查报告第七卷（林业和植被）
1988 年	4 671.4	−3 356.0	遥感分析	黄鹄等，广西海岸环境脆弱性研究
1989 年	5 654.0	982.6	卫片分析	范航清等，广西海岸红树林现状及人为干扰
1998 年	6 027.3	373.3	遥感分析	黄鹄等，广西海岸环境脆弱性研究
2001 年	8 374.9	2 347.6	遥感调查	国家林业局资源司，全国红树林资源调查报告
2004 年	7 066.4	−1 308.5	遥感分析	黄鹄等，广西海岸环境脆弱性研究
2007 年	9 197.4	2 131.0	遥感调查修测	广西"908"专项调查

广西历史上的红树林面积是现存面积的近 3 倍，从 1955 年以来，面积下降幅度最大的时段是 1986~1988 年，其次是 2001~2004 年，再次是 1955~1977 年，这 3 个时段分别与广西沿海经历的海水养殖业大发展、区域建设发展和沧海变桑田变盐田 3 个经济建设年代基本吻合，红树林的变化与人为活动关系很大（图 6-1）。

由图 6-1 可见广西红树林面积从 1955 年以来呈现下降趋势，到了 1988 年广西红树林面积下降到最低点，面积仅占 1955 年的 50%。进入 20 世纪 90 年代以后，广西区政府和海洋、林业主管部门加强了红树林的保护与生态恢复工作，使得红树林面积逐步得到恢复，特别是进入 21 世纪以后加强了红树林恢复造林工作，现有的红树林面积已经基本上恢复到了 20 世纪 50 年代的水平。

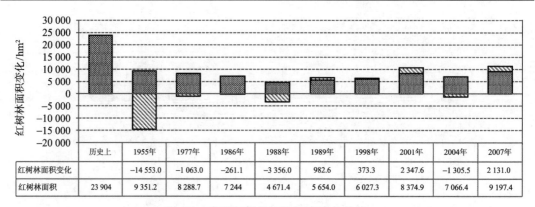

图 6-1　广西红树林面积历来演化趋势

二、海草生态系统

由于广西近海海草资源历史上仅铁山港有资源动态（即面积变化）记录，这里仅介绍铁山港重点生态区合浦海草床近30年来海草的演变趋势。

（一）1980年的海草面积与现存面积的对比

对合浦海草床（铁山港至英罗港海域）所在区域沙田镇45岁以下渔民调查了解到，1980年合浦海草床面积为2970 hm²（韩秋影等，2007），是目前铁山港与沙田海域海草总面积（总788.6 hm²，平均39.4 hm²，2008年夏季调查数据）的3.8倍（图6-2）。表明近30年来，广西合浦海草床面积已大大缩水，衰退现状十分严峻。

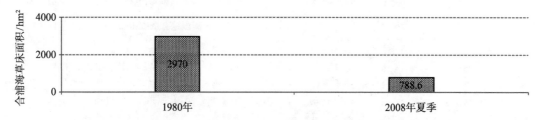

图 6-2　1980年的海草面积与现存面积的对比

（二）1987年以来铁山港重点生态区的海草面积演变

综合历史资料和广西"908"专项调查数据（表6-2），考虑到海草面积季节间变化非常大，本报告仅对相同季度不同年份的海草面积数据作比较，如全部用春季的调查数据作比较（图6-3）。

图6-3表明，1987年春季广西合浦海草床记录的海草床总面积为417.90 hm²，平均海草床面积为104.5 hm²；到2000年春季时海草床总记录面积变化不大；但一年后，即到了2001年春季，该海域海草总记录面积仅46.5 hm²，海草床平均面积仅6.6 hm²，海草面积为近30年来有记录中最小的一次，表明2000~2001年海草的大面积衰退；2002年后，海草有所恢复；到了2008年春季，海草恢复到311.4 hm²，平均海草床面积达到34.6 hm²，表明2002年后海草衰退面积已经减缓，且在一定程度上得到了恢复。

表 6-2 广西铁山港与合浦沙田海域 8 个海草床面积的变化（单位：hm²）

	1987年春季	1994年夏季	1999年冬季	2000年春季	2001年春季	2002年春季	2002年夏季	2007年秋季	2007年冬季	2008年春季	2008年夏季
淀洲沙	200.0	20.0	13.3	133.3	14.3	27.8	82.2	45.8	49.6	116.7	283.1
北暮盐场	46.7	16.7	10.0	30.0	5.3	62.0	—	4.5	18.2	102.0	170.1
英罗港	66.7	133.3	33.3	12.0	0.1	—	—	0	0	0	0
英罗港口外（乌坭）	—	133.3	1.3	20.0	3.3	—	—	1.6	1.3	16.1	94.1
沙田淡水口	—	46.7	2.7	2.0	0.1	8.7	6.0	0.1	0.0	0.1	0.0
沙田山寮九合井底	—	26.7	13.3	33.3	3.3	51.4	48.0	27.6	29.2	29.2	14.3
高沙头	—	33.3	13.3	133.3	0.2	—	—	0	0	0	0
沙田榕根山	—	—	—	—	13.3	3.4	17.1	6.6	6.9	12.7	4.7
海草床平均大小	104.5	58.6	12.5	52.0	6.6	30.7	38.3	10.8	13.2	34.6	70.8

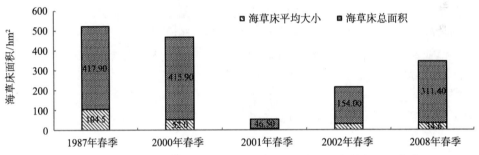

图 6-3 1987 年以来广西合浦海草床（铁山港-英罗港海域）面积变化

三、珊瑚礁生态系统

20 年来广西珊瑚礁资源演变趋势

从 20 世纪 60 年代至今涠洲岛、斜阳岛珊瑚礁的分布范围基本一致，均为涠洲岛的西北面、北面、东北面、东面、东南面、西南面沿岸海域。珊瑚属种的变化，从邹仁林最早提出的 8 科、23 属、35 种至广西"908"专项调查发现的 10 科、22 属、55 种，不足以说明是实际的属种数量变化，更可能是调查强度不同所致。

1964 年、1984 年邹仁林等对涠洲岛海域造礁石珊瑚群落进行了两次调查，提出了海水低温致使珊瑚白化死亡的见解。

1987 年黄金森、张元林将涠洲岛珊瑚海岸沉积分属潮上带、潮间带、潮下带三个环境，潮下带是造礁石珊瑚丛生带。

1989 年莫永杰对涠洲岛珊瑚礁地貌进行调查，分析了岛区礁坪、礁坡的珊瑚分布状况，认为涠洲岛礁坪局部有活石珊瑚零星分布，礁坡珊瑚优势种为蜂巢珊瑚、菊花珊瑚、伞房鹿角珊瑚、牡丹珊瑚。

1991 年王国忠把珊瑚礁区海岸分成三个成因类型，西部、东面属于海蚀型海岸，西南面属于过渡性海岸，东北沿岸属于堆积型海岸。东南沿岸以菊花珊瑚和蜂巢珊瑚为主，鹿角珊瑚较少。西南面礁坪以鹿角珊瑚为主，礁坡以匍匐状珊瑚为主。西北面以匍匐状珊瑚为主，北面和东面以滨珊瑚、蜂巢珊瑚和扁脑珊瑚为主。东北面以牡丹珊瑚为主。

1998年王敏干、王丕烈、麦海莉调查涠洲岛、斜阳岛珊瑚属种分布及生长状况，认为涠洲岛珊瑚品种较多，西南沿岸较茂盛，以鹿角珊瑚为主，北港稍遭破坏，也以鹿角珊瑚为主，斜阳岛鱼群数量较多，珊瑚分布以牡丹珊瑚为主。

2001年广西海洋局调查涠洲岛珊瑚礁资源，余克服将涠洲岛珊瑚群落自岸向海划分为沙堤、海滩、礁坪珊瑚生长带等生物地貌带类型，其中礁坪珊瑚生长带枝状鹿角珊瑚茂盛生长，活珊瑚覆盖度50%~60%，但如滴水附近见到珊瑚死亡或白化的现象非常严重，占珊瑚覆盖度的50%~90%，把珊瑚礁坪进一步分为内礁坪珊瑚稀疏带、中礁坪枝状珊瑚林带、外礁坪块状珊瑚带和礁前柳珊瑚带，其中礁前柳珊瑚带主要发育于涠洲岛的东侧。

2004~2006年广西红树林研究中心的涠洲岛珊瑚礁资源调查，采用余克服的分带模式，北面沿岸以鹿角珊瑚属为优势种群，东面沿岸以鹿角珊瑚属为优势种群，西南面沿岸以伞房鹿角珊瑚、精巧扁脑珊瑚、澄黄滨珊瑚、十字牡丹珊瑚为优势种，海洋生物资源十分丰富，种类繁多。

2004~2008年广西海洋局、国家海洋局北海海洋环境监测中心站、涠洲海洋站、海南省海洋与渔业厅、广西红树林研究中心在竹蔗寮近岸观测断面（2004~2008年），在公山背观测断面（2004年、2005年、2008年）进行珊瑚健康调查（reef check）时发现，在2002年发生了大面积珊瑚死亡后，本区域的造礁石珊瑚出现了令人鼓舞的恢复迹象，牛角坑近岸海域的向岸方向，在4~5 m水深区域发现了多处正在恢复的珊瑚区域，2004~2008年两个断面所处珊瑚礁群落活石珊瑚覆盖度基本呈稳定状况，2006年、2008年稍有回落，基本上未发现表示生物多样性特征的无脊椎动物，该处近岸海域珊瑚礁的生物多样性仍处于较低水平。

广西"908"专项调查最新成果表明，涠洲岛珊瑚礁坪生长带以角蜂巢珊瑚属、滨珊瑚属、蔷薇珊瑚属为优势属，斜阳岛以滨珊瑚属、蔷薇珊瑚属为优势属，优势属均呈块状，新增加了西北面珊瑚区为活石珊瑚分布核心区，调查区处于稳定状况，死亡珊瑚多为2年以上的，最近期死亡仅占少量（0.23%），珊瑚种群多样性指数 H 以涠洲岛为最高，斜阳岛次之，白龙尾最小，均匀度指数 E 涠洲岛、斜阳岛较为接近，白龙尾稍高，这与白龙尾珊瑚零星分布，优势属不明显有关。调查结果表明，涠洲岛、斜阳岛珊瑚种群多样性指数、均匀度指数显示属种分布较为均匀，生物多样性较为均衡。

从以上的各个阶段的涠洲岛、斜阳岛的珊瑚礁属种资源调查研究结果可知：

1）20世纪60年代至90年代初，涠洲岛珊瑚礁群落生物多样性程度不高，但珊瑚礁呈持续稳定生长状况，珊瑚群落以鹿角珊瑚、牡丹珊瑚、菊花珊瑚、蜂巢珊瑚等为优势种。

2）20世纪90年代末至2008年调查区珊瑚礁至少经历了两次显著的气候变化的影响。一次是1998年的"厄尔尼诺"现象引起的全球性极高温，造成涠洲岛部分岸段珊瑚白化死亡；一次是2008年1月14日至2月12日，持续30天的8℃以下的低温，造成涠洲岛西南面、东南面、东面、东北面部分珊瑚快速白化死亡。

3）21世纪初鹿角珊瑚从顶级优势属种逐渐衰退。鹿角珊瑚适应性较强，可以适应净水区、浪击区、潮间带区域（曾昭璇等，1997），但对水温的变化较为敏感，在高温胁迫下，枝状珊瑚对高温的耐受性最低，最先白化死亡（李淑等，2008）。涠洲岛鹿角珊瑚可能因1998年的高温造成大面积的衰退，至今尚未完全恢复。

4）从20世纪90年代末至今，涠洲岛、斜阳岛的珊瑚种群及其群落生物多样性整体呈衰退态势，表现在以下几个方面。

①从珊瑚优势种群的组合变化看，呈现出较多的优势属种组合演化到相对少的优势属种组合的演变趋势。涠洲岛、斜阳岛珊瑚种群悄然发生优势种群的演替，原来礁坪生长带多以鹿角珊瑚（枝状）、菊花珊瑚、扁脑珊瑚、蜂巢珊瑚、滨珊瑚等为优势种，广西"908"专项调查珊瑚礁坪生长带以角蜂巢珊瑚属、滨珊瑚属、蔷薇珊瑚属为优势属，斜阳岛以滨珊瑚属、蔷薇珊瑚属为优势属，变化最大的属种是鹿角珊瑚，无论从属的重要值分析还是从断面中的覆盖度来看，鹿角珊瑚均不占优势，而滨珊瑚仍然占优势。

②珊瑚礁属种的多形态组合向相对简单形态组合的演变趋势。20世纪60年代至21世纪初的调查资料显示，涠洲岛、斜阳岛优势属种的形态组合是枝状、块状、匍匐状的优势属种组合，而广西"908"专项调查为以块状形态为主的优势属种组合，原来形态相对丰富的优势属组合演化成形态相对简单的组合，表明了调查区珊瑚种群生物多样性、珊瑚分布的丰富度呈现衰退的状况。

③从历年来珊瑚礁伴生生物的资料（主要是鱼群数量、海参等）来分析，涠洲岛、斜阳岛珊瑚礁生物多样性呈现衰退态势。20世纪60年代至90年代末，涠洲岛、斜阳岛的鱼群数量、海参等较多，而广西"908"专项调查仅在部分断面发现海参呈零星分布，鱼群仅在部分断面发现，喜礁的伴生生物数量减少。

5）2004年至今，涠洲岛、斜阳岛珊瑚未出现大面积的死亡。2004~2008年的Reef Check调查资料及本次的调查数据显示，2004年起涠洲岛珊瑚呈缓慢的恢复，涠洲岛大部分区域均有活石珊瑚补充量的发现。

广西珊瑚礁呈现多属种优势种群组合向相对少属种的优势种群的更替演化，优势属种的多形态组合向简单化组合的演化，伴生生物的数量减少。说明近20年来涠洲岛、斜阳岛珊瑚种群及其群落生物多样性出现衰退。但令人鼓舞的是，在涠洲岛大部分区域有石珊瑚补充生长的迹象，显示涠洲岛、斜阳岛的珊瑚礁近年来处于缓慢恢复之中。

第二节 广西典型海洋生态系统退化的主要因素

一、自然因素

（一）红树林

1. 红树林虫害

危害广西红树林的害虫种类有共30种，隶属27属、18科，其中主要害虫有15种，次要害虫有17种。

2004年5月，山口国家级红树林生态自然保护区发生了史无前例的严重的广州小斑螟虫灾,一周之内 40 hm² 白骨壤迅速变黄变枯并扩大至 106 hm²。据政府部门统计,广西沿海受害白骨壤林面积累计达到 700 hm²,其中北海市 200 hm²、钦州市 300 hm²、防城港市 200 hm²。

2006 年,钦州市沿海一带的红树林,特别是广西钦州茅尾海红树林省级自然保护区的无瓣海桑遭受白囊袋蛾危害,害虫平均密度超过 100 头/株,当地林业部门组织人工捕捉的红树林袋蛾达 206 kg。

2008 年初,广西沿海遭遇百年罕见的持续低温,部分白骨壤出现了冻害。广州小斑螟不仅度过了低温而且再次大暴发,害虫几乎波及广西所有的白骨壤分布区。与 2004 年首次出现的广西小斑螟虫灾相比,2008 年的虫灾具有发生时间早、蔓延速度快的特点,部分白骨壤群落当年无一结果。

经过几年对广西红树林虫害及相关生物的追踪调查,发现红树林植食性昆虫及其相关生物相当丰富,有红树林主要害虫及害螨 15 种,次要害虫及害螨 12 种及相关天敌 28 种(类)。各种害虫发生及危害的基本情况列于表 6-3。

表 6-3 广西红树林虫害发生情况表

树种	害虫名称	为害部位	近年发生情况	分布地点
白骨壤	广州小斑螟	叶、芽、嫩茎、果实	重	沿海各地均有发生
	小袋蛾	叶、嫩茎	轻	北海大冠沙、防城港渔舟坪
	蜡彩袋蛾	叶	轻	防城港交东
	白骨壤潜叶蛾	叶	轻	沿海各地均有发生
	瘿螨	叶	轻	沿海各地均有发生
	双叶拟缘蝽	叶	轻	合浦沙田
	棉古毒蛾	叶	轻	合浦沙田、钦州康熙岭
	伯瑞象蜡蝉	叶	轻	合浦沙田
	三点广翅蜡蝉	叶、嫩茎、芽	轻	沿海各地均有发生
	黄蟋蟀	茎	轻	合浦沙田
	吹棉蚧	叶、嫩茎	轻	合浦沙田
	白骨壤蛀果螟	果实	中	合浦沙田、北海垌尾
桐花树	毛颚小卷蛾	叶	重	沿海各地均有发生
	小袋蛾	叶	重	防城港交东、钦州康熙岭
	褐袋蛾	叶	重	东兴竹山
	蜡彩袋蛾	叶	中	防城港交东、石角、合浦英罗
	白囊袋蛾	叶	中	钦州沙井、大风江
	红树林扁刺蛾	叶	轻	钦州康熙岭
	丽绿刺蛾	叶	轻	钦州康熙岭
	白骨壤潜叶蛾	叶	轻	沿海各地均有发生
秋茄	蜡彩袋蛾	叶	重	防城港石角、交东
	白囊袋蛾	叶、茎	轻	钦州团禾

续表

树种	害虫名称	为害部位	近年发生情况	分布地点
秋茄	小袋蛾	叶、茎	重	北海红树林苗圃
	矢尖盾蚧	叶	轻	防城港交东
	三点广翅蜡蝉	叶、茎	轻	沿海各地均有发生
	黄蟋蟀	茎	轻	合浦沙田
	考氏白盾蚧	叶	轻	北海红树林苗圃、防城港贵明
无瓣海桑	白囊袋蛾	叶、茎	重	钦州康熙岭
	无瓣海桑白钩蛾	叶	中	钦州康熙岭
	木麻黄枯叶蛾	叶	中	钦州康熙岭
	绿黄枯叶蛾	叶	中	钦州康熙岭
	棉古毒蛾	叶	轻	钦州康熙岭
	海桑豹尺蛾	叶	轻	钦州康熙岭
	三点广翅蜡蝉	叶、嫩茎	轻	钦州康熙岭、合浦英罗
	黛袋蛾	叶	轻	钦州康熙岭
黄槿	叉带棉红蝽	叶、花、果实、茎	轻	防城港石角
	黄槿瘿螨	叶、果实、茎	中	沿海各地均有发生
	三点广翅蜡蝉	叶、茎	轻	沿海各地均有发生
	蜡彩袋蛾	叶	轻	防城港石角
阔苞菊	蓝绿象	叶	轻	合浦禾塘
木榄	蜡彩袋蛾	叶	轻	防城港石角、合浦英罗
红海榄	蜡彩袋蛾	叶	轻	防城港石角、合浦英罗

2010 年 10 月，山口国家级红树林生态自然保护区、北海金海湾红树林旅游区白骨壤林又发生了大规模的广州小斑螟危害。红树林虫害的频繁发生，是陆岸植被的退化以及海岸生态环境的恶化所致。

2. 生态入侵种

广西红树林生态区的外来植物问题早已存在，原产于热带美洲的马缨丹（*Lantana camara*）、原产于澳大利亚的木麻黄（*Casuarina equisetifolia*）是广西红树林海岸常见的外来植物。木麻黄作为海岸防护林的重要树种广泛栽植，马缨丹已逸生为野生种群。引入时间不长且生长在潮滩上与乡土红树林树种竞争生长空间的无瓣海桑（*Sonneratia apetela*）和互花米草（*Spartina alterniflora*）在广西红树林生态区有扩散漫延之势，侵占原生红树植物生境，引起了较大的关注。

无瓣海桑于 1985 年从孟加拉国引进到海南东寨港（李云等，1996），是红树林中的速生丰产乔木树种，近年来广泛用于华南沿海潮滩的绿化造林。雷州市附城镇芙蓉湾泥质海滩于 1997 年 5 月种植的无瓣海桑，最快年高生长可达 3.4 m、年胸径生长可达 3.1cm（雷州半岛红树林保护区资料）。山口国家级红树林生态自然保护区于 1995 年 12 月在英罗管理站近岸潮滩栽植从海南东寨港引种的无瓣海桑，生长最快的植株在一年内从 85 cm 长到了 190 cm，年高生长量高达 105 cm。无瓣海桑因具有快速生长特性而受到了林业等造林部门的欢迎，自 2002 年起被广西引种用于大规模的造林。目前全广西已有无瓣海桑人工林 182.2 hm²，以无瓣海桑为主的人工混交林 282.4 hm²，主要分布于钦州茅尾海、合浦南流江口，以及北海西村港等海滩，钦州市的造林面积最大。

为了保滩护岸、改良土壤、绿化海滩和改善海滩生态环境，1979 年 12 月互花米草被引进到我国，现已广泛分布于我国辽宁、河北、天津、山东、江苏、上海、浙江、福建、广东、广西 10 个沿海省（自治区）（徐国万和卓荣宗，1985）。广西于 1979 年引进了互花米草（吴敏兰和方志亮，2005），现已发展到 389.2 hm²，主要分布于铁山港海汊丹兜海（369.4 hm²，占面积比例 95%），另外两个分布点是山口镇北界村海滩（12.6 hm²）和营盘镇青山头海滩（7.2 hm²）（图 6-4）。营盘镇青山头和山口镇北界村的互花米草呈泛滥之势。

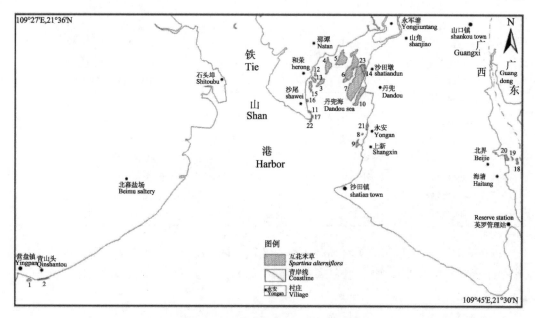

图 6-4　广西海岸潮间带互花米草分布图

3. 异常低温寒害

2008 年冬春，广西 50 年一遇的特大低温寒流使全部红树林群落受害，其中寒害严重的红树林群落有 2013.6 hm²，占 24%。寒害最严重的种群是无瓣海桑、红海榄、水黄皮等，最耐寒的种群是秋茄、桐花树、海漆、黄槿等。

寒害毁灭了 10 年生以下的红海榄幼树和幼苗，使该种的自然演替进程至少倒退 10 年。寒害造成永安红海榄幼林树冠全部幼枝枯萎，受害一年后仍未发新枝，造成天然的和人工的红海榄幼苗全部死亡。由此推测，角果木在广西的消失有可能也是低温寒害所致。

维持红树林生态系统的健康，使其具有较强的抗逆性和恢复力，在红树林生态恢复中采用耐寒种类，如秋茄等，就能提高红树林生态系统抗寒能力。

4. 风暴潮

热带风暴（台风）是影响我国沿海地区乃至部分内陆地区的重要的天气系统，是极具破坏力的热带气旋。1960~1999 年对广西造成影响的台风共有 148 个（平均每年 3.7 个）（周惠文等，2007）。热带风暴（台风）引发的风景潮会危害红树林生态系统，危害程度跟林分起源、林分疏密度、树龄等相关。天然的秋茄、木榄、桐花树、白骨壤等，具有生长缓慢、茎干木材致密坚硬、韧性大、直径与树高的比值较大、树干基部粗壮、支柱根或板状根发达等特点，能牢固地树立于海滩，10 级以下风力基本无害，仅影响其生长发育，只有 11~12 级或以上风力才会损害这些天然红树林生态系统（徐宗焕等，2007）。红树林造林时应采取适当措施提高红树林抵抗台风的能力，如适当密植红树林，种植带要达到一定的宽度（50~100 m），速生和慢生红树植物适当搭配，选择抗风性强的优良红树种类造林等（陈玉军等，2000）。

5. 气候变暖

大气中 CO_2 等温室气体浓度的上升和由此产生的温室效应，导致全球温度上升、气候变化及地球生态系统等发生一系列改变。全球变化最明显和最直接的反应是海平面上升，20 世纪末海平面上升速率为（1.8 ± 0.3）mm/a。

海平面上升对红树林的影响取决于海平面上升速率与红树林潮滩沉积速率的对比关系。当海平面上升速率小于红树林潮滩沉积速率时，海平面上升不会对红树林产生明显的直接影响，海滩在红树林生物地貌过程作用下不断堆积，并且随红树林生态系统的不断演化，海岸带向海推进。当红树林潮滩沉积速率与海平面上升速率相等时，红树林海岸保持一种动态平衡。当海平面上升速率大于红树林潮滩沉积速率时，红树林的变化取决于红树林生长环境和红树林群落对海平面上升的综合反应。如果红树林后缘地貌和地层条件适合红树林生长，原先不适合红树林生长的海岸会变得对红树林生长有利，潮水和海流会把红树林胚胎带到这些地方形成新的红树林，红树林将大规模向陆地迁移。当红树林后缘底质不适合红树林生长时，则红树林几乎不向陆地演化，海平面上升将导致红树林被淹没。此外，一些红树林海岸在海平面上升时会改变地貌，如沙丘或沙体的消失、泥滩向陆地移动等，这些变化将从根本上改变红树林的生境条件，从而显著改变红树林生态系统。

模拟海平面上升 30 cm 壤质沙土（粗质土）和黏土（细质土）条件下红树植物秋茄对水位上升和淹水时间延长的反应。结果秋茄繁殖体的萌苗速度明显加快，最初 2 个月茎高生长的增加，与野外条件下最初 4 个月的茎高生长均为低潮区高于高潮区的结果相同。微型盆栽试验和野外种植试验均表明，海平面上升 30 cm 对秋茄的萌发和早期生长具有促进作用（叶勇等，2004）。

广西人工岸线（海堤）长度为 1258.8 km，占海岸线长度（1600.6 km）的 78.6%，海平面上升后红树林没有向陆岸扩展的退路。因此，全球变暖引起的海平面上升将是广西红树林生态系统的一场灾难。

6. 污损生物

污损生物的附着会伤害红树林。广西海区桐花树茎上有污损动物 9 种，其中白条地藤壶（*Euraphiaw ithersi*）、潮间藤壶（*Balanus littoralis*）、黑荞麦蛤（*Xenostrobus atratus*）和团聚牡蛎（*Ostrea glomerata*）为主要种（何斌源等，2000）。藤壶危害红树林幼树的主要表现在使其变形易倒伏而死亡。藤壶附满红树植株的茎、枝、叶，则会妨碍其光合作用和呼吸作用而致其死亡。

红树上藤壶的附着和分布受多种因素影响，藤壶附着数量与海水盐度、红树浸淹深度、海流速度正相关，与林分郁闭度（林分密度）负相关。在九龙江口红树林区，林分郁闭度达到0.5的红树林，就基本没有藤壶附着。红树受藤壶危害程度在开阔海域较封闭港湾严重，在向海林缘较林内和向陆林缘严重（向平等，2006）。海水盐度低于15时，红树的藤壶附着量一般很少。秋茄、海桑等树种茎部的脱皮，会减少藤壶的附着数量。藤壶在秋茄和白骨壤植株上的分布数量随植株所处滩涂高程和树层的增高而锐减，秋茄和白骨壤受藤壶危害程度存在一定差异（林秀雁和卢昌义，2008）。

藤壶危害是目前红树林人工造林所面临的一大难题，必须采用综合方法防治。首先要选择不利于藤壶生存的环境，如低盐度、流速慢的潮水、较高的潮滩、有红树林或者其他植物"梳滤"藤壶幼体的环境。其次要多选择对藤壶有自净能力的树种，如有脱皮功能的秋茄、海桑类植物。再次是选择合适的人工防治措施，如混合农药或者毒性油漆等。

团水虱（*Sphaeroma* sp.）是甲壳纲等足类钻孔动物，在北仑河口自然保护区石角管理站、南流江口的人工或者天然秋茄林每年都有不少植株因团水虱的危害而枯死。目前对红树植物钻孔动物危害的研究较少，其发生过程与机理还不清楚。南流江口的造林实践证明，采用山口国家级红树林生态自然保护区引种的秋茄种苗造林，所受团水虱危害的程度比采用本地种严重得多。因此，选择合适的造林种源可以减轻团水虱的危害。

2007年底，北海半岛南岸的禾沟和防城港西湾马正开等处潮滩上，出现大量的浒苔覆盖包裹人工红树林幼树，致使95%以上的幼树倒伏，濒临死亡。浒苔隶属绿藻门石莼科浒苔属，草绿色，管状膜质，主枝明显，分枝多且细长。藻体长可达1 m，直径2~3 mm。浒苔属于广温、广盐、耐干露性强的大型海藻，广泛生长在世界沿岸高、中、低潮带沙砾、岩礁和石沼中，我国各海区均有分布（乔方利等，2008）。在开放性海洋生态系统中控制浒苔，几乎是不可能的。

（二）海草

台风引起的风浪或风暴潮能将海草连根冲刷起来，也会翻起滩涂中的泥沙埋没海草，从而影响海草的生长，造成海草资源破坏（范航清等，2007）。病害及气候变暖的影响不明。

（三）珊瑚礁

1. 珊瑚病害

根据广西"908"专项调查2007~2008年的潜水调查和对涠洲岛、斜阳岛、白龙尾海区断面的影像资料的分析，发现秋、春两个季度的活石珊瑚病害主要有白化病，其次是侵蚀病和白带病等（图6-5）。

白龙尾的珊瑚平均白化率为0.9%、平均白化病为0.23%，居三个珊瑚礁区之首，显示出珊瑚的死亡及白化病害状况严重；涠洲岛西南面、东北面、东南面沿岸的珊瑚出现白化，涠洲岛珊瑚平均白化率为0.12%、平均白化病为0.22%；斜阳岛断面未发现最近死亡的珊瑚，白化率均为0，珊瑚白化病极少。

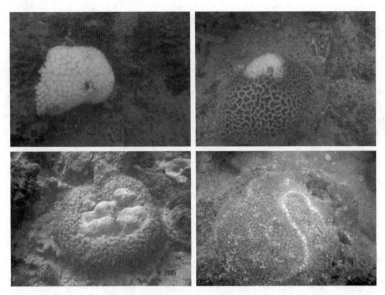

图 6-5 珊瑚病害（见图版彩图）
珊瑚白化死亡（盔形珊瑚）（左上）、珊瑚白化病（右上）、珊瑚侵蚀病
（角孔珊瑚）和珊瑚白带病（盔形珊瑚）（右下）

2. 珊瑚敌害

Jaap 和 Adams 研究发现，珊瑚的天敌生物较多，硬骨鱼类、甲壳动物、刺皮动物、腹足动物、穿孔动物均会对珊瑚的生长构成威胁，它们大多属掠食者，有的轻啮珊瑚活体，有的咬食后并撕毁其他组织部位，造成骨骼体断裂。珊瑚损伤后，易受其他藻类或底栖附着生物入侵而死亡。涠洲岛珊瑚的敌害生物主要是贝类（如核果螺）、大型底栖藻类（马尾藻、团扇藻、囊藻、网胰藻、珊瑚藻等）和海星。海星数量较少故威胁不大，而大型藻类较多故威胁较大。在涠洲岛沿岸珊瑚礁区，囊藻、网胰藻、马尾藻等在春季水温回升时会大量繁殖生长，与珊瑚竞争生境，同时也给软体动物的生长提供了丰富的食物和大量繁殖的机会。造礁珊瑚在冬季期间受寒流影响时会损伤和部分死亡，丧失与藻类竞争的能力，以致珊瑚白化甚至死亡。藻类在夏季成熟并溃烂后，造礁珊瑚才能重新恢复生长。

（1）遭核果螺吞噬

活石珊瑚遭核果螺吞噬的现象（图 6-6），在涠洲岛和白龙尾均常见，其中在涠洲岛见于南面、西北面、东北面沿岸，遭损害的活石珊瑚属种有滨珊瑚、角孔珊瑚、盔形珊瑚、扁脑珊瑚、蜂巢珊瑚、角蜂巢珊瑚、鹿角珊瑚、小牡丹珊瑚等，在白龙尾，遭损害的活石珊瑚属种为帛琉蜂巢珊瑚、翘齿蜂巢珊瑚、滨珊瑚等。

（2）贝类侵蚀

在涠洲岛、斜阳岛均发现贝类侵蚀珊瑚礁的现象，其中涠洲岛较多（图 6-6），主要见于西南面沿岸的观测断面，遭侵蚀的石珊瑚属种为蜂巢珊瑚、小牡丹珊瑚、蜂巢珊瑚、扁脑珊瑚；斜阳岛仅在东北面沿岸海域发现，侵蚀石珊瑚属种为扁脑珊瑚。

（3）大型藻类的附着

大型海藻较少见于秋季，多见于春季，一般在礁坪生长带上以马尾藻、囊藻、叉珊藻

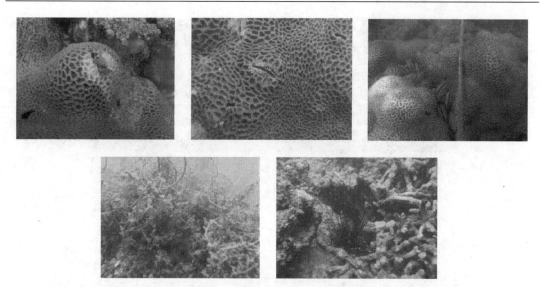

图 6-6 核果螺（左上）、贝类侵蚀（中上、右上）、藻类附着（左下）和长棘海胆（右下）
（见图版彩图）

占优势，繁茂的海藻会侵占水体空间，使珊瑚群体会因吸收不到光能和养料而死亡。涠洲岛发现的大型海藻为宽边叉节藻、囊藻、团扇藻、珊瑚藻、叉珊藻（图 6-6），斜阳岛海藻较少，白龙尾较多，为叉珊藻、囊藻。

长棘海胆等天敌也会侵食珊瑚，鹿角珊瑚较易受到侵害（图 6-6）。

3. 灾害性气候

（1）夏季台风、暴雨威胁

台风和台风引起的风暴潮、暴雨对珊瑚礁生长的影响较大。涠洲岛每年 5~11 月为台风季节，台风引起的海浪会冲刷、破坏甚至摧毁海岸珊瑚礁，故受偏南向波浪的强烈作用的涠洲岛西岸大岭一带没有珊瑚礁发育。台风期间的暴雨会造成沿岸浅水区海水盐度骤降，可能导致部分近岸浅水区的珊瑚死亡。

（2）冬季寒流威胁

涠洲岛冬季平均海水水温为 19.47℃，极端最低水温仅 12.3℃（出现在 1968 年 2 月 25 日）。1984 年 1 月和 2 月水温平均分别为 15.6℃和 14.7℃，2002 年 2 月涠洲岛的年最低海水温度平均值为 14.9℃，变化为 12.3~18.3℃，所记录的水温已低于造礁珊瑚生长要求的极限水温（18℃）。通过分析南海各礁区长期观测的水温资料和造礁石珊瑚的生长状况，聂宝符等认为海水温度低于 13℃时，珊瑚会受到致命的创伤。台湾中山大学方力行教授对珊瑚礁生态环境进行了长期研究，认为 18℃的水温维持 1~2 周，会造成甚于 30℃高温给珊瑚带来的伤害。1983~1984 年和同济大学合作对涠洲岛珊瑚礁所开展的调查、1990~1992 年海岛资源综合调查以及近年来对涠洲岛珊瑚礁调查均发现，在冬季寒流影响下，涠洲岛珊瑚出现死亡。"908"专项广西重点生态区春季调查发现，在遭受 2008 年初 1~2 月的持续低温后，涠洲岛出现已死亡 30 天至 0.5 年的珊瑚。

影响白龙尾的地区性气候主要有热带气旋、台风暴潮、强风、大风、暴雨等。热带气旋一般发生在 5~11 月，以 6~9 月发生最为频繁。这些气候对珊瑚礁生态系统会产生不利的影响。

二、人为因素

（一）红树林

对红树林生态系统产生胁迫的原因多种多样，包括威胁红树林生态系统的人类活动、敌害生物以及突发性生态灾害等。人为干扰形式主要有挖掘经济动物、泊船、红树林内修建旅游设施、修造海堤、城市建设、红树林放牧等，因干扰形式的多样性以及不确定性，根据野外观测与样方调查结果，通过实地调查评估各种干扰的发生特征与危害性。

1. 临海工业建设

根据《广西北部湾经济区发展规划（2008 年 1 月）》，在钦州港工业区、企沙工业区和铁山港工业区规划建设面积 86 km^2 临海重化工业集中区，主要发展能源、石化、化工、林浆纸、钢铁、重型机械、集装箱制造、粮油加工等工业。

最近几年广西临海工业建设随着北部湾经济圈的大开发而突飞猛进地发展。钦州港经济开发区石化、能源等重大项目推进迅速，一大批新上的石化、造纸、能源、冶金、粮油加工等支柱产业已相继建成投产。目前防城港企沙工业区和大西南临港工业园已先后引进了 150 多个项目。北海铁山港炼油异地改造石油化工项目及配套工程、320 万 m^3 原油商业储备基地等大型项目计划在 2011 年建成投产。

显然临海工业建设会挤占部分红树林生境，项目投产后如果污染控制失当还会对红树林生态系统及近海环境造成污染，危害到红树林生态系统中的海洋生物的生存与健康。

2. 城市化与港口建设

根据《广西北部湾经济区发展规划》（2008 年 2 月），广西北部湾经济区城镇化率将由 2009 年的 39.23%发展到 2010 年的 45%，2020 年要达到 60%。2020 年北海城市建成区人口将发展到 100 万~120 万人，钦州 90 万~100 万人，防城港 50 万~60 万人。城市人口的持续增加以及土地快速增值使填海造地成为经济的选择，以满足城市建设以及基础设施建设的需要，防城港马正开的新城区建设以及钦州市坚心围至辣椒槌的新城区建设正是这种扩张建设的典型例子，填海造地会造成红树林生境的永远丧失。

广西环北部湾港口将成为大西南货物进入东南亚市场的主要出海通道，根据《广西沿海港口布局规划》，广西北部湾经济区港口货物吞吐量 2010 年将达到 1 亿 t、2020 年要达到 3 亿 t。为实现这一目标，广西沿海三市加大招商投资力度，开始大规模地修建新码头，建设现代化沿海港口群。2009 年年底，北部湾港万吨级以上泊位达到 46 个，港口综合通过能力达到 1.15 亿 t。港口码头建设地点通常在河口海湾内，这些地方通常是红树林生长场所，因此新的港口码头建设也会永久地占据部分红树林地，如钦州籪沟港的码头建设和沙田新港的建设等均要毁掉部分红树林。

3. 围海造田

历史上，广西众多海湾曾经是红树林栖息地，后来围海造田后转化为农田或者盐田，规模较大者有英罗港海堤内的农田、丹兜海海湾内的众多虾塘、榄子根盐场和竹林盐场等，早期的这些围海活动致使广西红树林面积减少至少一半以上。由于农业生产附加值低，围海造田已不复存在。

4. 海水养殖与捕捞

广西沿海海水养殖面积 34 091 hm^2。珍珠港红树林区海水养殖废水中的主要污染物为有机碳、无机磷和氨氮，其中，有机碳的排放储量占总储量的 79.1%，总氮占 18.8%，总磷占 1.7%，重金属类的排放储量总和仅占总量的 0.3%。海水养殖排污会引起水体富营养化，可能导致绿潮或者赤潮的发生，对红树林可能有负面影响。另外，养殖污水会增加土壤有机质，使红树林盐土的水溶性盐含量有所提高（缪绅裕和陈桂珠，1995），应该有利于红树植物生长。

数以千计的沿海农民为谋生常年在红树林区挖掘海洋经济动物，对红树林危害很大。山口国家级红树林生态自然保护区红树林潮滩内挖捕活动非常频繁，曾观察到 12 个挖掘坑平均直径 37.1 cm，平均深 7.1 cm，平均间距 9.2 cm。按面积计算的潮滩挖掘率为 13%，经常挖断树苗及树根，造成红树林植株死亡。

此外，泊船和放牧对红树林也有不利影响，渔船停泊压断红树，水牛啃食红树嫩叶影响红树的生长。

5. 陆源污染物排放

广西沿海对红树林生态区有影响的入海河流主要有北仑河、江平江、黄竹江、茅岭江、钦江、大风江、南流江、白沙河等。其中多年平均径流量大于 10 亿 m^3 的河流有北仑河、茅岭江、钦江、大风江、南流江。

钦江长 179 km，流域面积 2457 km^2，多年平均径流量为 19.6 亿 m^3，年输沙量约为 46.5 万 t，以钦江作为重点径流入海污染源进行调查，结果表明，钦江主要污染物最大入海通量（不考虑海水及回荡累积时的入海通量）总量为 22 023.14 t/a。其中，有机碳的最大入海通量占总量的 53.8%；总氮占 32.3%；总磷占 12.9%；油类占 0.6%；重金属类主要污染物最大入海通量总和仅占总量的 0.3%。说明径流入海污染源中的主要污染物为总磷、总氮和油类。

对钦州港主要直排入海的城市综合排污口作为重点城市综合排污口污染源进行调查，主要污染物排放总量为 135.66 t/a。其中，有机碳的排放量占总量的 76.9%；总氮占 19.3%；总磷占 1.9%；油类占 1.5%；重金属类的排放量总和仅占总量的 0.5%。说明城市综合排污口污染源中的主要污染物为有机碳和无机磷。

综上所述，陆岸对环境污染压力较大的污染物主要是磷、氮、有机碳，径流入海污染源是红树林生态区的主要污染源，城市综合排污口污染源的污染压力对红树林生态区的影响较小。

6. 溢油污染

2008 年 8 月北部湾海域出现了大面积的漂油事件，溢油出现在大风江口以西的岸段，在东湾、天堂坡、大埔口等处出现块状黑色油垢。油垢分布特点是，外湾较内湾严重，内滩较外滩严重。受溢油污染的红树林面积合计有 1160 hm^2，北海市 566.6 hm^2，钦州市 290.4 hm^2，防城港市 303.0 hm^2，占广西红树林总面积（8375 hm^2）的 13.9%。

广西沿海地区经济的活跃,将引发更多的生产和交通运输环节的意外事故。必须关注人类活动导致的突发性事件对红树林生态系统造成的影响。

溢油污染对红树林生态系统的危害效应漫长,负面影响会缓慢显现。溢油会影响红树植物的光合作用、呼吸作用、植物繁殖过程(如出现白化苗),甚至直接伤害植物(如叶片黄化掉落、植株枯死等)。溢油污染还会危害依靠红树林的海水养殖业和红树林中的大型底栖动物。

(二)海草

在世界范围内,海草床最主要的人为威胁类型表现为富营养化或悬浮物负载增大所带来水质与水体透明度的下降(Larkum et al.,2006;Short and Wyllie-Echeverria,1996)。与世界上很多地区的海草床不同的是,广西海草床所处潮带普遍相对较高,多位于潮间带地区,离岸距离较近,可轻易到达,海草床内渔业活动频繁,群众保护海草意识相对以前尽管有所提高但依旧淡薄,故广西海草床受到的人为影响更为直接而强烈,挖贝、耙贝、拖网等活动对海草生长的影响较大(Boese,2002;Cabaço et al.,2005;Conchon and Sachez,2005;Huang et al.,2006)。人为影响可直接导致海草生境的严重破碎(Montefalcone et al.,2010)。一些突发性的灾害事件,如海上溢油事件,也会严重威胁海草的生长(Jackson et al.,1989)。广西海草床面临的各种主要胁迫归纳如下(图6-7)。

图6-7 海草生境的人为活动

1. 挖沙虫、泥丁，挖贝、耙螺

广西海草床内挖贝、挖沙虫、耙螺等十分普遍，是海草床沿岸居民获取经济来源的主要渔作之一。仅在广西合浦海草床，挖贝、耙螺者日近千人，周末或节假日因学生也参与其中而人数更多。挖沙虫与耙螺有两种情况：一种是挖耙天然的沙虫与贝类；另一种是挖耙海草床区内养殖的沙虫与竹蛏、花甲螺等贝类。第一种情况挖耙频率高，但程度较低，挖耙面小；第二种情况仅在收获时挖耙，但挖耙程度高，挖耙面广，几乎将整个养殖区挖耙一遍。挖沙虫、耙螺会将海草连根翻起，导致海草被晒死或被海水冲走而毁灭。此外，挖耙会疏松滩涂的泥沙，造成泥沙流动并埋没海草，也会影响到海草的正常生长。

2. 海水养殖

海草床及其周围海域的插桩吊养贝类（包括大蚝、牡蛎和珍珠贝等）和大型海藻等作业时的践踏、打桩、挖掘等活动，都会显著影响海草的生长。典型表现在茅尾海、钦州湾和铁山港海草床的牡蛎的插桩吊养，养殖区遍布断桩和牡蛎壳，造成养殖范围内的海草覆盖度低，生长稀疏。

3. 非法设置渔箔

海草床内设置渔箔、利用潮水的涨落捕捉鱼类是广西沿海常见的渔作方式。设置渔箔时的打桩和捕鱼时的践踏都会伤害海草。此外，非法设置的渔箔会阻拦并搁浅儒艮、中华白海豚等珍稀海洋动物，严重威胁海草分布海域的珍稀海洋动物。

4. 毒虾、电虾和炸鱼

海草床的毒虾和电虾活动，会严重伤害海草和海草生境内的生物。海草床的炸鱼现象虽已少见，但并未绝迹，仍对海草构成严重威胁。

5. 底网拖渔

底网拖渔对海草的破坏很突出。仅在广西铁山港与沙田海域，底拖网船达几百艘，一般作业于 10 m 以内的浅海，这些底拖网船在拖网作业时把海底的海草成片连根拖起，对海草造成毁灭性的破坏，对当地环境也造成了极大的影响。

6. 人为污染

陆源工业废水与生活污水中污染物和海上排放（主要为交通、倾废和养殖等）的污染物，会造成海水中难降解有机物、营养盐、悬浮物等的含量增加，恶化海草床的生存环境，降低了海水透明度，影响了海草的生长。

7. 开挖港池航道

开挖航道会将工程区的海草挖掉，增加非工程区海水中的悬浮物，降低海水透明度，影响海草的正常生长。

8. 家禽家畜的养殖

在沙田半岛的榕根山、山寮沿海一带，海草床附近放养大量的鸭子和猪，鸭子在海草床摄食鱼虾外，有时也会摄食海草，猪在海草床滩涂上拱食时会翻起海草。

9. 泊船

海草床上泊船会直接破坏海草,铁锚的收放、船员的践踏等也会影响海草的生长。

10. 其他影响

其他的影响还有抽沙活动(以珍珠湾内比较突出)、驾车(珍珠湾内每天都有摩托车在海草床内经过)、沉积物掩埋,尤其是钦州,被掩埋的海草种类以贝克喜盐草、喜盐草和矮大叶藻为主。

11. 广西海草生态系统人为胁迫的赋分

采用主观评分法,即根据现场调研的感性认识和群众访谈的结果,对广西各处海草床各种类型的人为影响进行主观赋分,并将同类型人为影响的赋分值相加,分值越高表示该类型的人为干扰对海草床影响越大。对挖耙贝类,挖沙虫、泥丁,海水养殖,非法设置渔箔,毒鱼虾,电鱼虾,炸鱼,底网拖鱼,人为污染,泊船,沿海家禽家畜养殖等影响广西海草床的干扰活动进行赋分的结果见图 6-8。

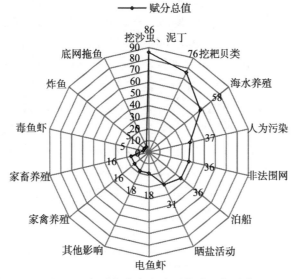

图 6-8 广西海草床人为干扰类型与赋值

挖沙虫、泥丁赋分最高,达 86 分,表明挖沙虫、泥丁(主要是挖沙虫)对广西海草床的影响最大,该活动范围广、频度高,对海草生态系统的干扰不容忽视。挖耙贝类的赋分为 76 分,表明其对广西海草床的影响也较大,挖螺、耙贝现象在广西海草床普遍存在。底网拖鱼在广西合浦海草床最频繁,该区域有底拖网船 400 艘,一般作业于 10 m 以浅的海域,作业时把海草成片连根拖起,对海草造成毁灭性的破坏(韩秋影等,2007)。2008 年涠洲岛溢油未对广西海草生态系统造成实质危害。富营养化引起的藻类暴发,在广西铁山港海草床几乎每年都有发生。繁茂生长的大型藻会覆盖海草,影响海草的光合作用,争夺海草的氧气需求。微藻的大量暴发也不利于海草生态系统。

人为破坏是合浦海草床退化的主要因素(李颖虹等,2007)。根据初步估算,1980~2005

年，合浦海草床价值的人为损失为 34 657.95 万元，损失率为 71.97%。海草直接利用价值增加 4452.88 万元，而海草间接利用价值损失 39 110.83 万元，损失率高达 81.82%，说明合浦海草床的开发利用强度增大明显（韩秋影等，2007）。

人口的快速增长会增加对资源的需求。合浦海草床周边社区经济欠发达，迫于生计和经济发展的需要，加之缺乏可持续发展的理念，无序、过度地开发利用海草，对海草生态系统造成不良影响。这些经济活动能带来快速回报和短期利益，但会造成环境的退化和资源的减少，最终使当地社区重陷贫困，形成恶性循环。类似的现象在广西其他的海草床区，如珍珠湾海草床区同样存在。要维护现有的广西海草资源，必须最小化人为干扰对海草生态系统造成的负面效应。

（三）珊瑚礁

广西沿岸珊瑚礁生态系统的人为胁迫类型主要表现在工业污水和居民生活污水排放、渔业捕捞和水产养殖、挖掘珊瑚礁和海沙、采挖和贩卖珊瑚、港口码头建设、潜水旅游等。

1. 工业废水和居民生活污水排放入海

广西涠洲岛沿岸工业相对较少，斜阳岛、白龙尾沿岸几乎没有。涠洲岛在西北岸有中国南海西部石油公司原油处理终端，其产生的废水经处理达标后用污水管道送至离岸 2 km 处 20 m 水深海域排放。居民生活污水未经处理沿岸排放。工业企业主要污染源污染物为 COD、NH_4^+-N、SO_2、工业粉尘等，其排放总量分别为 14.97 t/a、0.05 t/a、12.13 t/a、1.29 t/a（表 6-4）。涠洲镇居民生活废水年总量约为 $8.03×10^4$ t，港口和船舶污染物质中的含油污水年总量约为 1.05 t。污水排放入海对附近海域造成一定程度污染，从而对珊瑚生态环境产生影响。污水中含有大量的营养盐，海水中营养盐过剩会造成水质富营养化，使水中的藻类滋生，而藻类繁茂会降低穿透海水的光强，抑制珊瑚体内共生藻类的光合作用，使珊瑚白化或死亡。大量污水排放入海会增加海水中悬浮物，减弱水中的光照度，降低与珊瑚共生的虫黄藻光合作用率，导致珊瑚生长缓慢甚至退化。

表 6-4 2006 年涠洲岛主要污染源污染物排放统计表　　（单位：t/a）

序号	名称	COD	氨氮	SO_2	烟尘	工业粉尘	工业固体
1	中国海洋石油南海西部公司	14.97	0.05	12.13	0	0	0
2	南海西部石油北海炭黑厂	0	0	0	0	1.29	0
	排放总量	14.97	0.05	12.13	0	1.29	0

2. 渔业捕捞和海水养殖

炸鱼、毒鱼、炸礁、渔船抛锚、拖网、刺网和弃置渔网、渔船含油废水等都会直接危害珊瑚，破坏珊瑚礁的生态环境。近年来，屡见珊瑚礁被锚破坏的痕迹，以及珊瑚破碎和翻倒的现象。涠洲岛海水养殖的品种有墨西哥海湾扇贝、栉孔扇贝、珍珠、鲍鱼、海参等，这些养殖动物的饵料和排泄物同样会影响珊瑚礁的生态环境。近年南湾口及东北侧岸上的养殖场已增加至 4~5 个，湾口海域围养、吊养面积增多，附近的珊瑚礁长年受到岸上养殖污水排放及海上养殖悬浮物的影响（图 6-9）。

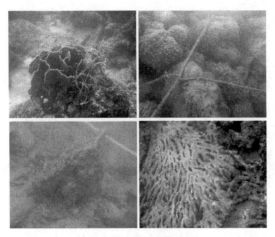

图 6-9 受损珊瑚礁

绳索、垃圾覆盖珊瑚（牡丹珊瑚）（左上），养殖绳索捆绑珊瑚（角孔珊瑚）（右上），珊瑚被掀拉倒伏（左下，右下鹿角珊瑚）

3. 挖掘珊瑚礁和海沙作为建筑材料

涠洲岛当地居民、政府部门、企业单位、事业单位，自20世纪70年代初期至90年代中期，大量开挖珊瑚礁和海沙作为建筑材料，既直接破坏了涠洲岛珊瑚礁，又导致海水悬浮物增加而变浑浊，从而破坏珊瑚礁正常发育所需求的生态环境。直到90年代后期，当地政府意识到了挖掘珊瑚礁和海沙对珊瑚礁生态系统和海洋生态环境带来的危害，便制定相关的政策法规禁止挖掘珊瑚礁和海沙（图6-10）。

图 6-10 采用珊瑚礁块建筑房屋

4. 采挖和贩卖珊瑚

北海市和涠洲地方政府已禁止采挖、贩卖珊瑚，但仍难杜绝采挖和贩卖珊瑚的行为。至今仍发现在竹蔗寮、滴水村、盛塘天主教堂、五彩滩（又称芝麻滩）等景点有珊瑚工艺品出售。当地居民保护珊瑚资源意识淡薄，在经济利益驱动下仍采挖珊瑚出售。采挖珊瑚直接破坏珊瑚生态系统，采挖过程产生的泥沙悬浮物，会恶化珊瑚生态环境，形成更大的危害。

5. 港口码头建设

涠洲岛沿岸现有500 t级客运货运码头2个，南海西部石油公司500 t级油气码头1个，高岭2000 t级滚装码头和客运码头各1个，2000 t级客货码头1个和宽8 m、长2898 m的

30万t原油单点泊位码头栈桥。在涠洲岛两侧航道分为东航道和西航道，均为天然航道，其中西航道可满足50万t级邮轮乘潮进港。港口码头等海洋工程建设对珊瑚生态环境的影响来自于建设期的粉尘、建筑垃圾的倾倒、自然岸线的破坏和营运期间污水的排放。计划铺设的涠洲岛至北海的海底输油管道工程，也将会对管道附近——涠洲岛西北部的沿岸海域的珊瑚礁生态系统造成损害。

白龙尾珊瑚礁主要受渔船、码头垃圾、粉尘、污水等的影响。

6. 潜水旅游

目前，涠洲岛有三家旅游潜水公司提供珊瑚礁生态旅游潜水服务，其游船和潜水游客会对珊瑚礁生态系统造成影响，潜水游客的踩踏可能造成珊瑚的损害或死亡。据调查统计，旅游客运人数逐年增多，上岛人数2005年约9万人，2006年约17万人，2007年约20万人，2008年约24万人，客轮从1~2班次/d增至5~11班次/d；上岛游客越多，潜水游客越多，对珊瑚礁生态系统影响就越大。

第七章 广西典型海洋生态系统保护恢复与管理回顾（近20年）

保护区机构与主要行动

一、红树林保护与恢复

（一）广西红树林生态系统管理框架

我国海洋管理体制是以海监、环保、渔政、海事、边防和海关等部门为主的分散型行业管理体制，涉及海岸带开发与管理的则多达20余个部门，各部门因职责和分工不同，都对海岸带地区进行不同目标或对象的管理。例如，海洋行政管理部门，主要职责是综合管理国家海洋事务，制定并实施相关相应的政策、方针、区划和规划等；国土资源部主要涉及海岸带的滩涂资源、海洋石油勘探开发等；交通部门主要涉及海上运输及船舶的安全、秩序等；农业部门具有海岸带地区渔业资源的开发与保护的职责等；旅游部门涉及滨海旅游的开发与管理。不同的部门因其职责不同，在管理中往往会造成管理上的"真空"或重叠，使得各利益相关者之间矛盾不断。例如，沿海企业排污造成海域污染与滨海旅游、海水养殖之间，海水养殖与港口开发之间，港口开发和生态保护之间产生的纠纷等。

广西红树林生态系统作为一种湿地资源理论上是由林业部门管理。从海洋国土来看，红树林生长在潮间带，是一种海洋生态系统资源，属于海洋部门管理。海洋渔业的行政管理部门则是农业部门的水产畜牧兽医局。海洋部门管理海洋资源及其保护利用，并实施海洋环境监测，成立了两个国家级红树林保护区（山口国家级红树林生态自然保护区和北仑河口自然保护区）。两个保护区以外的潮间带红树林资源属于林业部门管理，林业部门是负责红树林造林的专门机构，在钦州市成立了省级茅尾海红树林保护区。水产部门负责红树林区渔业专业的管理与指导。广西红树林生态系统管理框架图见图7-1。

红树林生态系统的保护与利用的多部门管理，首先体现了政府对海洋管理特别是红树林生态系统管理的重视，其次专业职能部门可以为红树林生态系统管理提供专业的技术服务，不足之处是管理部门之间协调困难，各自为政，效率不高。因此，需要成立由相关部门参与的省级海岸带综合管理委员会，协调解决海岸带的管理与利用问题，包括海岸带重要资源的红树林生态系统的保护管理、恢复与可持续发展利用问题。

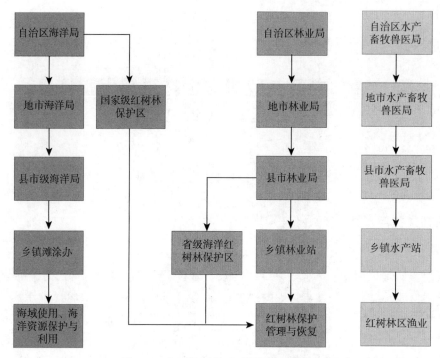

图 7-1　广西红树林生态系统管理框架

（二）红树林保护区管理

1. 山口国家级红树林生态自然保护区

山口红树林生态自然保护区是 1990 年 9 月经国务院批准建立的我国首批国家级海洋类型自然保护区，主管部门是国家海洋局。保护区地理坐标范围东经 109°43′~109°46′，北纬 21°28′~21°36′，由广西合浦县东南部沙田半岛的东西两侧海岸及海域组成，东与广东省湛江红树林保护区接壤，地域跨越山口、沙田和白沙三镇。总岸线长 50 km，总面积 8000 hm²。核心区面积 800 hm²，缓冲区面积 3600 hm²，过渡区面积 3600 hm²。现有红树林面积 818.8 hm²，占广西红树林面积的 8.9%。保护区东面有英罗港有武留江、洗米河和湛江的大坝河 3 条小河流入，西面的丹兜海仅有那交河流入，是一个典型的淡水流量少和水土流失严重的海岸。山口国家级红树林生态自然保护区生物多样性丰富，有乡土红树植物（包括半红树植物）种类是 11 科、14 属、14 种，底栖硅藻 158 种，浮游植物 96 种，大型底栖动物 170 种，鱼类 95 种，鸟类 106 种，昆虫 273 种。

山口国家级红树林生态自然保护区管理处于 1993 年建立，定级为副处级，编制 16 人，下设办公室、业务科、资源保护科、英罗管理站和沙田管理站等职能部门。在 2001 年以前，由合浦县人民政府负责其行政管理，2001 年以后，由广西壮族自治区国土资源厅负责其行政管理，管理处办公地点位于广西北海市云南路。

山口国家级红树林生态自然保护区的主要任务是负责保护区的管理保护、红树林资源监测、红树林生态旅游、生态恢复等，还参加了国际合作研究项目。保护区 1997 年加入中国人与生物圈保护区（CBR）网络，并与美国佛罗里达州鲁克利湾（Rookery Bay）国家河口研究保护区结成姐妹保护区关系；2000 年加入联合国教科文组织人与生物圈保护区（MAB）网络；2002 年加入《国际湿地公约》，是 Ramsar 湿地公约成员。

2. 北仑河口自然保护区

广西北仑河口国家级自然保护区位于我国大陆海岸线最西南端的广西壮族自治区防城港市西南沿海地带，包括东起防城区江山乡白龙半岛，西至东兴市东兴镇罗浮江与北仑河汇集处的滩涂和部分海域，跨越防城区和东兴市的 13 个自然村，地理坐标为东经 108°00′30″~108°16′30″，北纬 21°31′00″~21°37′30″。海岸线总长 105 km，总面积 3000.0 hm²，核心区 1406.7 hm²，缓冲区 1260.0 hm²，实验区 333.3 hm²。保护区现有红树林面积 1069.3 hm²，占广西红树林面积的 11.6%。有红树植物 15 种（其中真红树 10 种、半红树 5 种），主要红树植物种类有白骨壤、桐花树、秋茄、木榄、红海榄、海漆、老鼠簕、小花老鼠簕、榄李、卤蕨、水黄皮、黄槿、杨叶肖槿、海芒果、银叶树等。其他常见高等植物 19 种，大型底栖动物 84 种，鱼类 27 种，鸟类 187 种，有 30 种属国家重点保护鸟类，有 145 种是候鸟，占鸟类总数的 77.5%。

北仑河口自然保护区于 1985 年建立县级红树林保护区，1990 年晋升为省级海洋自然保护区，2000 年 4 月经国务院批准晋升为国家级自然保护区，以红树林生态系统为保护对象。2001 年 7 月，加入中国人与生物圈（MAB）组织，2004 年 7 月加入中国生物多样性保护基金会自然保护区委员会，2005 年 2 月与广西师范大学合作建立教育科研实习基地，2008 年 2 月加入国际重要湿地。

广西北仑河口国家级自然保护区管理处办公地点在防城港市，定级为副处级，下设办公室、宣教科、资源保护执法科等职能科室以及珍珠湾管理站、鸟类救护站、竹山管理站，核定事业编制 12 名，现有管理人员 14 名，专业巡护队员 3 名，护林员 6 名。主要任务是保护管理红树林生态系统资源，监测海洋环境状况，实施红树林生态恢复与可持续发展利用，开展红树林保护宣教，提供科学研究平台，参与国际合作管理项目。北仑河口自然保护区是"扭转南中国海和泰国湾环境退化趋势"项目的红树林示范区项目实施地。

3. 茅尾海红树林自然保护区

广西茅尾海红树林自然保护区（以下简称茅尾海保护区）是广西壮族自治区人民政府于 2005 年 11 月 17 日批准成立的由林业部门主管的自治区级自然保护区，是全国最大最典型的岛群红树林区。保护区位于广西钦州湾，地处东经 108°28′55″~108°54′27″、北纬 21°43′47″~21°53′54″，保护区东部与北海市合浦县的西场镇交界，西与防城港市的茅岭镇接壤，南向北部湾，北依钦南区、钦州港区。

茅尾海保护区总面积 2784.0 hm²，分别由康熙岭片（面积 1297.0 hm²）、坚心围片（面积 1102.0 hm²）、七十二泾片（面积 100.0 hm²）和大风江片（面积 285.0 hm²）四大片组成。保护区内有红树植物 9 科、10 种，各种动物 491 种，其中 33 种鸟是中澳、中日保护候鸟及其栖息环境协定的保护鸟类。红树林面积 1892.7 hm²，占广西红树林面积的 20.6%。

茅尾海保护区设有一个保护区管理处，下设三个保护管理站，具体负责保护区的管理工作，核定事业编制名额 14 名。保护区主要任务是保护管理茅尾海红树林资源，实施红树林生态恢复任务。

（三）红树林保护的国际合作与宣教

1. 红树林保护宣教

红树林保护的宣传教育，是分享信息、增进了解、获取知识、平衡诉求、科学决策、共同行动的方法和途径。红树林保护的国际合作，推动、发展和强化的红树林保护宣传教育。

随着经济的发展和人们环保意识的提高，红树林保护的宣传教育有了更多的市场和机会。宣教有助于提高红树林的公众认知，促使人们更加热爱大自然。近年来，越来越多的广西沿海地区社会各阶层人士参与宣传保护红树林。

红树林保护区是开展红树林保护宣教的主体，在实施红树林生态恢复和管理的同时，兼顾红树林保护宣教工作。红树林保护宣教利用了多种媒介，包括制作大型宣传广告路牌、标语牌、招贴画、宣传册、年历、幻灯片、光盘、图片、明信片等，对中小学生、政府官员、游客等特定人群实施教育宣传。山口国家级红树林生态自然保护区专设了客访和宣教中心，向访客介绍红树林知识。

2001~2002年联合国教科文组织资助的在山口国家级红树林生态自然保护区实施的"山口生态旅游规划研究以及社区参与和公众教育项目"是广西第一个涉及红树林教育的国际项目。项目执行过程中，山口红树中学得以命名并成为开展红树林教育的基地，学生们常到保护区学习红树林知识。项目还印制了10 000份红树林生态保护宣传海报，制作并竖立了2块巨幅红树林保护宣传告示牌，出版了2万份保护区简介，印制红树林保护宣传画1000份并张贴，印制红树林知识小册子5000份并发放到沿海村民家中，每户一册，成立了由乡村的宗族族头组成的红树林社区共管网络，在宗族集体活动时向族人宣传保护红树林的政策法规与意义。

广西红树林研究中心在2008~2010年承担了联合国发展署与中国政府合作项目"南中国海生物多样性管理"广西示范区子项目，积极开展了红树林宣教工作，在全国范围内征集了反映环保的歌曲、广告和动画作品，并在北海365网站展示了这些作品，提高活动的参与度，取得了良好的效果。资助成立了"北海市红树林童声合唱团"，在重要节日、重要场合通过音乐形式宣传红树林。组织专业人员到广西合浦县廉州中学、闸口中学等举办"红树林与海洋环境"专题报告会。

金海湾旅游公司在北海金海湾红树林旅游度假区树立了红树林知识宣传牌，国营北海防护林场在大冠沙红树林采种基地及冯家江红树林造林滩涂及北背岭等处树立了界牌界桩332块，大型宣传标牌10多块。

北仑河口自然保护区在防东公路立了一块大型的红树林标识宣传牌，在石角管理站综合楼展厅内制作悬挂了一系列红树林知识宣传牌，配置了多媒体触摸屏，游客可以通过点击触摸屏观看生动的红树林知识介绍。

近几年来广西红树林保护管理部门、研究机构、企业、媒体等积极开展形式多样、生动活泼的红树林宣教工作，对促进广西红树林生态系统的保护有积极作用。

2. 国际交流与合作

广西红树林研究中心是广西红树林生态系统研究与保护管理国际合作的主要推动者，组织并参与了在广西山口国家级红树林生态自然保护区和北仑河口自然保护区的多个国际性项目。

ASPACO 项目：2000~2002 年广西红树林研究中心与中国人与生物圈国家委员会、广西壮族自治区海洋局、山口国家级红树林生态自然保护区管理处共同承担了联合国教科文组织/ASPACO 基金"生态旅游规划研究&社区参与和公众教育"项目。参加项目的国内专家学者到美国和越南进行了考察交流，越南国家 MAB 专家也到北海进行考察与学术交流。

UNEP/GEF 南中国海项目（SCS）：2002~2008 年广西红树林研究中心与北仑河口自然保护区、防城港新地公司共同参与实施了由联合国环境署执行，中国、越南、泰国、柬埔寨、马来西亚、印度尼西亚和菲律宾七国参加的"扭转南中国海及泰国湾环境退化趋势"项目的红树林专题，项目在推动多方参与的红树林共管方面进行了尝试并取得了成果。

UNDP/GEF 中国南部沿海生物多样性管理项目（SCCBD）：是由 GEF 和中国政府共同资助的项目，由联合国开发计划署执行，国家海洋局和浙江省、福建省、广东省、海南省和广西壮族自治区人民政府以及美国国家海洋与大气局共同实施。项目实施时间为 8 年，即 2005~2012 年。广西区海洋局、广西红树林研究中心和山口国家级红树林生态自然保护区承担了项目部分合同任务。项目在界定生物多样性所面临的威胁和消除威胁方面，借鉴国际经验，尊重本土文化和传统知识，积极推进社区参与的生物多样性共管实践，取得生物多样性可持续管理的进步。

日本国际红树林协会资助的红树林造林项目：2005~2007 年，在山口国家级红树林生态自然保护区实施了该项目，进行了红树林恢复的科学试验和有益尝试，日本专家两次来到北海考察了项目进展及效果。

海洋污染快速评估（RAMP）技术培训：2009~2010 年英国普利茅斯海洋研究院（Plymouth Marine Lab，PML）专家两次来到北海广西红树林研究中心开展技术培训，广西红树林研究中心在英国专家帮助下，根据广西的实际情况开发了适合本地情况的污染快速评估技术。

中国、德国交流合作：广西红树林研究中心于 2009 年开始与德国不来梅大学热带海洋生态学莱布尼兹中心（Leibniz-Center for Tropicalmarine Ecology）进行交流与合作，共同开展地球化学通量的红树林作用研究。

建立友好合作关系：1997 年山口国家级红树林生态自然保护区与美国佛罗里达州鲁克利湾国家河口研究保护区结成姐妹保护区关系。双方互派管理人员与专业技术人员进行交流与合作。

取得国际性成员地位：山口国家级红树林生态自然保护区与北仑河口自然保护区均先后列入国际重要湿地名单（Ramsar Site），加入人与生物圈保护区网络，成为国际示范区等。

（四）多方参与红树林保护

在我国，政府部门掌握着绝大多数的公共资源，对资源环境有很大的支配权。当前海洋局和林业局是广西红树林资源的两个主要保护管理机构。

广西海洋局负责管理两个国家级保护区的红树林，面积约 1888.1 hm^2，占广西红树林面积的 21%。保护区负责宜林潮滩的红树林造林工作，还负责全区红树林生态系统的海洋生境和海洋生物的保护。广西林业局主要负责管理两个国家级保护区之外的红树林资源，承担在红树林宜林地上恢复造林的任务。2001~2007 年，沿海林业部门利用国债造林资金实施了 3600 多公顷的红树林造林计划。2008 年，共青团中央和国家林业局实施"保护母亲河——生态北部湾青年行动"，在广西积极开展红树林造林活动。

参与红树林保护与恢复的企业：2002 年，防城港新地公司参与了"南中国海项目"红树林示范区项目。2008 年，芬兰斯道拉恩索公司资助了在山口国家级红树林生态自然保护区实施的红树林恢复造林研究。2008 年和 2009 年，安利公司两次资助北海红树林的义务植树活动。北海 365 网常年支持红树林保护宣传活动。

参加红树林保护活动的 NGO：防城港市红树林友好协会和北海民间志愿者协会等多年来积极为红树林保护摇旗呐喊。

学生参与红树林保护：广西中医学院绿莹环保组织 12 位"环保天使"参加了 WWF 组织的 2003 年"走进国际重要湿地"活动，并在山口国家级红树林生态自然保护区开展了游客问卷调查和野外考察活动。2002 年"五四"青年节前夕，300 多名共青团员在山口国家级红树林生态自然保护区义务种植了 250 亩红树林。防城区江山小学学生在学校的组织下，长期坚持在北仑河口自然保护区义务种植红树林，其"珍珠湾红领巾红树林防护林带项目"获得了 2005 年鄂尔多斯环保志愿服务与生态建设奖。

利益相关者：红树林周边居民了解红树林维持环境和维持生计的作用，十分关心红树林的保护。沿海各乡镇林业站均从当地居民中选择积极分子做护林员，已经成立的 2 个国家级、1 个省级红树林保护区也均在其管辖范围内招聘积极分子做护林员。广西沿海村民，如合浦白沙镇允美村、钦南区沙井村等地村民自 20 世纪 60 年代以来常自发地种植红树林来保护自己的家园、农田或虾塘。1999 年闸口镇部分领导纵容不法商人毁林建虾塘，当地村民四处上访告状，致 5 名毁林人员被捕，后被合浦县人民法院一审判处 1~4 年有期徒刑。

（五）红树林生态保护立法

红树林保护与管理依据的国家法律法规有：

《中华人民共和国森林法》（1998 年）；

《中华人民共和国环境保护法》（2002 年）；

《中华人民共和国海洋环境保护法》（1999 年）；

《中华人民共和国防止海岸工程建设项目损害海洋环境管理条例》（2005 年）；

《沿海国家特殊保护林带管理规定》（1996 年）；

《中国湿地保护行动计划》（2000 年）；

《海洋自然保护区管理办法》（1995 年）。

广西各级地方政府在开展湿地立法和红树林湿地管理方面也颁布了一些法规与制度，

主要有：

《广西壮族自治区山口红树林生态自然保护区管理办法》（1994年）；

《广西壮族自治区北仑河口自然保护区管理办法》（2004年）；

广西壮族自治区财政厅和物价局：《山口红树林生态自然保护区管理费和资源利用补偿费收费标准》（1998年）。

为了加强红树林的保护管理，沿海县级各级地方政府还颁布了相关的通知通告，包括：

合浦县人民政府（合政【1991】1号）：《关于加强国家级山口红树林生态自然保护区管理的通告》；

合浦县人民政府：《关于严禁破坏山口国家级红树林生态自然保护区生态环境的公告》（2001年）；

合浦县人民政府合政发【2003】184号：《关于进一步加强红树林资源保护管理工作的通知》。

显然，我们已经有了很多的保护红树林的法律法规，尽管有些法律法规还需要进一步完善，但现在更重要的是依法保护好现有的红树林生态系统资源。

（六）红树林研究与生态恢复

1. 广西红树林生态恢复技术

涉及红树林造林的宜林地、种苗、定植、次生林改造、幼林抚育与管理等方面的技术均为红树林生态恢复技术。从20世纪90年代初广西红树林研究中心成立以来，先后承担了"广西北部湾红树林生态系统及其快速恢复的研究"（国家科委资助重点攻关项目）、"引种红树植物和米草及其海岸湿地生态工程应用"（国家"八五"攻关项目）、"广西边境海岸红树林的恢复生态学研究"（国家自然科学基金资助）等项目，对红树林生态恢复技术进行了系统的研究，推动了红树林恢复技术的进步。

20世纪80年代以来，广西在红树林育苗方面的主要研究进展和发现有林业部门的隐胎生红树植物白骨壤的育苗试验（陈建华，1986），红树植物胚轴萌根发芽与环境因子之间的关系中的光因子影响秋茄胚轴萌发的光眠现象（范航清和陈坚，1993），红海榄育苗袋幼苗即容器苗的存活率明显高于天然苗的现象（何斌源和莫竹承，1995），10以下的低盐度有利于木榄胚轴萌根、20的盐度最适合红海榄胚轴萌根发现（莫竹承等，2001a）等。

广西潮滩绿化树种可用分布面积最大的5种本土红树植物（莫竹承等，2001b）。红树林造林方法根据种苗来源的不同分为天然苗造林、插胚轴造林和容器苗造林3种，每种方法各有其适用范围。插胚轴造林简单易行，成本仅及容器苗造林的21%，天然苗造林的27%，是显胎生种类大规模造林的首选方法。

2. 红树林生态恢复实践

广西红树林生态恢复实践即人工造林活动从时间上可以划分为初期造林等3个阶段。

第一个阶段是初期造林阶段，即自20世纪50~70年代，沿海村民以及相关部门因生产和生活需要开展了小规模的人工造林活动，如1956年钦州市林科所种植白骨壤饲料林7 hm^2。这是广西历史上有记载的最早的造林活动（廖宝文等，1999）。钦州市沙井村民（钟应显等）在大食堂年代（1958~1961年）为获得薪材，从簕沟港采回种子种植了数十亩的桐花树林，目前已形成树高 1.5~2.7 m，盖度 70%~100%的桐花树群落。1968年合浦县林业局在党江镇和西场镇潮滩种植了秋茄、桐花树防护林。红树林造林初期阶段由于经济发展水平的限制，缺乏相应的红树林造林技术支撑，造林盲目性和随机性较大，造林后的管护与抚育工作较薄弱，因此造林成效不高，保存下来的人工林很少。

第二个阶段 20 世纪八九十年代试验造林阶段。随着人们对红树林认知与保护意识的不断增强，广西沿海的红树林保护与造林得到了较快的发展，先后建立了山口国家级红树林生态自然保护区、北仑河口自然保护区和茅尾海红树林保护区等。红树林保护区成立后逐步开展了一些造林试验，如山口国家级红树林生态自然保护区建立后组织护林员在英罗湾红树林林场种植红海榄、秋茄等当地优势种群，北仑河口自然保护区在石角和竹山护林站进行育苗及造林试验，以解决某些技术难题为攻关目标的科研造林试验在这一时期比较活跃。1986年合浦县林业局在山口镇丹兜海进行了红海榄的育苗和造林试验，1994 年广西红树林研究中心在实施国家科技攻关项目中在丹兜海成功地用红海榄和木榄对次生白骨壤群落进行改造，试验林约 8 hm^2 均已经进入繁殖期。1983 年防城林业局在江平镇贵明村面前榄潮滩用天然小苗营造秋茄、桐花树林 53 hm^2（800 亩），1986 年钦州林科所在贵明村用胚轴营造秋茄、白骨壤、桐花树和木榄共 20 hm^2（300 亩），1997 年补植秋茄、白骨壤、桐花树、木榄和红海榄各 3 hm^2（50 亩）。1997 年防城县林业局在茅岭江鹰岭东北面潮滩大面积种植的桐花树生长良好。1998 年广西红树林研究中心在北仑河口自然保护区石角管理站秋茄、桐花树群落中引种红海榄和木榄 2 hm^2 已经成林。随着 1988 年国务院批准实施沿海防护林体系建设工程的启动，科研部门以及林业管理机构多次开展造林试验以解决一些技术上的问题，取得了红树林造林经验和技术积累。

第三个阶段是专业造林阶段。进入 21 世纪以来，在多年的造林研究基础上红树林造林技术取得了一定的提高。同时，国家在财政上对沿海防护林工程积极支持，使沿海林业部门能够持续地组织实施海防林工程建设中的红树林造林计划。由市县林业局、乡镇林业站、林业设计院等单位参与管理和设计，按照相关的技术规范进行造林规划、组织施工和验收，使红树林造林进入了专业化、规范化程序。专业造林是当前红树林造林的主要形式，也是将来科研成果更好地应用于红树林生态恢复的机制保障。

2001 年广西红树林造林保存面积 1092.9 hm^2。2002~2007 年全区造林验收合格面积 2651.5 hm^2。2008 年对全区人工红树林调查结果表明，2001 年前造林保存的人工林 801.7 hm^2；2002 年后营造存活的人工林 983.9 hm^2，造林保存面积占造林作业面积的 37%。全区人工林累计保存面积 1785.6 hm^2，占全区红树林总面积的 19.4%。

在此期间，志愿者、企业以及学校越来越多地参加红树林造林活动，媒体对各种公益造林活动的报道也比较频繁，激发了人们参与红树林保护与恢复的热情。例如，2001 年广西合浦县红树林发展基金会种植红树林 568 hm^2，其中在闸口、白沙、西场、山口等乡镇发动群众种了 234 hm^2。2002 年钦州市直机关、钦南区机关以及沿海近千名干部、群众，在长坡海滩植下红树林约 66 hm^2，并从广东、海南购进 2000 多株无瓣海桑营造速生林约 14 hm^2。共青团合浦县委员会负责组织发动 300 多名团员、青少年到山口国家级红树林生态自然保护区的英罗管理站种植红树林 20 多万株秋茄苗，该红树林人工造林项目被列为广西壮族自治区"保护母亲河建八桂青少年世纪林行动"计划。

二、海草保护与恢复

（一）管理与保护区

最早明确以海草生态系统为主要保护对象的保护区是合浦儒艮国家级自然保护区。1986 年，广西壮族自治区人民政府以桂政办函[1986]122 号文和桂编【1986】192 号文批准成立自治区级合浦儒艮自然保护区；1992 年 10 月，该保护区首次明确将"海草"也作为保护区的重要保护对象之一。国务院国函【1992】166 号文批准成立广西合浦儒艮国家级自然保护区。保护区位于广西北海市合浦县境内，东起合浦县山口镇英罗港，西至沙田镇海域，海岸线全长 43 km。总面积 350 hm^2，其中核心区面积 132 hm^2，缓冲区面积为 110 hm^2，实验区面积 108 hm^2，是我国唯一的儒艮自然保护区。1996 年合浦儒艮国家级自然保护区管理站正式成立，保护区管理站是合浦儒艮国家级自然保护区的管理机构，隶属广西壮族自治区环境保护局。保护区管理站现有工作人员 13 人，设站长室（3 人）、儒艮办公室（6 人）和生态研究室。

广西北仑河口国家级海洋自然保护区管辖范围内也有大片连续生长的海草床。目前该保护区也将海草床生态系统作为保护对象之一。

（二）立法与科研

1999 年开始实施的"海洋自然保护区类型与级别划分原则"，明确"海草床"为海洋与海岸自然生态系统类别的 10 种类型之一。2003 年国务院发布的"全国海洋经济发展规划纲要"，指出要"重点开展红树林、珊瑚礁、海草床、河口和滨海湿地等特殊海洋生态系统及其生物多样性的调查研究和保护"。尽管如此，在地方层面，执法难、有法不依的现象普遍存在。广西海草床长期受人为活动的干扰仍未有效遏制，海草床区内水产养殖、挖沙虫、耙贝、拖网等损害海草生态系统的活动仍盛行。此外，一些具有重要保护价值的海草群落未纳入受保护的范围。

海草床在近岸生态环境中具有重要价值，但长期以来却未得到足够的重视。过去几十年内开展的广西沿岸及北部湾海洋综合调查，如 20 世纪 60 年代的"中越合作北部湾海洋综合调查"（1959~1962 年）、80 年代的"广西海岸带和海涂资源综合调查"（1980~1986 年）以及 90 年代的"广西海岛资源综合调查"（1988~1993 年），都未涉及广西的海草资源调查。杨宗岱等曾在 70 年代到广西几次踏查海草，并在其论文中提及广西海草的分布（杨宗岱，1979；杨宗岱和吴宝铃，1981）。1986 年广西壮族自治区级合浦儒艮自然保护区的成立，标志着广西海草保护与管理的开始。该保护区于 1992 年 10 月被国务院批准为国家级自然保护区。为满足合浦儒艮国家级自然保护区区划调整的要求，1994 年广西海洋研究所在大风江口和合浦儒艮国家级自然保护区进行了海草资源本底调查。合浦儒艮国家级自然保护区从 1994 年开始合浦海草资源不定期的监测，2004 年开始合浦海草资源、生物多样性和环境因子的定期监测。

近年来，广西的海草研究与管理得到了较快的发展。邓超冰在其编写的《北部湾儒艮及海洋多样性》一书中对广西铁山港的海草床分布与胁迫、海草形态与生长特性等进行了较为详细的综述，并总结了广西合浦海草场各主要海草床 1987~2001 年的面积变化。由联合国环境规划署（UNEP）实施、全球环境基金（GEF）资助的"扭转南中国海及泰国湾环境退化趋势"项目的广西合浦海草示范区专题项目，于 2005 年在广西合浦建立了中国首个海草床保护与管理示范区，为广西合浦海草的研究与管理做了大量基础工作，并出版了《中国南海海草研究》。在 UNDP/GEF、国家海洋局、广西大学学术带头人基金、广西科学基金、广西科学院基金等的资助下，广西红树林研究中心（广西海洋环境与滨海湿地研究中心）近年来对广西海草的分布动态、元素含量、生物量生产力、能量热值、光合特征、恢复与监测等开展了大量研究工作，并从 2004 年开始招收海草研究的硕士研究生。范航清等（2007）综述了广西北部湾海草的种类、面积、分布与胁迫等。2008 年，在美国新罕布什尔大学和全球海草协会的指导与协助下，广西红树林中心在广西北海筹建了我国第一个国际标准化的海草床监测站，首次将广西的海草监测纳入到"全球海草监测网"（SeagrassNet），为我国海草床的保护和管理提供科学、准确的依据。范航清等于 2009 年编写的《中国海草植物》，是国内第一本系统全面地总结国内关于中国海草植物在分布和分类方面的书籍，书中多处提及广西海草的分布及种类。近年来，在 GEF、广西自然科学基金委、广西海洋局、广西科学院等机构的资助下，广西开展了大量与海草相关的研究课题与项目（表 7-1）。

表 7-1　与广西海草有关的研究课题、项目汇总表

项目或专题名称	项目来源	执行年限	项目执行机构
1. 广西北仑河口国家级自然保护区生物多样生态恢复工程（KLFCGG20092037）	广西北仑河口国家级自然保护区	2010~2012 年	广西红树林研究中心
2. 广西北部湾经济区海洋、陆地生态系统监测及评价（2010GXNSFE013002）	广西北部湾基础研究重大专项	2010~2013 年	广西红树林研究中心、广西植物研究所
3. 广西北部湾红树林、海草的生态监测技术与信息管理平台建设（桂科能 0992028-6）	广西科学基金创新能力建设专项	2009~2011 年	广西红树林研究中心
4. 广西北部湾三种海草的资源动态研究（09YJ17HS04）	广西科学院基本科研业务费资助项目	2009~2011 年	广西红树林研究中心
5. 全球海草监测网中国北海监测站项目	SeagrassNet（全球海草监测网）	2008 年至现在	广西红树林研究中心
6. 广西滨海生态过渡带退化机理与恢复研究	广西大学引进人才专项	2008~2010 年	广西大学林学院、广西红树林研究中心
7. 中国南部沿海生物多样性管理项目分包合同 4：山口：目标红树林和海草生境的修复	UNDP/GEF	2008~2009 年	广西红树林研究中心
8. 广西北部湾海草生物学与生态学研究（桂科计基 0832030）	广西科学基金应用基础研究专项	2008~2009 年	广西红树林研究中心
9. 广西北部湾涠洲岛溢油事故敏感区生态环境调查	国家海洋局第三海洋研究所	2008 年	广西红树林研究中心
10. 铁山港生物多样性基线调查	UNDP/GEF/Stora_Enso	2008~2009 年	广西红树林研究中心

续表

项目或专题名称	项目来源	执行年限	项目执行机构
11. 在涠洲、山口和合浦儒艮国家级自然保护区对海洋自然保护区规划和生物多样性管理提供支持	UNDP/GEF/SCCBD 中国南部沿海生物多样性管理项目分包合同2	2007~2009年	广西红树林研究中心
12. 国家海洋局"908"专项广西908专题：广西重点生态区综合调查与评价	广西海洋局	2007~2009年	广西红树林研究中心
13. "扭转南中国海和泰国湾环境退化趋势"SCS项目合浦海草示范区专题	UNEP/GEF	2004~2008年	中国科学院南海海洋研究所
14. 广西合浦沙田——大风江儒艮自然保护区调查	北海市环保局	1994年	广西海洋研究所、广西北海海洋环境监测站、北海市环境科学研究所
15. 广西合浦营盘港——英罗港儒艮自然保护区调查	北海市环保局	1987年	广西海洋研究所、广西北海海洋环境监测站

此外，有关广西海草的政策、标准、规划与规范也在逐步完善。1990年12月，广西海洋功能区划组完成的"广西海洋功能区划"，将合浦沙田南部海湾120 hm² 海域划为儒艮（及其主要食物喜盐草）保护区。1999年4月1日起实施的国家标准"海洋自然保护区类型与级别划分原则（GB/T 17504—1998）"，将海洋自然保护区划分为3大类别16个类型，"海草床"为海洋与海岸自然生态系统类别的10种类型之一。国家海洋局2002年4月发布了《海洋自然保护区监测技术规程——总则》，其中第4.4.3节"保护对象监测与评价"列出了"海草床生态系统"监测的主要指标为海草床盖度、厚度、种类、底栖动物种类多样性、群落结构。2003年5月，中国国务院批准《全国海洋经济发展规划纲要》（国发【2003】13号）以下简称《纲要》实施，《纲要》提出在发展海洋经济的同时要考虑保护海草及海草床内的生物多样性。由国家海洋环境监测中心起草的监测标准《海草床生态监测技术规程》（HY/T 083—2005）于2005年上报国家海洋局审批。在UNDP/GEF的资助下，按照"中国南部沿海生物多样性管理"项目示范区项目的要求，广西红树林研究中心于2008年起草了《海草床生物多样性监测规范》，该监测规范适用于中国南部沿海生物多样性管理项目，并在广西合浦海草示范区内执行。

有关广西海草的学术论文以及其他出版物近年来也得到较快的发展。1990年以前，涉及广西海草的论文仅有3篇，1990~2001年广西海草研究几近停止，未见任何与广西海草相关的研究文章。2002年以来，广西海草研究快速发展，学术期刊论文发表14篇，专著出版3本，还有4篇硕士论文和14篇会议论文。

三、珊瑚礁保护与监测

（一）珊瑚礁生态系统管理与保护机构

到2010年为止，涠洲岛、斜阳岛珊瑚礁生态区还没有建立珊瑚礁生态保护区或海洋特别保护区机构。国家海洋局为了保护好北部湾最北部的涠洲岛、斜阳岛珊瑚礁资源，2001年4月，在涠洲岛建立了"涠洲岛海洋生态站"，挂靠国家海洋局北海海洋中心站。目前该站是涠洲岛、斜阳岛珊瑚礁生态区唯一的珊瑚礁生态监测机构，其主要任务是在涠洲岛西南沿岸竹蔗寮和东北沿岸北港/牛角坑海域的各一条断面，对珊瑚礁及其生态环境进行定期（每年一次）的珊瑚礁健康监测（Reef Check），广西红树林研究中心派出专家1~2人参加该生态站每年一次的珊瑚礁健康监测（Reef Check）工作。

（二）珊瑚礁生态系统立法与国内、国际合作

在20世纪90年代中期以前，涠洲岛沿岸珊瑚礁生态区内未限制捕捞作业，珊瑚礁资源遭到了严重破坏。直至90年代后期以来，国家海洋局、广西海洋局及相关政府管理部门为保护珊瑚礁生态资源，加强了广西北海市涠洲岛、斜阳岛珊瑚礁生态系统的保护和管理，尤其是北海市政府加强了对珊瑚礁资源的保护管理力度。1999年北海市人大通过了"关于加强涠洲岛珊瑚礁资源保护的决定"，2000年北海市政府又颁布了"关于加强珊瑚礁资源保护和管理的通告"，并在该通告中明确由北海市渔业部门负责涠洲岛区域珊瑚礁资源保护和管理的工作。因此，目前涠洲岛、斜阳岛珊瑚礁生态系统的执法管理工作主要由北海市渔政部门负责。但据了解，由于职责不清、力量薄弱等原因，目前执法管理工作的效果很不明显，各种违法破坏珊瑚礁资源的现象时有发生。

关于涠洲岛珊瑚礁生态资源的调查和监测，近年来开展了一些工作。在1983~1986年广西海岸带和海涂资源综合调查期间的1984年，广西海洋研究所、同济大学海洋地质系、中国科学院南海海洋研究所联合对涠洲岛、斜阳岛的珊瑚进行了水下潜水普查，调查了珊瑚的分布和种类；1989~1992年广西海岛资源综合调查中，也对涠洲岛、斜阳岛附近海域的珊瑚礁生态资源进行过简单调查，初步掌握了该海区珊瑚礁生态资源的基本情况；1998年，香港海洋环境保护协会主席王敏干等在广西海洋局、北海市渔政处、广西海洋研究所协助下对涠洲岛西南和东北及斜阳岛东北局部海区进行了珊瑚种类识别调查；2001年，广西海洋局组织广西海洋环境监测中心、广西红树林研究中心珊瑚礁研究人员、中国科学院南海海洋研究所余克服博士、海南省海洋渔业厅陈刚先生等对涠洲岛珊瑚礁分布区进行了考察调查；2005年，中科院南海海洋研究所和广西红树林研究中心对涠洲岛、斜阳岛珊瑚属种群落进行了调查；2005~2006年广西红树林研究中心开展了涠洲岛海区珊瑚礁资源调查。由于条件的限制，这些调查未能对该区域的珊瑚礁资源进行系统、全面的综合调查和阐述。2000年，开展了涠洲岛珊瑚礁监测培训。涠洲岛珊瑚礁监测是中美海洋与海岸带合作中长期项目"北部湾海洋生态环境综合管理建设"中涠洲岛珊瑚礁研究与保护子项目的主要内容之一。

第八章 典型海洋生态系统的作用

第一节 红树林生态系统服务功能分类

红树林作为热带亚热带海滨地区一类重要的湿地生态系统，在有机物生产、防风减灾、造陆护堤、污染净化、生物多样性维护和生态旅游等方面旅行着重要的生态服务功能，其生态服务功能可分为资源功能、环境功能与人文功能三大类。

一、资源功能

红树林资源包括红树植物木材、果实、花蜜、代谢产物以及红树林中的动物资源，红树林资源在建筑、食品、医药等方面有直接利用功能。

（一）红树林植物资源利用

红树林木材坚硬耐腐蚀、抗白蚁，可用于建房和制造各种生产工具。广西防城珍珠港红树林区的一些大门横梁、窗门框和部分家具是用木榄制作的。20 世纪六七十年代围海造田，防城港的群众用木榄制造独轮车运送土石，木榄还因其高大挺拔而被用作电线杆（范航清，2000）。此外红树林木材还可以用于制作渔具、修筑海堤、搭建渔棚等。红树植物的根形状各异，适用于根艺根雕的桩材，海漆树材共鸣效果好，可制作小提琴等乐器。

红树林薪材是 20 世纪七八十年代广西沿海地区的主要能源，每户农家一年要烧掉 3~4 t 红树林干柴，作薪材的主要树种是桐花树。海漆的木材由于易着火且燃烧性能良好，常被用作火柴梗。由于液化气等替代能源的广泛使用，越来越少的农户用红树林薪材作为生活能源。

红树林还可以作为食物来源，如黄槿的嫩叶、嫩枝可作蔬菜，白骨壤的果实（俗称榄钱）经水煮漂去单宁后配车螺、花蟹等可烧成美味的海鲜菜肴，榄钱一直是广西沿海居民喜爱的海洋蔬菜。

红树林植物可作为工业原材料利用。从红树属植物中可提取一种纤维素黄原酸酯，这种物质是生产轮胎帘子布、工业传送带、玻璃纸和纸浆的原料。红树植物还是树胶、树脂和蜡的原料，从红树植物中提取的单宁可用于制革、人造板黏合剂、墨水、防锈剂、刹虫剂，浸染渔网和船帆等，带毒红树植物提取的毒素可制成鱼毒或制取生物农药。

红树植物还具有药用功效，在医药上多数用于消炎解毒，部分具有收敛、止血等作用。广西几种常见药用红树植物及功能见表 8-1。

表 8-1 广西几种常见药用红树植物及功能

科名	种名		药用部位	主治
红树科	木榄	*Bruguiera gymnorhiza*	果、叶	腹泻、疟疾、糖尿病、高血压、便秘
	角果木	*Ceriops tagal*	树皮、种子、叶	止血、收敛、疥癣
	秋茄	*Kandelia obovata*	根	风湿性关节炎
爵床科	老鼠簕	*Acanthus ilicifolius*	根茎叶、种子	消肿、解毒、肝炎、哮喘、风湿等

续表

科名	种名		药用部位	主治
使君子科	榄李	*Lumnitzera littorea*	叶	鹅口疮、雪口病
大戟科	海漆	*Excoecaria agallocha*	木材、树汁、叶	腹泻、溃疡、癫痫（有毒慎用）
梧桐科	银叶树	*Heritiera globosa*	树皮	血尿症、腹泻、赤痢
马鞭草科	白骨壤	*Avicennia marina*	叶、树皮	鹅口疮、避孕药
夹竹桃科	海芒果	*Cerbera manghas*	叶、树皮、乳汁	催吐、下泻（剧毒慎用）
锦葵科	黄槿	*Hibiscus tiliaceus*	叶、树皮、花	清热解毒、利尿消肿
	杨叶肖槿	*Thespesia populnes*	果、树叶	头痛、疥癣
卤蕨科	卤蕨	*Acrostichum aureum*	叶	食物中毒解毒剂

红树植物中有许多种类是很好的蜜源植物，山口国家级红树林生态自然保护区每年清明前后都有蜂农在红树林区放养蜜蜂采集红树林花蜜，红树林蜂蜜味道堪与荔枝蜜相媲美。此外，白骨壤红树林还可以作为绿肥用于种植番薯等农作物。

（二）红树林动物资源利用

红树林区丰富的海洋动物资源为人类的开发利用提供了物质基础，这些海洋经济动物包括鱼类、虾蟹类、贝类和星虫类等，主要种类有中华乌塘鳢、大弹涂鱼、鲻鱼、对虾、锯缘青蟹、沙蟹、红树蚬、可口革囊星虫、光裸方格星虫等，都是人们餐桌上常见的海鲜。

中华乌塘鳢肉质细腻、味道鲜美、营养丰富，具有健脑、强肾的功效，可以通过药膳的方式进行滋补，特别是对消除小儿疳积有奇效。广西沿海红树林区是我国中华乌塘鳢的重要产地，由于过度捕获及生境退化，红树林内的天然中华乌塘鳢产量很低，急需进行人工繁殖与红树林生境保护，以促进种源的恢复。

大弹涂鱼是小型食用鱼类，肉味鲜美、营养丰富，有滋补功能，在浙江、福建、台湾、广东等地被广泛公认为食补佳品。国际国内需求量大，我国台湾省和日本市场上供不应求，价格昂贵。鲻鱼是近海半洄游性鱼类，喜欢在红树林水系区生活，涨潮时游到红树林区觅食，退潮后留在林中积水区。

广西红树林区有近10种常见食用对虾，如刀额新对虾、墨吉对虾、斑节对虾等，成熟对虾在近海产卵，孵出的幼体随着潮水进入河口区红树林水系生活，发育成雏虾后进行红树林区觅食，对虾胃含物中近25%为红树林碎屑。

锯缘青蟹肉质细嫩、味道鲜美、营养丰富，为筵席名菜。不但具有很高的食用价值，具滋补强身之功效，还可入药，治小儿疝气，利水消肿，产后腹痛，乳汁不足。锯缘青蟹栖息在河口、内湾潮间带的红树林泥滩或泥沙滩上，红树林丰富的生物资源为其提供食物来源，由于过度捕捞，野生青蟹种群数量极少。长腕和尚蟹俗称"沙蟹"，是北部湾红树林区沙滩蟹类的优势种之一，密度可达50~130只/m^2，用沙蟹制成的沙蟹酱是广西沿海地区常见的调味料。

红树林区的贝类包括文蛤、丽文蛤、青蛤、短偏顶蛤、薄片镜蛤、红树蚬、杂色蛤仔、大竹蛏、缢蛏、褐蚶、红树蚬等，还有红树林枝干上固着生长的牡蛎，这些种类均为红树林区群众挖捕的重要经济动物，有食用和药用价值。20世纪70年代防城港市珍珠港红树林区每人每小时可挖红树蚬2.5~5 kg，大雨过后可达20~30 kg，防城港市一带红树林湿地红树蚬最高密度达 12 个/m², 生物量最高 82 g/m²。

可口革囊星虫栖息于 20~40 cm 深的红树林泥质滩涂中，是捕获量、市场销量最大的广西红树林区经济动物。光裸方格星虫在红树林海岸沙滩上埋栖生长，以底栖硅藻和有机碎屑为食。这两种星虫动物为餐桌上的珍品，具有补肾、滋阴泻火、抗疲劳、抗高温、耐缺氧、增强免疫力和延缓衰老的作用。

（三）红树林生态研究与教育服务

红树林生态系统提供了多方面多层次的研究服务，如植物种群与群落特征、生产力、生态系统营养循环、红树林生态恢复、土壤理化特征、红树林海岸地貌、红树林底栖生物、生态系统可持续利用、植物生理生态、污染生态等，随着科学技术的发展对红树林资源的研究将会越来越深入。

红树林具有很好的科学研究服务功能。山口国家级红树林生态自然保护区已被命名为"绿色环保教育基地"，北仑河口自然保护区也成了广西师范大学学生的实习基地。

（四）生态旅游服务

红树林生态系统的景观资源是生态旅游服务的基础。广西红树林生态系统的海岸地貌景观、群落结构景观、包括鸟类以及海洋生物在内的生物多样性景观，还有这些景观的时空动态变化为红树林生态旅游提供了丰富的资源条件，当前已经有山口国家级红树林生态自然保护区、北仑河口自然保护区、北海金海湾红树林旅游区、钦州港七十二泾岛群红树林旅游区等开展了红树林生态旅游业务。

二、环境功能

红树林生态系统的环境保护功能包括海岸保护、环境维护等多项生态服务功能。

（一）海岸保护功能

红树林具有繁茂的枝叶与发达的根系，纵横交错的支柱根、呼吸根、板状根、气生根、表面根，形成一个稳固的网络支持系统，使植物体牢牢地扎根于滩涂上，形成严密的盘根错节的栅栏，增加了海滩面的摩擦力，能减弱流速，从而起到防风消浪的作用。红树林防浪效益显著，高 3 m、覆盖度 80%~90%的红树林内潮水流速仅为潮沟的 1/7~1/13；高 0.6~1.2 m、覆盖度 60%的红树林内潮水流速为潮沟的 1/2~1/5，为裸滩流速的 1/3~1/4。当红树林覆盖度大于 0.4 和林带宽度在 100 m 以上时，其消波系数可达 85%（张乔民等，1996）。失去了红树林这道屏障的保护，海堤在大风浪面前就会变得异常脆弱。1986 年 7 月 21 日，广西合浦县发生了近百年未遇的特大风暴潮，该县海堤总长 389 km，被冲崩大小缺口 1900 处，总计 293.8 km，全县经济损失达 1.419 亿元。但堤外分布有红树林的海堤崩溃短而浅，修复快，经济损失小（范航清，1990）。

红树林一方面通过红树植物密集交错的根系减缓水体流速，沉降水体中的悬浮颗粒，另一方面网罗碎屑，加速了潮水和陆地径流带来的泥沙和悬浮物在林区的沉积，促进土壤的形成，具有造陆功能。红树林滩地的淤积速度为附近光滩的 2~3 倍（林鹏，1993），促淤可以缓解温室效应带来的海平面上升从而淹没陆地的威胁。没有红树林的庇护，海岸很容易被侵蚀,如广西东兴北仑河口因红树林毁坏严重,加上越南红树林积淤外延及台风海潮的袭击,致使河流主航道偏向我方多达 2.2 km,按中心航道为界的条约,我国损失领土约 87 km²(高振会,1996)。

(二) 环境维护功能

红树林生产有机物的功能。红树林具有高光合率、高呼吸率、高归还率的特点,其营养物质积累能力和循环能力强,广西英罗港红海榄群落年生产力为 11.472 t/hm² (温远光,1999)。

红树林具有较强的气候调节功能。广西英罗港 70 年生红海榄林每年 CO_2 吸收量为 1641.2 t,O_2 释放量 1193.7 t(卢昌义等,1995)。红树林泥滩中大量的厌氧菌在光照条件下利用 H_2S 使 CO_2 还原为有机物。红树林生态系统大量吸收利用 CO_2 释放 O_2,对提高大气环境质量,减少温室气体均有重要作用。

红树植物林湿地系统可通过物理作用、化学作用及生物作用对重金属、石油、人工合成有机物等各种污染物进行处理可,对其加以吸收、积累而起到净化作用。红树植物可以吸收污水中的营养物质氮和磷及其有害元素,如 Hg、Cd、Cu、Zn、Pb、As,净化水质,减少赤潮。被植物吸收的重金属主要分布于根、茎等不易啃噬到的部位,这些部位累积总量占群落植物体总量的 80%~85%(李晓菊等,2005),对吸收到体内的重金属红树植物通过细胞壁沉淀、液泡的区域化等有效方式以降低其毒性;红树植物还可通过渗透作用把重金属排到体外以减少对自身的毒害(辛琨等,2005b)。

红树林生态系统具有生物栖息地与生物多样性维护功能。红树植物具有多种生长型和不同的生态幅度,各自占据着一定的空间,大量的凋落物腐烂后为浮游生物,为鱼、虾等各级消费者提供天然饵料,且红树林区海水平静,大量的支柱根也给这些生物营造了索饵、产卵、发育和栖息的优良场所。何斌源等(2001)对广西英罗港红树林区林缘和潮沟潮水中鱼类多样性进行调查发现 76 种鱼类,隶属 36 科、59 属。广西沿海红树林还为 115 种水鸟提供了繁殖、越冬和迁徙中途歇息的场所,世界上最濒危的鸟类之一的黑脸琵鹭(*Platalea minor*)也在此地越冬(周放等,2002)。红树林鸟类是周围农田、林地的卫士,生态环境的恶化会使群落中害虫的天敌减少,物种间的相对平衡被打破,致使灾害性虫害频繁发生。

红树林的近海渔业产量维持功能。泰国渔民说红树林是大海的根,显然近海渔业产量与红树林生态系统息息相关。广西红海榄群落的年凋落物产量达 6.31 t/hm²,年凋落量占年生产力的 55%(尹毅和林鹏,1992)。这些凋落物落到水里,经微生物的降解逐渐变成营养物质,提高了红树林底质有机质含量,使红树林区浮游生物量比无林区大 7 倍(范航清,1990)。红树林凋落物有机碎屑输入红树林生态系统的能量流动和物质流动中,是近海海洋生物的主要食物和能量来源,是近海渔业保持高生产力的重要保障。

三、人文功能

红树林生态系统不仅提供给人类能直接或间接利用的服务,还以其独特的魅力深深地吸引着人们的关注,为人类提供着一系列的人文服务,包括景观美学、文化艺术源泉、精神信仰等服务。

红树林海岸独特的海岸风景及其生机盎然的生态景观,不仅激发人们的审美情趣,更能激发人们热爱自然、保护环境的热情。旅游者在享受红树林自然美,品尝红树林提供的特色美食,购买红树林特色商品的同时,也在接受环境资源保护的教化。晨晖映照的红树林,夕阳西下的海上森林,林中妙趣横生的生态场景,绵延广阔的葱葱绿林,均成为摄影及文学创作的源泉。台风袭来时,红树林便充当起渔民生命财产的守护神,是渔民心中平安与吉祥的象征,地位崇高。

第二节 红树林生态系统服务功能价值

一、广西红树林的资源价值

(一)红树林产品价值

红树林产品主要包括活立木、凋落物和花果,可采用市场价值计算法进行估算。

自然群落中单株材积连年生长最大值桐花树(树高 3.5~3.9 m)为 0.0007 m^3,秋茄(树高 4.8~5.2 m)为 0.0031 m^3,年生长量一般为最大值的 50%~98%,取中间值为桐花树单株材积生长 0.000 518 m^3/a,秋茄单株材积生长 0.002 294 m^3/a(钟晓青等,1996)。广西红树林面积 9197.4 hm^2。其中以桐花树、白骨壤为代表的灌木型群落面积 6207.1 hm^2,平均密度为 11 402 株/hm^2;以秋茄、红海榄和木榄为代表的乔木型群落 2990.3 hm^2,平均密度为 10 417 株/hm^2。

以桐花树代表灌木群落、秋茄代表乔木群落,计算广西红树林年材积生长量分别是灌木树种群落 36 661 m^3/a,乔木树种群落 71 458 m^3/a,合计 108 119 m^3/a,按 500 kg/m^3 计算其重量为 54 060 t。枝桠材市场价格为 300~400 元/t,取中值 350 元/t,则广西红树林年活立木生产价值为 54 060 t×350 元/t= 18 920 000 元=1892 万元。

凋落物的主要价值在于为近海生产力提供饵料,按广西红树林年凋落物产量 6.31 t/hm^2 计,饵料转换率约 10%,当前南美白对虾饲料均价为 6800 元/t,因此广西红树林凋落物价值为 6.31 t/hm^2×10%×6800 元/t×9197.4 hm^2=39 460 000 元=3946 万元。

红树植物是重要的无污染环保蜜源植物,虽然广西海岸有部分蜂农在红树林区放养蜜蜂,但对红树林花蜜产量还没有一个准确估算。研究表明美国萌芽白骨壤年均生产蜂蜜 0.39 kg/hm^2(范航清,2000),考虑到广西红树林群落中部分种群及幼林开花率较低,面积按 60% 计,蜂蜜价格按 2010 年上半年油菜花蜜的批发价格为 9000 元/t 计,红树林花蜜价值为 1937 万元。

秋茄、红海榄和木榄是广西沿海重要的红树林造林树种。秋茄样方胚轴量为 960~3230 条/100 m^2,平均 2002 条/100 m^2,相当于 20.02 万条/hm^2,广西秋茄群系面积为 1785.9 hm^2,依此计算其繁殖体库总量可达 35 753 万条;红海榄胚轴产量为 432~572 条/100 m^2,平均 512 条/100 m^2,相当于 5.12 万条/hm^2,广西红海榄群系面积为 335.4 hm^2,总胚轴数量可达 1717 万条;木榄胚轴产量为 241~2713 条/100 m^2,平均 914 条/100 m^2,相当于 9.14 万条/hm^2,木榄群系面积 375.0 hm²，总胚轴量=375×9.14=3427 万条。因此 3 种主要造林树种胚轴年产量为 40 880 万条，资源补偿费按 0.3 元/条计算价值为 12 264 万元。

白骨壤果实俗称榄钱，是一种美味的海洋果蔬，在北海市场上的售价为 6 元/kg。白骨壤群系面积为 3166 hm²，按单位产量 1.2 t/ hm² 计，则广西白骨壤果实年产量为 3799 t，价值 2279 万元。

把以上各项相加，得出广西红树林每年生产的红树林产品价值为 21 883 万元，平均 2.38 万元/hm²。

（二）红树林水产品价值

红树林大型底栖动物是指以红树林为优势植物群落的滨海湿地为栖息地的动物种类，广西"908"专项调查在广西红树林湿地中发现了大型底栖动物 135 种，隶属于腔肠动物门、纽形动物门、环节动物门、星虫动物门、软体动物门、节肢动物门、腕足动物门、棘皮动物门和脊索动物门 9 门，共计 63 科、104 属，是红树林水产品的重要来源。

软体动物的主要经济种类有红树蚬、近江牡蛎、褶牡蛎、团聚牡蛎、棘刺牡蛎、中国紫蛤、尖齿灯塔蛏、河蚬、闪蚬、红树蚬、棕带仙女蛤、青蛤、突角镜蛤、帆镜蛤、等边浅蛤、环沟格特蛤、文蛤、弓绿螂、中国绿螂、线纹蜓螺、疣荔枝螺、可变荔枝螺、短蛸、长蛸 24 种，平均密度 67.34 g/m²，经济系数即有经济价值的种类所占的重量比估值为 0.2；节肢动物的主要经济种类有锯缘青蟹、长腕和尚蟹等，平均密度 43.97 g/m²，经济系数为 0.05；多毛类的主要经济种类沙蚕等，平均密度 0.01 g/m²，经济系数为 0.1；底栖鱼类主要有蛇鳗科、鲻科、丽鱼科、塘鳢科、鰕虎鱼科、弹涂鱼科 6 科，基本上均为经济种类且价格较高，平均密度 0.005 g/m²，经济系数为 1；其他类群中的主要经济种类有可口革囊星虫和光裸方格星虫，平均密度 5.04 g/m²，经济系数取 0.5。

采用市场价值计算法估算广西红树林区年产水产品价值为 2976.1 万元，平均 0.32 万元/hm²，计算过程及结果见表 8-2。

表 8-2 红树林经济动物价值评估

类群	密度/(g/m²)	经济系数	产量/t	综合价格/(元/kg)	价值/万元
软体动物	67.34	0.2	1238.71	10	1238.7
节肢动物	43.97	0.05	202.20	40	808.8
多毛类	0.01	0.1	0.09	10	0.1
鱼类	0.005	1	0.46	30	1.4
其他	5.04	0.5	231.77	40	927.1
合计					2976.1

（三）红树林科研服务价值

全球湿地生态系统科研文化功能评估的年平均价值为 861$/hm²（郑耀辉和王树功，2008），美元人民币汇率按 1:6.65 计算，广西红树林每年的科研服务价值为 5266 万元。

（四）红树林生态旅游价值

在旅游资源价值评估中，最为客观并且被广泛采用的方法为旅行费用法。其原理是根据人们在旅游中的实际花费确定人们对某些环境商品或服务的价值认同,尽管某些自然景点可能并不需要旅游者支付门票费用等,但是旅游者为了进行参观(或者说使用或消费这类环境商品或服务),却需要承担交通费用,包括要花费他们自己的时间,旅游者为此而付出的代价可以看作是对这些环境资源或服务的实际支付,这就是红树林生态系统的生态旅游价值。广西红树林生态旅游景点主要有山口国家级红树林生态自然保护区的英罗港、北海大冠沙金海湾红树林、钦州七十二泾红树林、防城港西湾红树林、北仑河口自然保护区石角珍珠港红树林和竹山北仑河口红树林共6处,由于各地红树林生态旅游发展不平衡,仅以北海的山口国家级红树林生态自然保护区和金海湾红树林为代表,按每人游一个景点的平均费用进行评估。

生态旅游价值 Q 包括旅游花费 Ti(包括交通费用 Tc、食宿花费 Td 和门票或其他服务费 Tf),旅行时间花费(旅游时间 t×每小时工资 s×机会成本率 v)和其他附属费用 To(如摄影、购买旅游产品等)(辛琨等,2005)。

国内以北海红树林为目的地的旅游一般需要 3 天 2 晚时间,广州至北海往返巴士及市内交通费为 400 元,南宁至北海及市内交通费 200 元,两者平均 300 元。

住宿 3 星级宾馆价格为 260 元/标间,人均 130 元,两晚 260 元。人均每天伙食费用 80 元,三天 240 元。

北海金海湾红树林门票价格 70 元/人,烧烤或者特色食品 50 元/人;山口国家级红树林生态自然保护区英罗红树林门票价格是 30 元/人,乘游船游览 50 元/人。门票或其他服务费可取平均值 100 元/人。

因此一个红树林景点每人的旅游花费 Ti=300+260+240+100=900 元。

2009 年广西城镇居民平均工资 28 302 元,广东城镇居民平均工资 49 215 元,两者平均 38 907 元,每小时工资 18.8 元;机会成本率取 30%;旅游时间花费=24×3×18.8×30%=406 元。

其他附属费用占旅游费用的 20%~60%,按 30%计算结果为 391 元。

综合一个游客生态旅游的总花费为 900+406+391=1697 元。

按山口国家级红树林生态自然保护区最佳生态旅游环境容量 6.5 万人次/a 计算游客量,用 6 个生态旅游点来计算广西红树林生态系统旅游价值为 6.5×6×1697=66 183 万元,平均 7.2 万元/hm²。

把上述各项累加即得到广西红树林资源每年产生的价值,即 96 308 万元,平均 10.5 万元/hm²。

二、广西红树林的环境价值

(一)防浪护岸及海堤养护价值

红树林能抵御 40 年一遇的强台风危害,保护海堤免于冲毁,减少堤内经济损失。每年每千米红树林岸线提供的防台风灾害效益可达 8 万元(韩维栋和高秀梅,2000),广西红树林生物岸线长度 822 km,防护价值达 6576 万元/a。红树林对海堤的生态养护可新增效益 64.7 万元/km(范航清,1995),乘以红树林海岸长度即得 53 183 万元/a,红树林生态系统的防浪护岸护堤价值为两项之合，即 59 759 万元/a。

（二）土地利用价值

红树林面积替换成养殖面积的年产值即为红树林土地利用价值。广西南美白对虾平均年产量 2.55 t/hm²，当前均价约 24 元/kg，因此红树林土地利用价值为：

2.55 t/hm²×1000 kg/t×24 元/kg×9197.4 hm²/10 000=58 633 万元/a。

（三）保肥价值

保肥价值是红树林年均促淤量的 NPK 肥力换算成市场肥料价格的价值（郑耀辉等，2008）。红树林表土 NPK 含量为 1.39%，土壤密度 0.77 g/cm³（韩维栋等，2000），复合肥价格 2500 元/t，红树林淤积速率为 2.3 cm/a（莫竹承等，1999），由此计算得到的广西红树林保肥价值为：

0.023 m/a×0.77 t/m³×1.39%×9197.4 hm²×10 000 m²/hm²×0.25 万元/t=5660 万元/a。

（四）净化大气价值

红树林通过光合作用固定 CO_2 释放 O_2 价值：光合作用每形成 1 g 干物质需要 1.631 gCO_2 并释放 1.2 gO_2，碳税以 CO_2 189.37 元/t，O_2 以 376.47 元/t 计（郑耀辉等，2008）。

广西英罗港主要红树林群落生产力分别是：红海榄群落 11.472 t/(hm²·a)，秋茄群落 9.157 t/(hm²·a)，木榄群落 5.138 t/(m²·a)，桐花树群落 4.407 t/(m²·a)，白骨壤群落 1.477 t/(m²·a)（温远光，1999）。钦州港 5 年生、17 年生和 20 年生的桐花树群落年均生产量分别为 748.7 g/(m²·a)、428.2 g/(m²·a) 和 440.9 g/(m²·a)，相当于 7.487 t/(hm²·a)、4.282 t/(hm²·a) 和 4.409 t/(hm²·a)（宁世江等，1996）。广西桐花树群落生产力可取两研究者的平均值，即 5.146 t/(hm²·a)。

深圳福田保护区的无瓣海桑+海桑人工林的净生产力为 36.40 t/(hm²·a)（昝启杰等，2001），湛江无瓣海桑人工林的群落生产力为 10.04 kg/(m²·a)（韩维栋和高秀梅，2004），相当于 100.4 t/(hm²·a)。取其平均值为 68.4 t/(hm²·a)。

由此求得广西红树林的固碳释氧价值为 5646 万元/a，见表 8-3。

表 8-3　广西红树林固碳释氧价值

群系	面积/hm²	生产力/[t/(hm²·a)]	固定 CO_2/(t/a)	释放 O_2/(t/a)	固碳价值/(万元/a)	释氧价值/(万元/a)	价值合计/(万元/a)
白骨壤	3 166.0	1.477	7 627	5 611	144	211	356
桐花树	2 983.0	5.146	25 037	18 421	474	693	1 168
秋茄	1 785.9	9.157	26 673	19 624	505	739	1 244
红海榄	335.4	11.472	6 276	4 617	119	174	293
木榄	383.0	5.138	3 210	2 361	61	89	150
无瓣海桑	466.6	68.400	52 054	38 299	986	1 442	2 428
其他*	77.5	1.477	187	137	4	5	9
合计	9 197.4		121 062	89 071	2 293	3 353	5 646

*其他群系以老鼠簕种群为主，少量银叶树、海漆、海芒果种群，生产力参照白骨壤群系值

SO_2 是大气酸沉降污染的主要组成物质，酸沉降以不同方式危害着水生生态系统、陆生

生态系统、材料和人体健康，1995 年排放 SO_2 的酸沉降影响对全国农作物和森林造成的经济损失为 993 亿元，加上对人体健康的影响，则达 1165 亿元。红树林生态系统能够吸收 SO_2，吸收量为 150 kg/($hm^2 \cdot a$)，每削减 1 t SO_2 的投资成本为 600 元（郑耀辉等，2008），因此红树林生态系统能够吸收 SO_2 的价值为 83 万元。

广西红树林每年固定 CO_2 释放 O_2 并吸收 SO_2 的价值是 5729 万元，平均 0.62 万元/hm^2。

（五）净化污水价值

红树林湿地中土壤和红树植物通过吸收废水中的 N、P 等营养物，把环境中的 N、P 固定存储在植物体内和归还到土壤中时，就相应减少了流入到海岸带水体中的 N、P 等营养物质的含量，因而具有净化废水中营养物质和有机物的巨大潜力。可用市场价值法计算红树林生态系统净化污水价值。

广西英罗港红海榄群落的氮、磷元素年吸收量分别为 12.91 g/m^2 和 1.27 g/m^2（尹毅和林鹏，1993），相当于 129.1 kg/($hm^2 \cdot a$) 和 12.7 kg/($hm^2 \cdot a$)。珠江口桐花树、秋茄、白骨壤红树群落氮的年吸收量为 107.30~326.99 kg/($hm^2 \cdot a$)，平均 182.61 kg/($hm^2 \cdot a$)；磷的年吸收量为 1.13~3.45 kg/($hm^2 \cdot a$)，平均 22.36 kg/($hm^2 \cdot a$)（张汝国和宋建阳，1996）。

综合上述研究成果，广西红树林生态系统对氮的吸收量为 155.855 kg/($hm^2 \cdot a$)，对磷的吸收量为 17.53 kg/($hm^2 \cdot a$)。单位污染物净化价值以总氮 1.5 元/kg，总磷 2.5 元/kg（郑耀辉等，2008），计算广西红树林生态系统水质净化功能的价值为 215 万元+40 万元=255 万元。平均 0.028 万元/hm^2。

（六）吸附重金属功能价值

红树林植物与土壤能够吸附土壤中的重金属从而实现其净化功能。通过计算广西红树林生态系统植物与土壤吸附的重金属量，采用替代法计算吸附同样重量重金属所需要的相当活性炭数量与价值。

郑文教和连玉武（1996）探讨了广西英罗湾红海榄红树林重金属 Cu、Pb、Zn、Cd、Cr 元素的累积及动态，由此可计算全区红树林生态系统中重金属储量。活性炭对重金属的吸附量分别参考以下数值：Cu 1.2 mg/g（王桂芳等，2004）、Zn 1.6 mg/g（石太宏等，1999）、Pb 3.7 mg/g（陈红燕等，2010）、Cd 9.0 mg/g（李冠南等，1999）、Cr 8.0 mg/g（宁平等，1999）。根据重金属吸附率计算相应的活性炭当量，结果见表 8-4。

表 8-4 广西红树林湿地吸附重金属量及活性炭当量

重金属	植物储量 /[ug/(g·m²)]	表土储量 /[mg/(g·m²)]	合并贮量 /[mg/(g·m²)]	总储炭/kg	活性炭吸附率/(mg/g)	活性炭当量/t
Cu	28 734.1	2 664.9	2 693.6	247 744	1.2	206 454
Pb	25 253.4	1 410.0	1 435.3	132 006	1.6	82 349
Zn	14 3679.1	6 570.6	6 714.3	617 539	3.7	169 189
Cd	3 138.3	10.9	14.0	1 291	9.0	143
Cr	14 612.2	1 307.1	1 321.7	121 560	8.0	15 195
合计				1 120 141		473 330

当前活性炭市场价 3000 元/t，有效期一般是 3 年，因此广西红树林湿地吸附重金属价值

为 55 222 万元/a，平均 6 万元/（$hm^2 \cdot a$）。

（七）生物多样性维持价值

红树林维持生物多样性价值可采用专家评估法计算。Costanza 计算的年多样性生态效益是 439 美元/hm^2（郑耀辉等，2008）。按美元对人民币汇率 1:6.65 计为 2919 元/hm^2，计算广西红树林生态系统维持生物多样性价值为 2685 万元/a。把以上各项加起来即得到红树林环境价值为 187 943 万元，平均 20.4 万元。

以上 7 个方面的环境价值合计为 187 943 万元/a，单位价值为 20.4 万元/（$hm^2 \cdot a$）。

三、广西红树林的非使用价值

红树林的非使用价值即人文功能价值，包括人文、存在、遗产价值之和，可采用条件价值法（CVM），通过支付意愿调查（支付意愿值 WPT），对广西红树林湿地的非使用价值进行评估（伍淑婕和梁士楚，2008）。

调查广西红树林的非使用价值的问卷调查表设计了 12 个调查项目，即答卷人的性别、年龄、所在地、职业、文化程度、技术职称、专业知识情况、个人年收入、对广西红树林的了解和偏爱程度、支付意愿与 WTP 值、意愿支付取向和支付动机研究、不愿意支付原因。问卷调查表向全国 18 个省（自治区、直辖市）发放了 1056 份，返回 969 份，反馈率 91.8%。问卷调查对象为从事与红树林、湿地、自然保护等工作有关的政府行政管理人员，从事红树林、湿地、自然保护工作的研究人员，基层自然保护区站或环保监测部门的人员，林业、海洋等政府主管部门工作的人员，还有从事与红树林、湿地和自然保护都无关系的工作的研究所、院校及各企事业单位人员。返回问卷中选择愿意支付的有 574 人，占总样本的 59.2%，WPT 累计频度中位值为 50 元。支付动机中，为保护红树林永续存在的存在价值支付占总支付的 44.3%，为把红树林资源和知识作为遗产留给后代子孙的遗产价值支付占 29.1%，为将来自己、他人或子孙后代能有机会选择红树林进行开发利用的选择价值支付占 26.6%。

选择距离广西红树林区较近的广西、广东、湖南、云南、福建的城镇人口总数来计算广西红树林的非使用价值。2005 年 5 省(自治区)城镇人口总数 12 704.78 万，人均 WTP 值 50 元，总支付率 59.2%，计算出广西红树林的非使用价值为 37.61 亿元，其中存在价值占 44.3%，为 16.66 亿元，遗产价值占 29.1%，为 10.4 亿元，选择价值占 26.6%，为 10.00 亿元。

四、广西红树林生态系统服务功能价值

综上所述，广西红树林生态系统服务功能每年的总价值为资源价值、环境价值和非使用价值之和，即 655 286 万元（表 8-5），单位价值为 74.82 万元/（$hm^2 \cdot a$）。

在确定生态补偿款时非使用价值的争议最大，管理者与海域使用者在非使用价值的取向上存在巨大差异。如果不计非使用价值，则广西红树林生态系统服务功能的总价值为 284 251 万元/a，单位价值为 30.91 万元/（$hm^2 \cdot a$）。

服务功能价值与货币贬值率有直接关系。本文价值评估采用的价格参数基本以 2008 年为准，即 2008 年的基准价，此后年份的价值应该进行货币贬值率矫正。例如，2000 年以来我国的货币年贬值率平均约为 3%，因此 5 年以后的 2013 年广西红树林生态系统服务功能总价值应为（655 286

表 8-5　广西红树林生态系统年服务功能价值汇总

价值类别			总价值/(万元/a)	单位价值/[万元/(hm²·a)]
一、资源价值	1. 红树林产品价值	1.1 活立木生产价值	1 892	0.21
		1.2 凋落物价值	3 946	0.43
		1.3 花蜜生产价值	1 937	0.21
		1.4 胚轴繁殖体价值	12 264	4.91
		1.5 白骨壤果实海洋蔬菜价值	2 279	0.25
		小计	22 318	6.01
	2. 红树林渔业价值		2 976	0.32
	3. 科研价值		5 266	0.57
	4. 生态旅游价值		66 183	7.2
	合计		96 743	14.1
二、环境价值	1. 防浪护岸及海堤养护价值		59 759	6.5
	2. 土地利用价值		58 633	6.37
	3. 保肥价值		5 660	0.62
	4. 净化大气价值	4.1 固碳释氧价值	5 646	0.61
		4.2 吸收 SO_2 的价值	83	0.01
		小计	5 729	0.62
	5. 净化污水价值		255	0.03
	6. 吸附重金属功能价值		55 222	6
	7. 生物多样性维持价值		2 685	0.29
	合计		187 943	20.43
三、非使用价值	1. 存在价值		166 600	18.11
	2. 遗产价值		104 000	11.31
	3. 选择价值		100 000	10.87
	合计		370 600	40.29
总计			655 286	74.82

注：单位价值为总价值/2008 年广西红树林总面积（9197.4 hm²）

万元/a）/（1–0.03）5=762 574 万元/a, 单位价值为 83 万元/（hm²·a）。同理类推，2013 年不计非使用价值的广西红树林生态系统服务功能总价值为 331 010 万元/a, 单位价值为 36 万元/（hm²·a）。

评估和确定我国红树林生态系统服务功能的基准价格，并考虑群落稀有性与重要性、群落长势、地区经济发展差异和货币贬值率等因素，建立全国统一的红树林生态系统服务价值快速、简易与动态评估模型不仅是学科发展的理论要求，更是红树林生态补偿金制定与生态文明建设的迫切需求。

第三节　珊瑚礁生态系统服务功能

一、维持海洋生态平衡、生物多样性功能

珊瑚礁生态系统是海洋中生产力水平极高的生态系统之一，被称为是"热带海洋沙漠中

的绿洲","海洋中的热带雨林"。珊瑚礁的净初级生产力等同于热带雨林,变化范围为500~4000 g/(m^2·a),平均为 2500 g/(m^2·a)。珊瑚礁发育的衰与盛,极大地影响着海洋生态平衡。它不仅是全球变化敏感的响应者,而且以其反馈作用成为全球变化的贡献者。珊瑚礁生态系统是一种重要的海洋生态资源,是 21 世纪海洋资源可持续发展与利用的重要对象之一。

涠洲岛、斜阳岛沿岸是广西沿海珊瑚礁主要分布区,浅海珊瑚种群主要生长、分布于北部、东部、西南部平均海面(黄海基准面以下)−1~13.4 m 水深的海域。涠洲岛、斜阳岛沿岸海域海洋生物资源十分丰富,种类繁多,有浮游植物 87 种,浮游动物 90 种,潮间带生物 109 种,底栖生物 279 种,游泳生物 80 种,属于我国北部湾渔场的北部海域,渔业资源丰富,鱼类种类较多,盛产经济鱼类有石斑鱼、马鲛、鹤海鳗、枪乌贼、乌贼等,经济虾蟹类有锯缘青蟹、梭子蟹、长毛对虾、黑吉对虾等,经济贝类有鲍鱼、花甲螺、栉孔扇贝等,还有光裸方格星虫和海参(花刺参)。

二、珊瑚礁生态系统的美学景观、生态旅游功能

涠洲岛、斜阳岛的景观旅游资源相当丰富,自古有"大小蓬莱"之称。不同种类的珊瑚形状各式各样,千姿百态,呈现出树枝状、叶状、桌形状、盘状、伞状、菊花状、蜂巢状、陀螺状、帽盔状、球状、蔷薇花状、竹笋状等,更因共生虫黄藻的色素表现,随着水深、地形、生物群落的变化而呈现褐色、蓝色、黄色、绿色、红色、紫色等各种不同颜色,五彩缤纷,绚丽多姿。种类繁多、体态小巧玲珑、颜色鲜艳的珊瑚礁鱼类给美丽的海底花园增添了无限的生机和活力。复杂的水下地貌和丰富的生物群落,使珊瑚礁呈现旖旎的海底生态景观,与沿岸珊瑚岸礁景观、火山遗迹地貌景观、海蚀海积景观、岛上森林景观等构成了涠洲岛景观的多样性和独特性。涠洲岛的生态旅游包括潜水观光、水下探险、珊瑚礁鱼类垂钓、珊瑚礁岛屿观光度假、水上体育活动等。

三、珊瑚礁生态系统的生态功能

珊瑚礁生态系统作为海洋生态整体的重要组成部分,在防浪护岸、减轻海洋灾害、净化大气和海洋环境,减轻大气"温室"效应等方面都发挥着重要作用。

四、科研教育、科普功能

在不同地质年代发育形成的珊瑚礁可作为研究古地理、古气候、古环境、古海平面变化、古海水温度、石油勘探等方面的天然材料。现代活珊瑚的科学研究意义更大、应用范围更广,诸如海洋生物、海洋生态、全球气候变化、海洋环境、医药、生物多样性等诸多方面。尤其是珊瑚礁的造礁珊瑚对环境变化极其敏感,能敏感地响应并反馈全球变化。因此,珊瑚礁是研究环境变化信息的天然材料库,是重要的海洋生态、海洋环境的科学研究对象。

拟建的涠洲岛珊瑚礁海洋公园将成为青少年、当地渔民、农民、工人、干部以及城镇居民开展海洋生态、珊瑚礁生态科普知识和海洋环境保护宣传教育中心,珊瑚礁保护管理人员和志愿者培训基地,中小学生课外教育基地,成为公众亲近珊瑚礁、了解珊瑚礁和接受海洋资源和环境保护教育的社会公益事业基地。

第四节 珊瑚礁生态系统的功能价值

珊瑚礁生态系统中物质形态多姿多彩、环境优美、生物种类繁多、生物资源丰富,给旅游和渔业带来了较大的经济效益,珊瑚和珊瑚礁的经济价值主要体现在生态旅游业、渔业和制药业等方面。

一、珊瑚礁生态系统海洋渔业

珊瑚礁分布区及其邻近海域的渔业资源丰富、捕捞产量高、鱼类质量好、名贵鱼类多、经济价值高等。涠洲岛、斜阳岛常见的捕获对象有鱼类的金线鱼、短尾大眼鲷、六指马鲅、丁氏䱵、蓝圆鲹、印度鳓、四线天竺、细纹鲾、鹦嘴鱼(青衣)、黄斑鲾、截尾白姑鱼、马鲛、石斑鱼、鹤海鳗等,贝类的文蛤、泥蚶、毛蚶、鲍鱼、珍珠贝、栉孔扇贝等,蟹类的锯缘青蟹、梭子蟹等,虾类的长毛对虾、斑节对虾、日本对虾、短沟对虾、刀额对虾、新对虾、须赤虾等。据涠洲岛(镇)管委会2006~2008年海洋捕捞产量及产值统计,涠洲岛、斜阳岛拥有机动渔船770艘左右,每年捕捞量在10 000 t左右,产值每年为约6000万至1亿元(表8-6)。海水养殖品种主要有墨西哥湾扇贝、栉孔扇贝、巴非蛤、鲍鱼、珍珠、鲈鱼、二长棘鲷、石斑鱼等,涠洲岛(镇)管委会2006~2008年海水养殖品种面积及产量统计见表8-7。

表8-6 涠洲岛(镇)管委会2006~2008年年末海洋捕捞产量及产值统计

年份	产量/t	产值/万元(当年价格计)	机动渔船		
			数量/艘	总吨	功率/kW
2006	10 220	6 689	777	2 251	5 892
2007	10 797	10 000	775	2 065	5 609
2008	11 005	10 536	776	2 165	5 686

表8-7 涠洲岛(镇)管委会2006~2008年年末海水养殖品种面积及产量统计表

年份	鱼类		扇贝类		海水养殖总产量/t	海水养殖总产值/万元(按当年价格计)
	面积/hm²	产量/t	面积/hm²	产量/t		
2006	30	59	207	1168	1227	665
2007	30	65	256	1396	1461	783
2008	30	68	297	1687	1745	954

二、珊瑚礁生态系统生态旅游

珊瑚礁生态旅游包括潜水观光、水下探险、珊瑚礁鱼类垂钓、珊瑚礁岛屿观光度假、水上体育活动、酒店等。

目前,涠洲岛沿岸珊瑚礁资源的开发利用主要表现在珊瑚礁生态旅游方面,以装备潜水观光为主,辅以浮式潜水、游艇观光的形式。岛上有3家公司提供潜水旅游服务,开展观赏珊瑚礁潜水活动,潜水地点主要在涠洲岛西面的滴水、竹蔗寮附近海域。

润洲岛、斜阳岛珊瑚礁、火山地貌和海蚀地貌，是得天独厚的、稀有的生态旅游资源，提供了发展旅游的优越条件。近年来润洲岛旅游业发展很快，据润洲岛（镇）管委会2006~2008年旅游业状况统计，登岛旅客人数及旅游收入逐年增多，其中2008年登岛旅客人次24.14万人，增长19.5%；旅游收入3627万元，增长19.7%（表8-8）。

表8-8　润洲岛（镇）管委会2006~2008年旅游业状况统计表

年份	旅客人次/万人次	增幅/%	旅游收入/万元	增幅/%
2006	17.2	16.7	2580	16.7
2007	20.2	17.44	3030	17.44
2008	24.14	19.5	3627	19.7

第五节　海草生态系统服务功能

海草床是独特的海洋生态系统，其面积占海洋总面积的比例很小，但具有极高的初级生产力，在地球系统碳循环中起着不可忽视的作用。海草本身还可作为其他附着生物的附着基，进一步提高了海草床的初级生产力，并为许多海洋动物提供适宜的食物。海草床的存在，改变了海草床内的流体动力过程，加速了悬浮颗粒的沉降，对稳定海底底质和净化水质有着积极的作用，因此被称为"生态系统工程师"。海草本身可以作为一些海洋动物的食物，同时其复杂的地下和地上结构还为一些海洋动物提供了庇护和栖息场所。而海草植物体的大部分，将最终被微生物分解利用，所产生的营养盐可以满足其他初级生产者生长所需（李文涛和张秀梅，2009）。

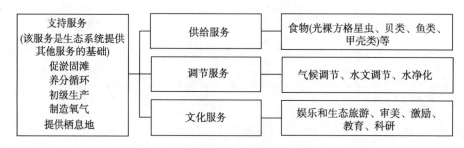

图8-1　广西海草生态系统服务功能

在广西，从海草床可获得的直接产品包括光裸方格星虫（俗称"沙虫"，*Sipunculus nudus* L.）、各种贝类、鱼类、虾蟹等。光裸方格星虫是广西的传统海产，价值高、市场广。海草还可做绿肥和饲料。根据韩秋影等（2008）的评估，2005年广西合浦海草床生态系统服务功能总价值可达 $6.29×10^5$ 元/($hm^2 \cdot a$)。而其中间接利用价值最大，为 $4.479×10^5$ 元/($hm^2 \cdot a$)，占总经济价值的70.97%；其次为非利用价值，为 $1.54×10^5$ 元/($hm^2 \cdot a$)，占总经济价值的24.52%；最少的是直接利用价值为 $2.84×10^4$ 元/($hm^2 \cdot a$)，仅占总经济价值的4.51%。

关于海草群落在海洋环境中的生态意义可归纳为以下7点（范航清等，2009）：

1）海草的根和根状茎具有稳定沉积物的作用，海草叶片可以"捕获"海水中的悬浮物，从而改善海水的透明度；

2）海草群落是第一生产者，具有高的生产力；

3）海草是许多动物的一种直接食物来源；

4）海草群落是许多动物的重要栖息地和隐蔽场所；

5）海草是附生动植物重要的底物；

6）海草从海水和表层沉淀物中吸收养分的效率很高，是控制浅水水质的关键植物，因此，海草能在水中可溶性营养盐很低的条件下生长；

7）海湾或河口的海草场大量生长时，也会造成河道堵塞，影响航道通行。

海草的经济价值，很早就被人们所认识（范航清等，2009）：

1）海草场已用作污水流的过滤系统和沉淀稳定器；

2）海草叶片的木质素含量低，纤维素含量高，可用于造纸；

3）大叶藻（*Zostera marina*）的嫩根和许多海草的果实可食；

4）干海草可作饲料，若与陆生饲料混合，效果最佳；

5）海草几个世纪以来用作肥料；

6）海草晒干可作屋顶建筑材料、编草席和各种手工艺品等；

7）海草对开沟、建桥、造堤等具有稳定基质的作用。

第九章 广西典型海洋生态系统的保护、恢复与利用对策

第一节 保护与恢复建议

一、红树林生态系统管理保护建议

1. 生态补偿金制度

红树林生态系能提供重要的生态服务,承载沿海地区社会与经济可持续发展,因此,应该利用经济杠杆的调节功能,对红树林生态系统实施生态补偿。生态补偿金可以通过税收、资源补偿费等方式收取,向影响红树林生态系统的排放污水的企业、在红树林生态区作业的船只、海水养殖户等征收。补偿金应由红树林生态系统管理者管理,用于支持红树林生态系统的监测、保护、管理与恢复等有利于红树林生态系统的活动。

2. 完善红树林生态系统保护立法

尽管已有许多涉及红树林生态系统保护的法律法规,其实际操作还有较大难度。亟须有法律或法规对红树林生态补偿金制度作出明确的规定,以促进红树林生态保护管理工作。

3. 提高红树林生态恢复的生物多样性

广西的红树林生态系统处于亚健康状态,主要因为红树林群落生物多样性太低。因此,需要在人工红树林占约 20%的广西红树林群落中实施多树种混交造林,改造生物多样性低的人工或者自然纯林。在外来物种无瓣海桑林中补植乡土树种进行改造,能有效改善生物多样性低的状况,提高红树林生态系统质量。

4. 加强红树林资源管理

对红树林资源进行功能区划,将之划分为自然保护区、生态综合开发区、恢复造林区、新发展区等,实行分类管理。摸清红树林资源利用现状,建立地理信息系统。建立由相关部门参与的海岸带管理委员会机制,加强各部门的沟通、协调。加强红树林保护区的建设力度,改善红树林保护区的管理能力。

5. 加强红树林研究的宣传教育工作

利用多种宣传方式,大力宣传红树林在改善海洋生态环境、提高生物多样性和促进近海渔业发展等方面的作用,争取社会各界和公众对红树林保护和恢复的支持。

6. 建设红树林湿地监测体系

建立规范的、合理的广西海岸带或者红树林生态系统监测体系，对红树林湿地生态系统结构、功能及环境变化过程实施长期的定位监测，建立完善的系统动态变化信息数据库，及时准确掌握环境健康状况、功能状况和变化趋势，预警物种威胁和湿地退化，科学地保护、管理和利用红树林湿地。

二、珊瑚礁生态系统保护与管理建议

（一）加强珊瑚礁的保护与管理

珊瑚礁生长缓慢，忍受环境变化的范围窄，正面临导致其衰退的各种威胁。加强珊瑚礁的保护和管理，使其健康发展，维持珊瑚礁区生物多样性及其生态功能，很有必要。

目前，涠洲岛、斜阳岛珊瑚礁生态系统虽仍然健康，但全球气候变化、涠洲岛旅游业发展、终端原油处理厂及原油码头、海水养殖、过度捕捞、病害、生物损害、采挖和贩卖珊瑚等人为和自然胁迫因素对珊瑚礁生态系统造成的环境压力日益严重，须制定切实可操作的保护管理措施和对策加以应对。广西壮族自治区人民代表大会已立法禁止携带、买卖珊瑚，故执法愈显重要。不仅要严禁采捕、采挖珊瑚，也要禁止收购、加工、运输、经营珊瑚及其制品，这需要海洋、环保、工商、公安以及渔政主管部门等相关管理部门联合执法。

（二）建立涠洲岛珊瑚礁保护区

建立珊瑚礁保护区，是保护珊瑚礁生态环境和生物多样性的途径。1975 年，澳大利亚的大堡礁成为世界上第一个珊瑚礁保护区。保护区的设立，有助于稳定或提高保护区及附近礁区鱼产量，促进生态旅游，发展地方经济。我国三亚、徐闻等地建立了国家级珊瑚礁保护区，多年的实践证明，保护区的建立能够有效地保护珊瑚礁，减少人为的干扰，有利于珊瑚礁的恢复，促进当地旅游业和海洋经济的发展。因此，建议尽快建立涠洲岛珊瑚礁海洋特别保护区，通过整合资源加强管理机构，防止管理混乱，提高保护区工作效率。

（三）普及珊瑚礁科普知识，提高人们保护珊瑚礁生态环境的意识

保护珊瑚礁生态环境是一项以保护全民利益为目标的巨大社会工程，需要人们共同的关注和参与，海洋和环境管理部门、海洋和环保工作者、学者更要积极地推动珊瑚礁生态环境的保护。普及珊瑚礁科普知识，提高公众认知，鼓励多方参与，实现珊瑚礁的共同保护，形成自下而上和自上而下对珊瑚礁生态环境保护的重视，才能有效地保护珊瑚礁。许多国际组织，如国际珊瑚礁倡议（ICRI）、联合国环境规划署、国际自然保护联盟、国际海洋学委员会、联合国教科文组织等，通过国际研讨会、发表和出版珊瑚礁研究资料的形式，引起各个国家和地区有关部门、社团、学者和公众对珊瑚礁保护的广泛关注。

（四）控制珊瑚礁生存海洋环境的污染物总量

1）加强海洋环境监测工作，严控陆源工业、城镇生活污水和水产养殖场的养殖污水排放，污水须经处理后达标排放。

2）维持珊瑚礁区 DO 值不低于 5.5 mg/L。对影响珊瑚礁区的农业和生活污水进行处理

后排放，限制生物需氧量（BOD）工业源和高 BOD 负载的生活污水直接排海。

3）控制农业、工业和居民生活区的悬浮物来源，控制海域工程的疏浚活动，保持海水具有较高的透明度。

4）严格控制污水总量，避免营养盐污染（富营养化）。防止水循环能力减弱而导致珊瑚礁群落发生退化，增强珊瑚群落清除泥沙和生物废物的能力。因此，对影响海流的工程加以控制显得十分重要。

5）防止损伤珊瑚。珊瑚礁区开展的观光和游钓活动，易使珊瑚礁受到钓具、锚等器具的损伤和化学品的影响，因此，要限制潜水观光的范围、人数、方式，禁止在珊瑚礁区使用渔叉捕鱼、毒鱼、炸鱼等。

6）在进行海洋开发作业时，应制定详细的操作规程，对施工者加以指导，以防损害珊瑚；在开展各种海洋旅游开发活动时，也应制定详细活动规范，对旅游者加以指导，以免损害珊瑚。

7）建议政府和海洋管理部门投资支持在涠洲岛开展珊瑚的人工繁殖、移植与生态修复研究，在珊瑚礁遭受破坏的区域开展生态修复工程。

8）目前，涠洲岛沿岸已建有中海油西部公司原油终端处理厂及其海底输油管道和中石化原油码头及配套设施，这些工程建成营运对涠洲岛珊瑚礁生态环境及海洋环境造成了环境压力，尤以可能的突发性溢油为潜在威胁。国外研究表明，油气的泄漏与污染会对珊瑚礁生态系统造成灾难性的严重影响。因此，建议环境保护部门和海洋管理部门加强对上述工业企业排污及潜在的风险事故跟踪监测。建议政府严格执行《中华人民共和国海岛保护法》，禁止在涠洲岛沿岸兴建新的工业工程项目，切实保护好海岛珊瑚礁生态系统及其海洋生态环境。

9）禁止涠洲港来往渔船、货船等船舶的含油废水直接排放入海，必须将含油废水收集处理后达标排放。

10）加强海底输油管、岛上储油库等油气设施的管制，配备完善的应急设施，明确有关公司的法律责任，防治油污外泄海面，定时检查海底输油管和陆上储油库的安全性能，防患于未然。

三、广西海草床的保护措施与对策

和其他自然资源一样，海草床的保护需采取一般性的措施，更需根据其生境的独特性而采取特殊的措施，建议如下。

（一）提高海草保护的公共意识，发展替代生计

海草床中经济海产的挖掘，是广西海草生态区内最直接和最明显的人为影响。个别海草床被挖尽翻遍，掘出或掩埋海草植物，破坏海草生境的完整与稳定，妨碍海草群落的可持续发展，影响海草区底栖动物的生长与更新，给整个海草生态系统带来很大伤害。公共教育是资源管理的重要手段，通过对沿海群众（尤其是重要的利益相关者）的宣传教育和正确引导，可提高公众对海草重要性的认识，促进沿海群众自觉保护海草。当前，广西沿海群众对

海草及其生态价值认知不足，保护海草意识淡薄，相关部门应充分利用电视、互联网、电台等媒介加强海草保护的宣传，如在学校里举行保护海草、介绍儒艮（美人鱼）以及其他海洋生态系统的科普讲座。全面禁止海草床中的海产挖掘似乎不大可行，因为海产挖掘仍是部分沿海居民的生计，况且禁止群众利用海草床也并非管理的最终目标。要采取恰当的保护管理措施，使海草床实现可持续发展，使群众从保护海草床中得到实惠。例如，可考虑避免直接在海草生长区挖掘，使挖掘活动在时间与空间上错开，使被挖掘的海草得到生长"喘息"的机会（Hosack et al., 2006），从而达到尽量不损害渔民的经济利益，又能降低海草床的负面影响的目的。此外，积极争取当地政府有关职能部门的支持，对当地渔民实行经济补偿，帮助当地渔民开发合适的可替代生计，逐渐减少到海草床内挖沙虫、挖螺、炸鱼、毒鱼、电鱼和拖网等作业活动。

（二）加强海草保护的依法管理

保护海草不仅需要群众意识的提高，还需要有法律法规的有力保障。因无专门法规可循，我国海草保护工作一直面临较多困难。中国国务院于2003年5月批准的《全国海洋经济发展规划纲要》曾指出在发展海洋经济的同时要考虑保护海草及海草床内的生物多样性。除此之外，只是一些相关保护区的保护条例。因此，加快海草保护立法进度，以层级较高的法律来规范海草资源保护和管理，显得十分重要。

目前，国内以海草为保护对象的自然保护区仅有两个。一个是广东湛江的雷州海草县级自然保护区，成立于2003年，面积约36.3 km^2；另外一个是位于海南陵水的新村港与黎安港海草特别保护区，成立于2007年，面积约23.2 km^2。广西壮族自治区内的合浦儒艮国家级自然保护区和北仑河口国家级自然保护区也把保护区内的海草作为保护对象之一。使海草免于负面影响是保证海草生境延续和生态价值持续体现的最好策略。国家或地方应立法与制定保护法规，将一些具有重要保护价值的海草生境划为保护区或整合到保护区中，以保护重要的海草生境。海洋保护区网络中包含足够的海草面积是海洋生物多样性保护的关键。当前，广西仍有重要的海草床未纳入保护范围，如钦州茅尾海纸宝岭贝克喜盐草海草床。该处海草覆盖度较高，海草群落面积较大，还毗邻红树林、盐沼草、滨海植物等生态系统，具有较高的保护价值。钦州湾的硫磺山海草床，尽管覆盖度较低，但海草种类丰富，是钦州市辖区海草种类多样性最高的海草床群落。这些海草床都有较高的保护价值。

（三）借鉴海草床保护与管理的先进理论与经验

海草生长于海陆交错的潮间带与潮下带，物质循环与能量流动频繁，具有敏感的时空动态性、结构的异质性、复杂性和脆弱性，多有河流汇入。故涉及主管部门众多，在保护与管理上需充分考虑纷繁复杂的影响因素以及所涉及的利益相关者，并随时针对不确定的影响进行管理上的调整。综合流域管理、海岸带综合管理与适应性管理为海草床的管理与保护提供很多值得借鉴的理论与思想。

1. 综合流域管理

良好的水质是维持海草床健康的基本要素。调查表明，广西海草生态区的海洋化学方面已出现8种超标因子（pH、溶解氧、无机氮、有机碳和汞、锌、铅、油类）。其中pH、溶解氧、无机氮和有机碳超标对海区有机污染的加重和富营养化的作用明显，而汞、锌、铅、油类的超标说明广西海草生态区的生态环境质量趋降。陆源径流较强处pH、溶解氧、无机氮和有机碳超标较严重。广西海草生态区的海水透明度不高，均为0.1~3.0 m，年平均值仅1.4 m，而海草的可持续生长至少需要表面光辐照的20%~25%，个别种类可到4%。海草的最小光需求可作为管控海水污染负荷的阈值标准。管理指标应是可获得的以及可测量的，所对应的管理关键目标应可以通过管理计划实现。需要进一步研究和评估维持本地区海草生长与成活的最低水质量要求，尤其是与水体光学质量有关的（如叶绿素，它是营养负荷的标志之一）。海草生长的关键阈值（threshold）须是科学的和客观的，且易解释并可理解，能体现保护海草床多样性与功能完整性的需求。水质量的维护与改善，必须在保护滨海环境自然特性的滨海管理对策条款中加以考虑。因此，海草管理的关键就是采取系统全面的政策措施去维持和改善河口与滨海的水环境质量，特别是要减少悬浮物和污染物的输入。在河口与滨海海域，持续改善水质量并控制流域的侵蚀与污染物排放的关键，在于流域土地利用与流域排放的管理，自然与环境资源的综合管理是管理部门的首要责任。管理机构需要制订环境管理计划，包括确定可测量的环境参数，如光消耗、水浊度与水流速等，判断这些参数的改变是否超出阈值，需要采取管理行动和措施进行控制以保护海草。

管理需要对涉及土地、河流、河口的活动进行整体的考虑，认识并调适陆地、淡水、滨海与海洋生态系统间的相互依赖关系，这需要管理机构间的进一步整合，采取协调的、跨部门的、基于生态系统的方法对滨海进行管理。对码头建设、抽沙挖沙、运河或航道的开挖等活动须慎重管理，减少其对海草的负面影响，因为即使作业现场远离海草，仍可能产生改变水质、增加沉积物等不利影响。有效的管理有赖于深刻认识改变河口与滨海系统的活动。广西防城港珍珠湾海草床附近的抽沙活动，钦州纸宝岭海草床的严重沉积等，都可能对海草的生长产生负面影响。如果海草床位于流域下游，综合流域管理就是决定海草保护取得成功的关键管理措施之一。流域综合管理就是以流域为单元，在政府、企业和公众等共同参与下，应用行政、市场、法律手段，对流域内资源全面实行协调的、有计划的、可持续的开发与管理，不断维护和提高生态环境质量，协调流域内各利益相关方的利益，实现流域的经济、社会和环境福利的最大化，最终达到流域环境和资源的可持续。流域综合管理是实现资源开发与环境保护的最佳途径，其最终实施要依靠科学合理的管理机制，需要遵循公共效益最大化、协调发展、环境安全、相互联系与综合、利益公平、代内和代际公平、公开透明、谁污染谁负担等原则，采取立法、行政、市场与公众参与的手段进行管理。流域综合管理是长期过程，需要在法律与法规、体制与机构、科学与技术、手段与措施等方面开展系统的探索与变革，需要政策环境、机构角色和必要的管理工具这三大支柱。应明白，尽管海草能在一个边界内或海洋保护区里受到保护，可一旦相邻的海域环境保护不力，其管理成效必大打折扣，因为众多胁迫来自于遥远的水源（如流域排放）。当前，对源于保护区外但影响保护区的活动的管理，在体制上仍存在诸多问题，这凸显了采用跨部门方法去管理海草生境的重要性。广西"908"专题调查结果表明，广西海草生态区受污染的海域主要邻近近岸排污区和海水养殖区，污染源主要有陆源径流输入及养殖排废，以及潮海流的输送。实施流域综合管理对于降低广西海草生态区的陆源污染和养殖排废有重要意义。

2. 海岸带综合管理

海洋管理理论是美国在 20 世纪 30 年代提出的。1972 年，美国颁布了《海岸带管理法》，标志着海岸带综合管理（integrated coastal zone management，ICZM）正式成为国家实践。1993 年，《世界海岸大会宣言》指出，海岸带综合管理已被确定为解决海岸区域环境丧失、水质下降、水文循环中的变化、沿岸资源的枯竭、海平面上升等的对策及有效方法，以及沿海国家实现可持续发展的一项重要手段。海草床的管理涉及部门较多，渔业、海洋、环保甚至林业、农业、水利等部门都可能会参与其中。例如，2006 年合浦儒艮国家级自然保护区在整治海草区的非法乱围乱圈养殖时，由环保、水产、公安、边防、海监等有关单位组成联合执法工作组，出动执法人员 300 多人，车辆 30 余台，施工作业船舶 7 艘，拆除并清理了保护区及附近海域非法搭建的养殖用高架棚。海草通常生长于潮间带和潮下带，人类活动频繁，使海草的管理愈加困难。海岸带综合管理是一种能够协调多方利益冲突，以实现海岸带资源配置最优化和公共利益最大化为目标的管理方法。应加强区域海岸带综合管理的研究和探索，在分析地方海岸带综合管理存在问题的基础上，引入国际上的先进管理理念，构建一个强调协调和融合的区域海岸带综合管理新模式，系统阐述其组织架构、管理计划、冲突的解决、计划的实施和反馈、有效运作的保障机制等。海岸带综合管理引入海草床等滨海生态系统的管理，有利于推动海岸带地区的可持续发展。

3. 适应性管理

海草生态系统是一个包含生态环境、社会、经济等的系统，具有复杂的时空结构，呈现多维、动态、开放、非线性等特性，导致海草管理的不确定性和复杂性。不确定性是普遍存在和难于预测的，首先表现在管理目标的不确定性。近年来，海草管理围绕一些抽象的、有争议性的概念，如生态系统健康、承载能力等展开，给海草管理带来很大的不确定性。时空因素的不确定性，如海草面积、覆盖度等的季节变动，也在一定程度上增加了管理目标的不确定性，造成海草资源的滞后管理。海草管理的不确定性还表现在管理行为上。此外，还存在资金投入的不确定性和国家政策、机构、立法的不确定性等。因此，在面对不确定性时，海草资源管理应更灵活和有弹性，管理者应及时调整管理策略，保证系统整体协调性功能，实现海草生态系统健康及可持续。适应性管理正是针对系统管理的不确定性所开展的一系列设计、规划、监测、管理资源等的行动，一个确保系统整体性和协调性的动态调整过程，其目的在于实现系统健康及资源管理的可持续性。该管理方法与传统管理的根本区别在于，适应性管理是从试错角度出发，管理者根据环境变化，特别是不确定的影响，不断调整策略来适应管理需要。而传统管理模式一般采用行政指令，对不确定问题的考虑甚少，管理滞后现象突出。因此，将适应性管理思想引入海草资源的管理很有意义。

（四）开展科学的、可持续的海草床恢复

根据评估，近 30 年来广西丧失了大量的海草。维持现有海草床自然成为海洋资源管理的首要任务。当海草床遭破坏或衰退时，只能依赖相关工程和技术将其结构与生态服务功能恢复到干扰前的状态。海草恢复并非简单意义上的海草覆盖率的恢复，而更注重海草生态系统功能的恢复。务必清楚，海草生态系统功能上的恢复通常滞后于结构上的恢复。海草床恢复的手段多样，包括通过改善生境的自然恢复法、种子法和移植法等。海草一旦丧失便不可能轻易地自然恢复，因此开展海草床人工恢复的实践对于当前广西海草床大面积衰退的严峻现状有重要意义。海草的人工恢复是一个耗时的过程，甚者多达数十年至上百年，而破坏则可以无需时日，可知海草人工恢复之困难。对一些生长缓慢的海草种类而言，如大洋洲聚伞藻，其水平根状茎延伸速度仅 2 cm/a（Marbà and Duarte，1998），海草斑块生长很慢，从干扰中恢复过来可能需要近百年的时间（Gonzalez-Correa et al.，2005）。海草植物的生长需要特定的环境条件，而这些条件通常又随着海草的退化而消失，导致适宜海草生长的地方不断减少。因此，海草生境的改善、修复与恢复在国际上备受关注。

（五）加强与深化对海草生态系统的研究

相对于红树林、珊瑚礁等其他海洋生态系统，广西的海草研究起步较晚且较少，基础资料相当缺乏，科研部门应重视对海草床海洋生态系统的基础科学研究，为海草床的管理提供科学依据。如果对海草生长规律及其海草床生态环境一无所知，就制订不了科学的海草床管理计划，更谈不上合理地管理和利用海草床。在这方面，除了相关部门应加大海草研究的资金投入外，科研部门本身也应该主动与国际研究机构进行交流与学习，通过合作交流、学术论坛等形式，搭建起海草研究的合作平台，为提高广西海草研究整体水平提供有力保障。

广西海草床具有丰富的生物多样性和重要的生态价值，是广西进行海洋科学研究与海洋科普教育的极佳场所。近年来，广西红树林中心在防城交东一带的海草床开展了海草生物量与热值动态、光合作用等研究，在北海竹林海草床一带开展了海草生产力等研究，在北海山口乌坭、竹林等地开展了海草恢复的研究。中国科学院南海海洋研究所也在广西合浦海草床开展了生态服务功能评估和生态补偿机制等研究。在儒艮保护与海草床等海洋科普知识的普及方面，合浦儒艮国家级自然保护区在北海沙田等地也开展了大量工作。

海草床是地球上生产力最高的水生生态系统之一，它不仅可以稳固底质、改善水质，还是众多海洋生物的"海洋牧场"。然而，海草床的重要生态价值，却远不为人们所重视。尽管海草床与红树林、珊瑚礁等齐名，被认为是热带地区三大典型海洋生态系统，但海草床所受到的关注却远不及红树林与珊瑚礁。在我国，从事海草研究的科学人员屈指可数，海草基础理论研究存在大量空白。广西丰富的海草资源为海草生态学研究提供了得天独厚的自然优势，广西壮族自治区内的海草床是进行海草研究的优良场所。当前海草生态学一些较有挑战性或比较有广西特色的研究课题有：

1）影响广西海草生长的环境关键阈值（光最小需求、营养负荷等）；
2）海草床人工恢复技术以及海草生态系统功能的恢复研究；
3）海草景观格局的变化和驱动力，以及各种驱动力（如人为影响）的量化；
4）海草区的生态养殖技术；
5）贝类与星虫类的采收对海草植物生长的影响，以及对整个海草生态系统的影响；
6）海草生态系统的可持续管理等。

（六）实施广西海草生态系统的监测

监测是自然生态系统管理的重要方面。海草床是时空动态明显的景观，即使在一年中不同季节，相同的草场在景观格局上也表现出明显差异。设置永久监测断面是监测评估海草变化的有效方法，无论变化源自人为因素或自然因素。海草床群落现状与海水透明度的监测是海草管理的关键，水质状况（包括营养负荷、水浊度、水透明度）的监测，可指出水下海草床所接受的光强是否满足需要等。这些重要的海草管理目标，可以用来评估土地利用与水质量控制的效果。开展海草定期监测非常重要，这是因为：

1）监测是提高管理和保护的有效工具；
2）监测能反映海草资源的变化、海草床生态系统的健康以及结构和功能的稳定状态；
3）海草的监测与评估，可以使海洋管理机构采取针对性的海草管理并做出适应性的调整。

目前，广西仅在北海布设了一条永久性海草监测断面，该断面也是全球海草监测网（Seagrass Net）到目前为止在中国布设的唯一断面。Seagrass Net 由国际著名海草专家、世界海草协会副会长 Fred Short 教授于 2001 年发起，迄今已在全球 30 个国家设置了 100 多个监测点，监测网络设置的最终目标是通过提高海草的科学认识与公众意识，保护脆弱的海草生态系统。实践证明，Seagrass Net 所采用的海草监测方法是科学和易行的。除了 Seagrass Net，还有 Seagrass-Watch 也是一项参与范围较广的全球性海草监测计划。两个监测计划所采取的监测方法类似。不管采用哪种方法，永久固定的监测断面、持之以恒的定期监测采样、非毁灭性的采样方法都是必需的。

海草是海洋生态系统健康与否的理想指示者之一，这意味着，通过对海草床的监测我们还可评估滨海地区的环境质量状况。海草对改变的环境条件能表现出可测量且及时的反应，生态角色重要，具固着的特性和广布性，故在澳大利亚、美国等国被当作"滨海揭秘者"，喻之能通过监测海草的生长状况来评价滨海生态环境。在地中海地区，大洋洲聚伞藻（*Posidonia oceanica*）被广泛用作滨海环境的生物指标（Ferrat et al., 2003；Pergent-Martini et al., 2005；Montefalcone, 2009）。罗氏大叶藻（*Zostera noltii*）的生物量与密度的关系也被认为是监测人为营养物干扰的理想工具（Cabaco et al., 2007）。

在广西，以往所采用的海草床面积调查方法是利用 GPS 的海草床边界绕测。采用 GPS 绕测海草床需人为判别海草床边界，具有很强的主观性，海草床受潮汐影响大，绕测水下大面积的海草床，需耗费多日，应加大采用 RS（遥感）等手段对海草床面积测算的研究力度。RS 具有覆盖范围广、重访频率高以及成本较低等优点。随着遥感技术的发展，遥感仪器分辨率越来越高，各种遥感卫星所获取的遥感信息具有厘米到千米级的多种尺度，重访周期从 1 d 至 40~50 d 不等，在获取水色的空间和时间信息方面构成很好的互补关系，为采用遥感方法对海草床进行监测提供越来越精确的技术支持。传感器技术与辐射测量的转移建模的发展，使海水中的悬浮物、海洋表面温度与太阳辐射的绘制成为可能，因此，也使海草衰退因素的监测成为可能。采用卫星、航空和现场高光谱遥感的方法调查海草，已多见于国外，国内仅见于海南陵水海草床的遥感调查（Yang and Yang, 2009）。

第二节 可持续利用建议

广西典型海洋生态系统的可持续利用,意味着生态系统能保持其结构和维持其功能并具有恢复的能力,意味着我们的后代仍拥有利用这些典型海洋生态系统的权利。实现典型海洋生态系统的可持续利用,需要在可持续利用理念的指引下,达成一致的共识,采取正确的步骤和方法。

一、主流化典型海洋生态系统保护和可持续利用

确切地说,主流化就是将海洋生态系统的保护和可持续利用的行动整合或包括到诸如农业、渔业、林业、旅游、临海工业、物流等生产部门的对策当中,也可以说是将海洋生态系统的保护和可持续利用的想法整合到扶贫和国家可持续的发展计划中。主流化的宗旨就是海洋生态系统的作用是为人类福祉服务的。具体的做法是在各部门制定的对策、规划、计划、政策和法律法规中整合海洋生态系统保护和可持续利用的内容。

二、采取基于生态系统的综合管理和建立保护区网络

以生态系统为对象,对海洋生态系统实施不受地域和部门限制的综合管理,是一个促进海洋生态系统可持续利用的动态的、多学科的、周而复始的过程。它需要各部门间的协调与合作,涉及信息采集、规划、决策、管理和实施监测的整个过程。它依靠利益相关者的参与,评估所设定的目标并采取行动去实现这些目标,从长远考虑,在环境、经济、社会、文化、娱乐等目标中取得平衡,并使之处在自然动态过程所许可的限度之内。建立保护区网络,即消除保护区的界线,共享信息、管理条件、能力、工具等,并采取实现协调目标的共同行动。在不同级别、隶属不同部门的自然保护区之间建立联系、交流与合作机制,促进以实现生态系统保护和可持续利用为目的的管理。

三、建设典型海洋生态系统保护和可持续利用的能力

能力建设是实现发展的一个长期持续的过程,关系到所有的利用相关者,包括行政当局、非政府组织、专业人士、社区成员、学术机构等。人的能力、科学的能力、技术的能力、组织的能力、机构的能力和资源的能力都为能力建设所利用。能力建设的目的是解决与发展的政策和方法相关的问题,同时,考虑人们的潜力、限制和需要。主要在以下方面加强能力建设:

1)改进对策规划和管理;
2)改进工作程序;
3)提升信息技术;
4)加强人员培训和管理;
5)优化组织结构;

6）加快政策文件的上传下达；

7）加快信息传递；

8）改善公关关系；

9）形成合作的网络。

通过能力建设，达成行动的共识，获得技术和知识，奠定决策和行动的可靠基础，确定达成目标的过程和步骤，减小或消除主观或客观的障碍，保障人力和财力资源，实现典型海洋生态系统保护和可持续利用。

四、鼓励利益相关者的多方参与

利益相关者的多方参与是有效实现典型海洋生态系统保护和可持续利用的不二法门和必由之路。脱离了多方参与的生物多样性保护、利用和管理，鲜有可持续的成功范例。多方参与是进行决策、开展管理、履行责任和分享利益的过程，意味着施加影响的和受到影响的利益相关者应参与其中的每一步骤。多方参与的核心是以人为本。实现典型海洋生态系统保护和可持续利用，服务于人类的可持续发展，是自然资源发展变化和人类社会发展变化相互作用的最佳平衡点。涉及人类群体利益或整理利益的典型海洋生态系统保护和可持续利用必然需要利益受到影响的人的共同参与，唯如此才能实现真正意义上的有效的典型海洋生态系统的可持续发展。

五、创新实现典型海洋生态系统保护和可持续利用的财务机制

财务可持续，才能保障典型海洋生态系统保护和利用的可持续。鼓励典型海洋生态系统保护和利用的多渠道资金投入，无论官方或民间，国内或国际；制定支持资金流向典型海洋生态系统可持续保护和利用的政策、法律和法规，如所有权和使用权保障立法、投资奖励政策、生态补偿制度、税收优惠规定等；应用创新科技和文化，发展典型海洋生态系统可持续保护和利用的实用技术和方法，多途径、多角度开发利用典型海洋生态系统，如生态养殖、生态旅游、特色产品开发、功能食品开发等。核算并承认典型海洋生态系统可持续保护和利用对绿色 GDP 的贡献，建立类似转移支付的财政补偿机制。

六、加强典型海洋生态系统保护和可持续利用交流、合作与协调

积极开展不同层级、不同地域之间典型海洋生态系统保护和可持续利用的交流、合作与协调，在国际、国家、地方层面和跨国、跨区之间开展学习、借鉴、传播和分享典型海洋生态系统保护和可持续利用的可取方法和途径，形成典型海洋生态系统保护和可持续利用的合力和实现典型海洋生态系统保护和可持续利用的多方共赢。

参 考 文 献

陈长平, 高亚辉, 林鹏. 2007. 福建漳江口红树林保护区浮游植物群落的季节变化研究. 海洋科学, 31(7):25-31.
陈红燕, 羊依金, 张卓君, 等. 2010. 城市污泥-膨润土颗粒吸附剂的制备条件对吸附Pb^{2+}的影响. 化学研究与应用, 22(6):800-804.
陈坚, 范航清, 陈成英. 1993. 广西英罗港红树林区水体浮游植物种类组成和数量分布的初步研究. 广西科学院学报(红树林论文专辑), 9(2):31-36.
陈建华. 1986. 红树林人工造林初报. 钦州林业科技, 2:22-27.
陈清潮, 章淑珍, 朱长寿. 1974. 黄海和东海的浮游桡足类 II 剑水蚤目和猛水蚤目. 海洋科学集刊, 9:27-76.
陈清潮, 章淑珍. 1965. 黄海和东海的浮游桡足类. 海洋科学集刊, 7:20-131.
陈清潮, 章淑珍. 1974. 南海的浮游桡足类 I. 海洋科学集刊, 9:101-137.
陈天然, 余克服, 施祺, 等. 2009. 大亚湾石珊瑚群落近25年的变化及其对2008年极端低温事件的响应. 科学通报, 54(6):812-820.
陈新军. 2004. 渔业资源与渔场学. 北京:海洋出版社.
陈玉军, 郑德璋, 廖宝文. 2000. 台风对红树林损害及预防的研究. 林业科学研究, 13(5):524-529.
冲山宗雄. 日本产稚鱼图鉴. 东京:东海大学出版社.
邓超冰. 2002. 北部湾儒艮及海洋生物多样性. 南宁:广西科学技术出版社.
范航清, 陈坚. 1993. 光对秋茄繁殖体生根的影响. 广西科学院学报, 9(2):73-76.
范航清, 彭胜, 石雅君, 等. 2007. 广西北部湾沿海海草资源与研究状况. 广西科学, 14(3):289-295.
范航清, 石雅君, 邱广龙. 2009. 中国海草植物. 北京:海洋出版社.
范航清. 1990. 红树林的生态经济价值及其危机与对策. 自然资源, 5(4):55-58.
范航清. 2000. 海岸环保卫士——红树林. 南宁: 广西科学技术出版社.
方力行. 1989. 珊瑚学. "教育部"大学联合出版委员会出版. 黎明文化事业股份有限公司印行.
冯国楣. 1984.中国植物志. 北京:科学出版社.
高东阳, 李纯厚, 刘广锋, 等. 2001. 北部湾海域浮游植物的种类组成与数量分布. 湛江海洋大学学报, 21(3):13-18.
高生泉, 卢勇敢, 曾江宁, 等. 2005. 乐清湾水环境特征及富营养化成因分析. 海洋通报, 24(6):25-32.
高振会. 1996. 运用科学方法保护祖国海疆. 海洋开发与管理, (3):42-44.
广西海洋开发保护管理委员会. 1996. 广西海岛资源综合调查报告. 南宁:广西科学出版社.
广西海洋研究所. 1986. 广西海岸带海水化学调查报告.
广西海洋研究所. 1986. 广西壮族自治区海岸带和海涂资源综合调查报告, 第四卷海洋生物:72-96.
广西海洋研究所. 1986. 广西壮族自治区海岸带和海涂资源综合调查报告, 第一卷综合报告.
广西海洋研究所. 1992. 广西海岛资源综合调查海水化学调查报告.
国家海洋局"908"专项办公室. 2006. 海洋生物生态调查技术规程. 北京:海洋出版社.
韩秋影, 黄小平, 施平, 等. 2007. 人类活动对广西合浦海草床服务功能价值的影响. 生态学杂志, 26(4):544-548.
韩秋影, 黄小平, 施平, 等. 2008. 广西合浦海草床生态系统服务功能价值评估. 海洋通报(英文版), 10(1):87-96.
韩维栋, 高秀梅. 2000. 中国红树林生态系统生态价值评估. 生态科学, 19(1): 40-45.

韩维栋,高秀梅. 2004. Biomass and energy flow of *Sonneratia apetala* community in Leizhou Peninsula, China. 广西科学, 11(3):243-248.
何本茂,童万平,韦蔓新. 2005. 北海湾悬浮颗粒物的分布及其与环境因子间的关系. 广西科学, 12(4):323-326.
何本茂,童万平,韦蔓新. 2005. 不同模式对虾养殖水体中硝酸盐和亚硝酸盐的变化特征及其影响因素. 广西科学, (21): 76-79.
何本茂,韦蔓新. 1986. 北部湾近岸海区磷酸盐的分布变化特征. 南海海洋, (2):33-36.
何本茂,韦蔓新. 1988. 北部湾近岸海域硅酸盐分布变化特征. 海洋湖沼通报, 36(2):59-67.
何本茂,韦蔓新. 2004. 北海湾水体自净能力的探讨. 海洋环境科学, 23(1):16-18.
何本茂,韦蔓新. 2006. 防城湾的环境特征及其水体自净特点分析. 海洋环境科学, 25(增刊1):64-67.
何本茂,韦蔓新. 2009. 北海湾赤潮形成原因及机理. 海洋环境科学, 28(1):62-66.
何斌源,范航清,莫竹承. 2001. 广西英罗港红树林区鱼类多样性研究. 热带海洋学报, 20(4):74-79.
何斌源,赖廷和. 2000. 红树植物桐花树上污损动物群落研究. 广西科学, 7(4):309-312.
何斌源,莫竹承. 1995. 红海榄人工苗光滩造林的生长及胁迫因子研究. 广西科学院学报, 11(3、4):37-42.
黄道建,黄小平. 2007. 海草污染生态学研究进展. 海洋湖沼通报, S1:182-188.
黄晖,练健生,黄小平,等. 2006. 用珊瑚覆盖率作为干扰指标—永兴岛石珊瑚生物多样性研究. 51:108-113.
黄剑坚,刘素青,李际平,等. 2013. 木榄胎生繁殖体产量预测模型. 林业科学, 49(7):163-169.
黄金森,张元林. 1987. 北部湾涠洲岛珊瑚海岸沉积. 热带地貌, 8(2):1-3.
黄小平,黄良民,李颖红,等. 2006. 华南沿海主要海草床及其生境威胁. 科学通报, 52:114-119.
黄小平,黄良民,李颖虹,等. 2007. 中国南海海草研究. 广州:广东经济出版社.
黄宗国. 1994. 中国海洋生物种类与分布. 北京:海洋出版社.
简曙光,唐恬,张志红,等. 2004. 中国银叶树种群及其受威胁原因. 中山大学学报(自然科学版), 43(增刊):91-96.
赖廷和,邱绍芳. 2005. 北海近岸水域浮游植物群落结构及数量周年变化特征. 海洋通报, 24(5):27-32.
黎爱韶,陈清潮. 1991. 南沙群岛海区的水母类I. 水螅水母和钵水母的种类组成及其分布. 见:中国科学院南沙综合科学考察队. 南沙群岛及其临近海区海洋生物研究论文集. 北京:海洋出版社.
黎广钊,梁文,农华琼. 2004. 涠洲岛珊瑚礁生态环境条件初步研究. 广西科学, 11(4):379-384.
李冠南,李琳,杨立英. 1999. 氧化活性炭吸附Cd(II)离子及表面活性剂对其吸附量的影响. 离子交换与吸附, 15(5):468-471.
李明顺,蓝崇钰,陈桂珠,等. 1994. 深圳福田红树林的群落学研究II. 多样性与种群格局. 生态科学, 1:82-86.
李淑,余克服,施祺,等. 2008. 海南岛鹿回头石珊瑚对高温响应行为的实验研究. 热带地理, 28(6).
李树华,黎广钊. 1993. 中国海湾志第十二分册(广西海湾). 北京:海洋出版社.
李晓菊,靖元孝,陈桂珠,等. 2005. 红树林湿地系统污染生态及其净化效果的研究概况. 湿地科学, 3(4):315-320.
李颖虹,黄小平,许战洲,等. 2007. 广西合浦海草床面临的威胁与保护对策. 海洋环境科学, 26(6):587-590.
李元超,黄晖,董志军. 2008. 珊瑚礁生态修复研究进展. 海洋通报, 28(10):5047-5054.
李云,郑德璋,廖宝文,等. 1996. 红树林引种驯化现状和展望. 防护林科技, 28(3):24-27.

李云, 郑德璋, 廖宝文, 等. 1999. 红树植物无瓣海桑引种的初步研究. 红树林主要树种造林与经营技术研究, 北京:科学出版社: 208-214.
梁华. 1998. 澳门红树林植物组成及种群分布格局的研究. 生态科学, 1:25-31.
梁士楚. 2000. 广西红树植物群落特征的初步研究. 广西科学, 7(3):210-216.
梁文, 黎广钊. 2002. 涠洲岛珊瑚礁分布特征与环境保护的初步研究. 环境科学研究. 15(6).
廖宝文, 郑德璋, 郑松发, 等. 1999. 中国红树林湿地造林现状及其展望. 红树林主要树种造林与经营技术研究, 北京:科学出版社: 58-63.
林鹏, 胡继添. 1983. 广西的红树林. 广西植物, 3(2):95-102.
林鹏. 1981. 中国东南部海岸红树林的群落入其分布. 生态学报, 1(3):283-290.
林鹏. 1987. 红树林的种类及其分布. 林业科学, 23(4):481-490.
林鹏. 1990. 我国药用的红树植物. (1980-1989)红树林研究论文集. 厦门:厦门大学出版社: 85-91.
林鹏. 1993. 中国红树林论文集(II)(1990-1992). 厦门:厦门大学出版社: 1-l8.
林鹏. 1997. 中国红树林生态系. 北京: 科学出版社: 36-53.
林秀雁, 卢昌义. 2008. 不同高程对藤壶附着红树幼林的影响. 厦门大学学报(自然科学版), 47(2):253-259
刘定慧, 宫银燕. 2000. 我国的海洋污染防治对策初探. 中国环境管理干部学院学报, 10(2):34-38.
刘国强, 史海燕, 魏春雷, 等. 2008. 广西涠洲岛海域浮游植物和赤潮生物种类组成的初步研究. 海洋通报, 27(3):43-48.
刘敬合, 黎广钊, 农华琼. 1991. 涠洲岛地貌与第四纪地质特征. 广西科学院学报, 7(1):28-36.
刘镜发, 2005. 北仑河口国家级自然保护区的老鼠簕群落. 海洋开发与管理, 41-43.
卢昌义, 林鹏, 叶勇, 等. 1995. 红树林抵御温室效应负影响的生态功能.
马金双. 1997. 中国植物志 第44卷 第3分册. 北京:科学出版社.
马克明, 等. 2001. 生态系统健康评价:方法与方向, 生态学报, 21 (12): 2106-2115
缪绅裕, 陈桂珠, 李海生. 2007. 红树林植物桐花树和白骨壤及其湿地系统. 广州:中山大学出版社.
缪绅裕, 陈桂珠. 1995. 模拟条件下排污对红树林土壤理化特性的影响. 土壤, 27(2):70-73.
莫永杰. 1989. 涠洲岛海岸地貌的发育. 热带地理, 9(3).
莫竹承, 范航清, 何斌源. 1999. 广西红树林资源及其护岸作用生态学与广西区域经济可持续发展学术讨论会论文集. 广西生态学会, 88-91.
莫竹承, 范航清, 何斌源. 2001. 海水盐度对两种红树植物胚轴萌发的影响. 植物生态学报, 25(2):235-239.
莫竹承, 范航清, 何斌源. 2001. 木榄母树下2种红树植物幼苗生长特征研究. 广西科学,8(3):218-222.
宁平, 彭金辉, 高建培. 1999. 微波法制取锯末活性炭及其吸附 Cr^{6+} 性能的研究. 上海环境科学, 18(2):80-82.
宁世江, 蒋运生, 邓泽龙, 等. 1996. 广西龙门岛群桐花树天然林生物量的初步研究. 植物生态学报, 20(1): 57-64.
齐钟彦, 等. 1985. 中国动物图谱软体动物第四册. 北京:科学出版社.
钱树本, 刘东艳, 孙军. 2005. 海藻学. 青岛:中国海洋大学出版社.
乔方利, 马德毅, 朱明远, 等. 2008. 2008年黄海浒苔爆发的基本状况与科学应对措施. 海洋科学进展, 26(3):409-410.
秦仁昌, 邢公侠.1990.中国植物志, 北京:科学出版社.
裘丽, 李振基. 2004. 建宁县农业发展转型期的景观格局分析. 复旦学报(自然科学版), 43(6):1001-1009.

沈嘉瑞, 等. 1964. 中国动物图谱(甲壳动物, 第二分册). 北京:科学出版社.

沈嘉瑞, 等. 1985. 中国动物图谱(甲壳动物, 第一分册). 北京:科学出版社.

沈嘉瑞, 李茯香. 1963. 广东鉴江口与湛江港的桡足类. 动物学报, 15(4):571-596.

石太宏, 方建章, 王松平, 等. 1999. 活性炭吸附 Zn(Ⅱ)的热力学与机理研究. 水处理技术, 25(2):103-107.

孙丕喜, 王宗灵, 战闰, 等. 2005. 胶州湾海水中无机氮的分布与富营养化研究. 海洋科学进展, 23(4):466-471.

孙祥钟. 1992.中国植物志. 北京:科学出版社.

王桂芳, 包明峰, 韩泽志. 2004 等. 活性炭对水中重金属离子去除效果的研究. 环境保护科学, 30(122):26-29.

王国忠, 全松青, 吕炳全. 1991. 南海涠洲岛区现代沉积环境和沉积作用演化. 海洋地质与第四纪地质. 11(1).

王国忠. 2001. 南海珊瑚礁区沉积学. 北京:海洋出版社.

王树功, 黎夏, 刘凯, 周永章, 等. 1958. 近 20 年来淇澳岛红树林湿地景观格局分析. 地理与地理信息科学, 2005, 21(2):53-57.

王以康. 1996. 鱼类分类学. 北京:科学卫生出版社.

王雨, 雷安平, 谭凤仪, 等. 2007. 深圳福田红树林区浮游藻类时空分布的研究. 厦门大学学报(自然科学版), 46(Sup. 1):176-180.

韦蔓新, 何本茂, 童万平. 2006. 广西南流江口海域盐度的锋面特征及其与环境因子的关系. 台湾海峡, 25(4):526-532.

韦蔓新, 何本茂. 1988. 北部湾北部沿海硝酸盐含量分布的初步探讨. 海洋科学, 5(4):46-52.

韦蔓新, 何本茂. 1989. 广西钦州近岸水域环境质量现状与防治对策初探. 广西科学院学报, 5(2):75-79.

韦蔓新, 何本茂. 2004. 钦州湾近 20a 来水环境指标的变化趋势, Ⅲ微量重金属的含量分布及其来源分析. 海洋环境科学, 23(1):29-32.

韦蔓新, 何本茂. 2006. 钦州湾近 20a 来水环境指标变化趋势Ⅳ有机污染物(COD)的含量变化及其补充、消减途径. 海洋环境科学, 25(4):48-51.

韦蔓新, 何本茂. 2008. 钦州湾近 20a 来水环境指标的变化趋势Ⅴ浮游植物生物量的分布及其影响因素. 海洋环境科学, 27(3):253-257.

韦蔓新, 何本茂. 2009. 钦州湾近 20a 来水环境指标的变化趋势Ⅵ溶解氧的含量变化及其在生态环境可持续发展中的作用. 海洋环境科学, 28(4):403-409.

韦蔓新, 童万平, 何本茂, 等. 2000. 北海湾各种形态氮的分布及其影响因素. 热带海洋, 19(3):59-66.

韦蔓新, 童万平, 何本茂, 等. 2000. 北海湾无机氮的分布及其与环境因子的关系. 海洋环境科学, 19(2):25-29.

韦蔓新, 童万平, 何本茂, 等. 2000. 北海湾无机磷和溶解氧的空间分布及其相互关系研究. 海洋通报, 19(4):29-35.

韦蔓新, 童万平, 何本茂, 等. 2001. 北海湾海水中溶解性 Si 的地球化学特征. 海洋环境科学, 20(4):26-29.

韦蔓新, 童万平, 何本茂, 等. 2001. 北海湾磷的化学形态及其分布转化规律. 海洋科学, 25(2):50-53.

温远光, 1999. 广西英罗港 5 种红树植物群落的生物量和生产力. 广西科学, 6(2):142-147.

吴敏兰, 方志亮. 2005. 米草与外来生物入侵. 福建水产, 3(1):56-59.

吴之庆, 王萍. 1995. 总有机碳(TOC)测定及在环境监测中的应用. 海洋环境科学, 14(1):44-49.

伍淑婕, 梁士楚. 2008. 广西红树林湿地资源非使用价值评估. 海洋开发与管理, 25(2): 23-28.

夏化永, 古万才. 2000. 广西沿海海洋站观测海水温度的统计分析. 海洋通报. 19(4).
向平, 杨志伟, 林鹏. 2006. 人工红树林幼林藤壶危害及防治研究进展. 应用生态学报, 17(8):1526-1529.
辛琨, 刘和忠, 丁萍. 2005. 海南省生态旅游价值估算研究. 海南师范学院学报(自然科学版), 18(1):81-83.
辛琨, 赵广孺, 孙娟, 等. 2005. 红树林土壤吸附重金属生态功能价值估算——以海南省东寨港红树林为例. 生态学杂志, 24(2):206-208.
徐国万, 卓荣宗. 1985. 我国引种互花米草的初步研究. 南京大学学报, (米草研究的进展——22年来的研究成果论文集):212-225.
徐宗焕, 方柏州, 陈家金, 等. 2007. 福建漳江口红树林生长与气象条件的关系. 农业工程科学, 23(8):532-535.
许会敏, 叶蝉, 张冰, 等. 2010. 湛江特呈岛红树林植物群落的结构和动态特征. 生态环境学报, 19(4):864-869.
杨德渐, 孙瑞平. 1988. 中国近海多毛环节动物. 北京:农业出版社.
杨世民, 董树刚. 2006. 中国海域常见浮游硅藻图谱. 青岛:中国海洋大学出版社.
杨秀兰, 张秀珍, 杨建敏, 等. 2005. 用浮游硅藻抑制浒苔生长. 齐鲁渔业, 25(8):39-40.
杨宗岱, 吴宝玲. 1981. 中国海草床的分布、生产力及其结构与功能的初步探讨. 生态学报, 1(1):84-89.
杨宗岱. 1979. 中国海草植物地理学的研究. 海洋湖沼通报, 2:41-46.
叶勇, 卢昌义, 郑逢中, 等. 2004. 模拟海平面上升对红树植物秋茄的影响. 生态学报, 24(10):2238-2244.
尹健强, 陈清潮. 1991. 南沙群岛海区的浮游介形类(1984-1988). 见: 中国科学院南沙综合科学考察队. 南沙群岛及其临近海区海洋生物研究论文集. 北京:海洋出版社.
尹毅, 林鹏. 1993. 红海榄红树林的氮、磷积累和生物循环. 生态学报, 13(3):221-227.
尹毅, 林鹏. 1992. 广西英罗湾红海榄群落凋落物研究. 广西植物, 12(4): 359-363
于登攀, 邹仁林. 1996. 鹿回头岸礁造礁石珊瑚物种多样性的研究. 生态学报. 16(5):469-475.
余克服, 蒋明星, 程志强, 等. 2004. 涠洲岛42年来海面温度变化及其对珊瑚礁的影响. 应用生态学报. 15(3):506-510.
昝启杰, 王勇军, 廖宝文, 等. 2001. 无瓣海桑、海桑人工林的生物量及生产力研究. 武汉植物学研究, 19(5):391-396.
曾昭璇, 梁景芬, 丘世钧. 1997. 中国珊瑚礁地貌研究. 广州:广东人民出版社.
张谷贤, 陈清潮. 1991. 南沙群岛海区春夏期间的毛颚类. 见: 中国科学院南沙综合科学考察队. 南沙群岛及其临近海区海洋生物研究论文集. 北京:海洋出版社.
张鹤, 黄尤优, 胥晓. 2008. 墨尔多山自然保护区植被景观的斑块特征. 西华师范大学学报(自然科学版), 29(3):243-248.
张宏达, 张超常, 王伯荪. 1957. 雷州半岛的红树植物群落. 中山大学学报(自然科学版), 1:122-145.
张乔民, 宋朝景, 温孝胜,等, 1996. 红树林潮滩沉积速率测量研究. 热带海洋, 15(4):57-62.
张娆挺, 林鹏. 1984. 中国海岸红树植物区系研究, 厦门大学学报(自然科学版), 23(2):232-239.
张汝国, 宋建阳. 1996. 珠江口红树林氮磷的累积和循环研究. 广州师院学报(自然科学版), 60-67, 78.
赵焕庭, 张乔民等, 1999. 华南海岸和南海诸岛地貌与环境, 北京:科学出版社.
赵美霞, 余克服, 张乔民, 等. 2008. 三亚鹿回头石珊瑚物种多样性的空间分布. 生态学报. 28(4):0241-8241.
赵志模, 郭依泉. 1990. 群落生态学原理与方法. 重庆:科学技术文献出版社重庆分社. 科学通报. 第51卷, 增刊Ⅱ:108-113.

郑文教, 连玉武, 郑逢中. 1962. 林鹏. 1996. 广西英罗湾红海榄林重金属元素的累积及动态. 植物生态学报, 20(1): 20-27.

郑文教, 连玉武. 1996. 广西英罗湾红海榄林重金属元素的累积及动态. 植物生态学报, 20(1)20-27.

郑耀辉, 王树功. 2008. 红树林湿地生态系统服务功能价值定量化方法研究. 中山大学研究生学刊(自然科学与医学版), 29(2): 73-83

中国科学院动物研究所等. 南海鱼类志. 北京:科学出版社.

中国科学院资源环境科学与技术局, 等. 2008. 科学研究动态监测快报. 第9期.

钟晓青, 蓝崇义, 李明顺, 等. 1996. 福田红树林桐花树和秋茄的生长过程研究. 中山大学学报(自然科学版), 35(4):80-85.

周放, 等, 2004. 十万大山地区野生动物研究与保护. 北京:中国林业出版社.

周放, 等, 2010. 中国红树林区鸟类, 北京:科学出版社.

周放, 房慧伶, 张红星, 等. 2002. 广西沿海红树林区的水鸟. 广西农业生物科学, 21(3):145-150.

周放, 等. 2010. 中国红树林区鸟类. 北京:科学出版社.

周凤霞, 陈剑虹. 2005. 淡水微型生物图谱. 北京:化学工业出版社.

周惠文, 况雪原, 金龙, 等. 2007. 引起广西大风的台风特征分析. 气象研究与应用, 28(增刊1):60-70, 105.

周启星, 孔繁翔, 朱琳. 2004. 生态毒理学. 北京:科学出版社.

周伟划, 袁翔城, 霍文毅, 等. 2004. 长江口邻域叶绿素a和初级生产力的分布. 海洋学报, 26(3):143-151.

朱元鼎. 1984-1985. 福建鱼类志(上、下). 福州:福建科学出版社.

邹仁林. 1991. 中国珊瑚礁的现状与保护对策. 见: 中国科学院生物多样性委员会等. 生物多样性研究进展. 北京:中国科学技术出版社: 281-290.

Bart B, Ward G A. 2005. Net environmental benefit analysis (neba) of dispersed oil on nearshore tropical ecosystems derived from the 20 year "tropics" field study. International oil spill conference.

Boese B L. 2002. Effects of recreational clam harvesting on eelgrass (*Zostera marina*) and associated infaunal invertebrates: in situ manipulative experiments. Aquatic Botany, 73: 63-74.

Cabaço S, Alexandre A, Santos R. 2005. Population-level effects of clam harvesting on the seagrass *Zostera noltii*. Marine Ecology-Progress Series, 298:123-129.

Chen J C. 1983. The in-time distribution of surface currents in offshore areas of China in winter. Tropic Oceanology, 2(2): 98-101.

Clarke S, Edwards A J. 1994. The use of artificial reef structures to rehabilitate reef flats degraded by coralmining in the maldives. Bull mar Sci, 55 (2-3): 724-744.

Clerck O D, Coppejans E. 1994. Status of the macroalgae and seagrass vegetation after the 1991 Gulf War oil spill. Courier Forsch-Inst Senckenberg, 166: 18-21.

Conchon G, Sachez J M. 2005. Variations of Seagrass Beds in Pontevedra (North-Western Spain): 1947-2001. Thalassas, 21:9-19.

Costanza R. 1992. Toward an operational of ecosystem health. *In*: Costanza R, Norton B G, Haskell B D. Ecosystem health: New Goals for EnvironmentalManagement. Washington D C: Island Press: 239-256.

Costanza R. 1998. The value of ecosystem services. Ecological Economics, 25(1):1-2.

Dawes C J, Hanisak D, Kenworthy W J. 1995. Seagrass Biodiversity in the Indian-River Lagoon. Bulletin of Marine Science, 57:59-66.

Duarte C M. 1991. Allometric Scaling of Seagrass Form and Productivity. Marine Ecology-Progress Series, 77: 289-300.

Edwards, Clark S. 1999. Coral Transplantation: A Useful management tool or misguided meddling. Marine Pollution Bulletin, 37: 474-487.

Gonzalez-Correa J M, Bayle J T, Sanchez-Lizasa J L, et al. 2005. Recovery of deep *Posidonia oceanica* meadows degraded by trawling. Journal of Experimental Marine Biology and Ecology, 320: 65-76.

Hatcher A I, Larkum A W D. 1982. The effects of short term exposure to Bass Strait crude oil and Corexit 8667 on benthic community metabolism in Posidonia australis Hook. dominated microcosms. Aquatic Botany, 12: 219-227.

Hosack G, Dumbauld B, Ruesink J, et al. 2006. Habitat associations of estuarine species: Comparisons of intertidal mudflat, seagrass (*Zostera marina*), and oyster (*Crassostrea gigas*) habitats. Oecologia, 29: 1150-1160.

Howard S, Baker J, Hiscock K. 1989. The effects of oil and dispersants on seagrasses in milford Haven. *In*: Dicks B. Ecological Impacts of the Oil Industry. Chichester: John Wiley, Sons Ltd: 61-98.

Huang X P, Huang L M, Li Y H, et al. 2006. Main seagrass beds and threats to their habitats in the coastal sea of South China. Chinese Science Bulletin, 51(Supplement): 136-142.

Huang X P, Huang L, Li Y H, et al. 2006. The main seagrass beds and their threats in South China coastal. Chinese Science Bulletin, 52: 114-119.

Iverson R L, Bittaker H F. 1986. Seagrass Distribution and Abundance in Eastern Gulf of Mexico Coastal Waters. Estuarine Coastal and Shelf Science, 22:577-602.

Jackson J, Cubit J, Keller B, et al. 1989. Ecological effects of a major oil spill on Panamanian coastal marine communities. Science(Washington), 243:37-37.

Jacobs P W. 1980. Effects of the amoco cadiz oil spill on the seagrass community at Roscoff, with special reference to the benthic in fauna. Marine Ecological. Progress Series, 2: 207-212.

Jen V, Smith M S. 2000. Corals of the World. Cape Ferguson: Australian Institute of Marine Science.

Larkum A W D, Orth R J, Duarte C M. 2006. Seagrasses: Biology, Ecology and Conservation. T he Netherlands:Springer Dordrecht.

Lazar A C, Dawes C J. 1991. A Seasonal Study of the Seagrass *Ruppia-Maritima* L in Tampa Bay, Florida - Organic Constitutents and Tolerances to Salinity and Temperature. Botanica Marina ,34: 265-269.

Leach J H. 1995. Non-indigenous species in the Great Lake: Were colonization and damage to ecosystem health predictable? Journal of Aquatic Ecosystem Health, 4 (2): 7-128

Magurran A E. 1988. Ecological Diversity and Its measurement. Princeton. New Jeresey: Princeton Univ Pres: 61-81.

Maragos J E, Crosby M P, Mcmanus J W. 1996. Coral reefs and biodiversity: A critical and threatened relationship. Oceanography, 9 (1): 83-99.

Marbà N, Duarte C M. 1998. Rhizome elongation and seagrass clonal growth. Marine Ecology-Progress Series ,174:269-280.

Marba N, Santiago R , Dıaz-Almela E, et al. 2006. Seagrass (Posidonia oceanica) vertical growth as an early indicator of fish farm-derived stress. Estuarine Coastal and Shelf Science, 67: 475-483.

Montefalcone M, Parravicini V, Vacchi M, et al. 2010. Human influence on seagrass habitat fragmentation in NW Mediterranean Sea. Estuarine, Coastal and Shelf Science, 86: 292-298.

Montefalconem. 2009. Ecosystem health assessment using the mediterranean seagrass *Posidonia oceanica*: A review. Ecological Indicators, 9: 595-604.

Murphy L R, Kinsey S T, Durako M J. 2003. Physiological effects of short-term salinity changes on *Ruppia maritima*. Aquatic Botany ,75:293-309.

Omori M, Fujiwara S. 2004. Manual for restoration and remediation of coral reefs. Nature Conservation Bureau, Ministry of Environment: 1-84.

Perezm G T, Invers O, Ruiz J M. 2008. Physiological responses of the seagrass *Posidonia oceanica* as indicators of fish farm impact. Marine Pollution Bulletin, 56: 869-879.

Phillips R. 1960. Observations on the ecology and distribution of the Florida seagrasses. Professional papers series, Florida state board of conservation.

Poovachiranon S, Chansang H. Community Structure and Biomass of Seagrass Beds in the Andaman Sea. I. mangrove-Associated Seagrass Beds. 15.

Putman R J, Wratten S D. 1984. Principles of Ecology. London and Canberra: Croom Helm Australia Pty Ltd: 320-337.

Ralph P J, Burchettm D. 1998. Impact of petrochemicals on the photosynthesis of *Halophila ovalis* using chlorophyll fluorescence. Marine Pollution Bulletin, 36: 429-436.

Rapport D J, Costanza R, Mcmichael A J. 1998. Assessing ecosystem health. Trend in Ecology & Evaluation, 13 (19): 397

Rapport D J. 1989. What constitute ecosystem health. Perspective in Biology and medicine, 33: 1120-132.

Roger C S. 1990. Review: Responses of coral reefs and reef organisms to sedimentation. mar. Ecol Prog Ser, 62: 185-202.

Ryder R A. 1990. Ecosystem health, a human perception: Definition, detection, and the dichotomous key. Journal of Great Lakes Research, 16 (4): 619-624.

Short F T, Wyllie-Echeverria S. 1996. Natural and human-induced disturbance of seagrasses. Environmental Conservation , 23: 17-27.

Short F, Coles R, Short C. 2001. Global seagrass research methods. Amsterdam:Elsevier.

Suter G W. 1993. Critique of ecosystem health concepts and indexes. Environmental Toxicology and Chemistry, 12 (9): 1533-1539.

Vallentyne J R, Munawarm. 1993. From aquatic science to ecosystem health: A philosophical perspective. Journal of Aquatic Ecosystem Health, 2 (4): 231- 235.

Wicklum D, Davies R W. 1995. Ecosystem health and integrity? Canadian Journal of Botany, 73 (17): 997-1000.

Yang D T, Yang C Y. 2009. Detection of Seagrass Distribution Changes from 1991 to 2006 in Xincun Bay, Hainan, with Satelite Remote Sensing. Sensors, 9 (2): 830-844.

Zieman J C, Orth R, Phillips R C, et al. 1984. The effects of oil on seagrass ecosystems. *In*: Cairns J, Buikema A L. Restoration of Habitats Impacted by Oil Spills. Butterworth, Boston: 37-64.

Zieman J. 1982. The ecology of the seagrasses of south Florida: A community profile. US Fish and Wildlife Service, office of Biological Services, Washington, FWS/OBS-82/25, p. 123pp.

Zou R L, Zhang Y L, Xie Y K. 1988. An Ecological Study of Reef Corals around Weizhou Island. Proc. on marine Biology of the South: China Sea Beijing: China Ocean Press.

附录　广西北部湾物种名录

一、红树林种类名录

卤蕨科	Acrostichaceae	卤蕨	*Acrostichum aureurm*
		尖瓣卤蕨	*A. speciosum*
红树科	Rhizophorsceae	木榄	*Bruguirea gymnorrhiza*
		秋茄	*Kandelia obovata*
		红海榄	*Rhizophora stylosa*
		角果木	*Ceriops tagal*
爵床科	Acanthaceae	老鼠簕	*Acanthus ilicifolius*
使君子科	Combretaceae	榄李	*Lumnitzera racemosa*
大戟科	Euphorbiaceae	海漆	*Excoecaria agallocha*
紫金牛科	Myrsinaceae	桐花树	*Aegiceras corniculatum*
梧桐科	Sterculiaceae	银叶树	*Heritiera littoralis*
马鞭草科	Verbenaceae	白骨壤	*Avicennia marina*
夹竹桃科	Apocynaceae	海芒果	*Cerbera manghas*
锦葵科	Malvaceae	黄槿	*Hibiscus tiliscus*
		杨叶肖槿	*Thespesia populnea*

二、珊瑚种类名录

铁星珊瑚科	假铁星珊瑚属	假铁星珊瑚	*Pseudosiderastrea* sp.
	沙珊瑚属	毗邻沙珊瑚	*Psammocora contigua*
		深室沙珊瑚	*Psammocora profundacella*
		沙珊瑚	*Psammocora* sp.
鹿角珊瑚科	鹿角珊瑚属	隆起鹿角珊瑚	*Acropora tumida*
		鹿角珊瑚1	*Acropora* sp1.
		鹿角珊瑚2	*Acropora* sp2.
		鹿角珊瑚3	*Acropora* sp3.
		鹿角珊瑚4	*Acropora* sp4.
		佳丽鹿角珊瑚	*Acropora pulchra*
		匍匐鹿角珊瑚	*Acropora prostrata*
		多孔鹿角珊瑚	*Acropora millepora*
		宽片鹿角珊瑚	*Acropora lutkeni*
		粗野鹿角珊瑚	*Acropora hunilis*
		美丽鹿角珊瑚	*Acropora formosa*
		浪花鹿角珊瑚	*Acropora cythesea*
		松枝鹿角珊瑚	*Acorpora brueggemanni*
		霜鹿角珊瑚	*Acropora pruinosa*
		伞房鹿角珊瑚	*Acropora corymbosa*
		狭片鹿角珊瑚	*Acorpora haimei*
		花鹿角珊瑚	*Acorpora florida*
		粗野鹿角珊瑚	*Acorpora humilis*

	蔷薇珊瑚属	蔷薇珊瑚	*Montipora* sp.
		单星蔷薇珊瑚	*Montipora monasteriata*
		变形蔷薇珊瑚	*Montipora informlis*
		叶状蔷薇珊瑚	*Montipora foliosa*
		繁锦蔷薇珊瑚	*Montipora efflorescens*
		指状蔷薇珊瑚	*Montipora digitata*
		鬃刺蔷薇珊瑚	*Montipora hispida*
		浅窝蔷薇珊瑚	*Montipora faveolata*
		膨胀蔷薇珊瑚	*Montipora turgescens*
	星孔珊瑚属	多星孔珊瑚	*Astreopora myriophthalma*
	假鹿角珊瑚属	尖锥假鹿角珊瑚	*Anacropora tapera*
菌珊瑚科	牡丹珊瑚属	叶形牡丹珊瑚	*Pavona frondifera*
		十字牡丹珊瑚	*Pavona decussata*
		易变牡丹珊瑚	*Pavana varians*
		小牡丹珊瑚	*Pavana minuta*
		牡丹珊瑚	*Pavona* sp.
	厚丝珊瑚属	标准厚丝珊瑚	*Pachyseris speciosa*
滨珊瑚科	滨珊瑚属	滨珊瑚	*Porites* sp.
		澄黄滨珊瑚	*Porites lutea*
		扁枝滨珊瑚	*Porites andrewsi*
		普哥滨珊瑚	*Porites pukoensis*
	角孔珊瑚属	斯氏角孔珊瑚	*Goniopora stutchburyi*
		二异角孔珊瑚	*Goniopora duofasciata*
		柱角孔珊瑚	*Goniopora columna*
		大角孔珊瑚	*Goniopora djiboutiensi*
		角孔珊瑚	*Goniopora* sp.
木珊瑚科	陀螺珊瑚属	小星陀螺珊瑚	*Turbinaria stellulata*
		陀螺珊瑚	*Turbinaria* sp.
		叶状陀螺珊瑚	*Turbinaria foliosa*
		优雅陀螺珊瑚	*Turbinaria elegans*
		盾形陀螺珊瑚	*Tubinaria peltata*
		波形陀螺珊瑚	*Tubinaria undata*
		不规则陀螺珊瑚	*Tubinaria itrregularis*
		复叶陀螺珊瑚	*Tubinaria frondens*
		小星陀螺珊瑚	*Tubinaria stellulata*
		皱折陀螺珊瑚	*Tubinaria mesenterina*
		漏斗陀螺珊瑚	*Tubinaria crater*
枇杷珊瑚科	盔形珊瑚属	丛生盔形珊瑚	*Galaxea fascicularis*
		稀杯盔形珊瑚	*Galaxea astreata*
裸肋珊瑚科	刺柄珊瑚属	刺柄珊瑚	*Hydnophora* sp.
		腐蚀刺柄珊瑚	*Hydnophora exesa*
	裸肋珊瑚属	阔裸肋珊瑚	*Merulina ampliata*
蜂巢珊瑚科	蜂巢珊瑚属	黄癣蜂巢珊瑚	*Favia favus*
		帛琉蜂巢珊瑚	*Favia palauensis*
		蜂巢珊瑚	*Favia* sp.
		标准蜂巢珊瑚	*Favia speciosa*
		翘齿蜂巢珊瑚	*Favia matthaii*
		罗图马蜂巢珊瑚	*Favia rotumana*
	角蜂巢珊瑚属	多弯角蜂巢珊瑚	*Favites flexuosa*
		秘密角蜂巢珊瑚	*Favites abdita*

		海孔角蜂巢珊瑚	*Favites halicora*
		五边角蜂巢珊瑚	*Favites penagona*
		角蜂巢珊瑚	*Favites* sp.
	扁脑珊瑚属	中华扁脑珊瑚	*Platygyra sinensis*
		交替扁脑珊瑚	*Platygyra daedalea*
		精巧扁脑珊瑚	*Platygyra crosslandi*
		扁脑珊瑚1	*Platygyra* sp1.
		扁脑珊瑚2	*Platygyra* sp2.
	菊花珊瑚属	菊花珊瑚	*Goniastrea* sp.
		粗糙菊花珊瑚	*Goniastrea aspera*
		网状菊花珊瑚	*Goniastrea retiformis*
		少片菊花珊瑚	*Goniastrea yamanarii*
		菊花珊瑚	*Goniastrea* sp.
	圆菊珊瑚属	曲圆菊珊瑚	*Montastrea curta*
	刺星珊瑚属	刺星珊瑚	*Cyphastrea* sp.
		锯齿刺星珊瑚	*Cyphastrea serailia*
	同星珊瑚属	多孔同星珊瑚	*Plesiastrea versipora*
	双星珊瑚属	同双星珊瑚	*Diploastrea heliopora*
	小星珊瑚属	紫小星珊瑚	*Leptastrea purpurea*
		横小星珊瑚	*Leptastrea transversa*
	刺孔珊瑚属	薄片刺孔珊瑚	*Echinopora lamellosa*
		宝石刺孔珊瑚	*Echinopora gemmacea*
		刺孔珊瑚	*Echinopora* sp.
梳状珊瑚科	刺叶珊瑚属	刺叶珊瑚	*Echinophyllia* sp.
		粗糙刺叶珊瑚	*Echinophyllia aspera*
杯形珊瑚科	杯形珊瑚属	杯形珊瑚	*Pocillopora* sp.
石芝珊瑚科柱状珊瑚属		柱状珊瑚	*Stylophora* sp.
	足柄珊瑚属	壳形足柄珊瑚	*Podabacia crustacea*
	帽状珊瑚属	小帽状珊瑚	*Halomitra pileus*
裸肋珊瑚科裸肋珊瑚属		裸肋珊瑚	*Merulina* sp.
	刺柄珊瑚属	腐蚀刺柄珊瑚	*Hydnophora exesa*
褶叶珊瑚科合叶珊瑚属		菌状合叶珊瑚	*Symphyllia agaricia*
		蓟珊瑚	*Scolymia* sp.
	叶状珊瑚属	肋叶状珊瑚	*Lobophyllia costata*
		赫氏叶状珊瑚	*Lobophyllia hemprichii*
		叶状珊瑚1	*Lobophyllia* sp1.
		叶状珊瑚2	*Lobophyllia* sp2.
	棘星珊瑚属	棘星珊瑚	*Acanthastrea* sp.
		棘星珊瑚	*Acanthastrea echinata*

三、海草种类名录

大叶藻科	矮大叶藻	*Zostera japonica*
海神草科	二药藻	*Halodule uninervis*
	羽叶二药藻	*Halodule pinifolia*
	针叶藻	*Syringodium isoetifolium*
水鳖科	（卵叶）喜盐草	*Halophila ovalis*
	贝克喜盐草	*Halophila beccarii*
	小喜盐草	*Halophila minor*
眼子菜科	流苏藻	*Ruppia maritime*

图 版

I 正文彩图

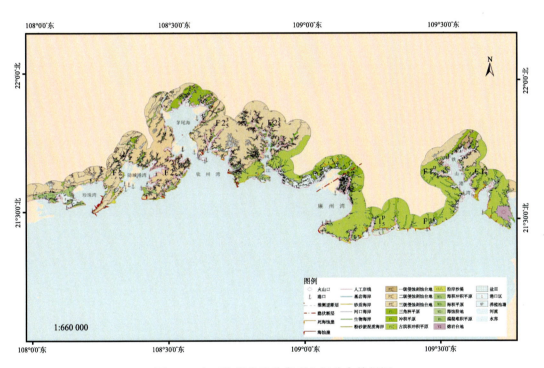

图 1-1 广西海岸带地貌类型空间分布特征图

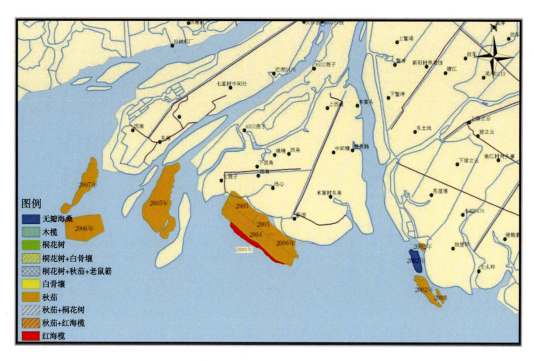

图 4-8　茅尾海（2002~2007 年）人工红树林分布图

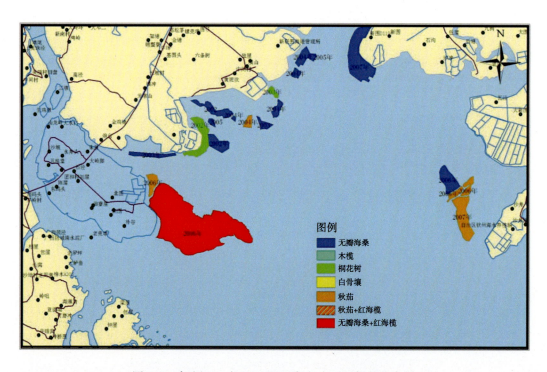

图 4-9　南流江口（2002~2007 年）人工红树林分布图

图 4-19 柳珊瑚（左）、软珊瑚（中）和群体海葵（右）

图 6-5 珊瑚病害
珊瑚白化死亡（盔形珊瑚）（左上）、珊瑚白化病（右上）、珊瑚侵蚀病
（角孔珊瑚）和珊瑚白带病（盔形珊瑚）（右下）

图 6-6 核果螺（左上）、贝类侵蚀（中上、右上）、藻类附着（左下）和长棘海胆（右下）

II 滨海湿地分布图

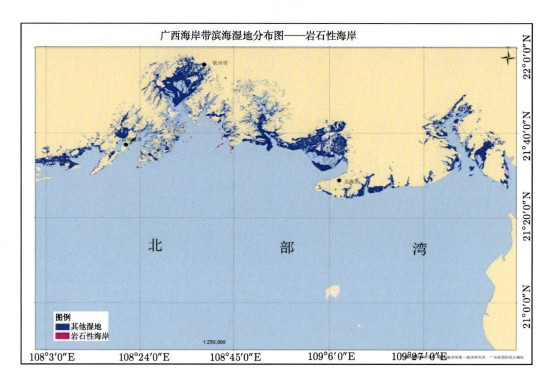

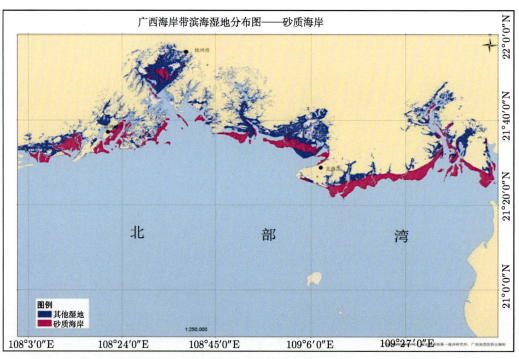

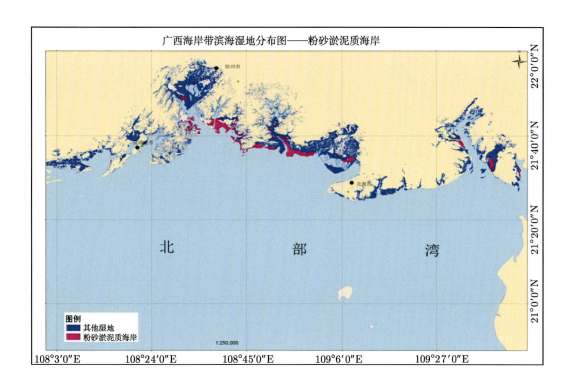

广西海岸带滨海湿地分布图——粉砂淤泥质海岸

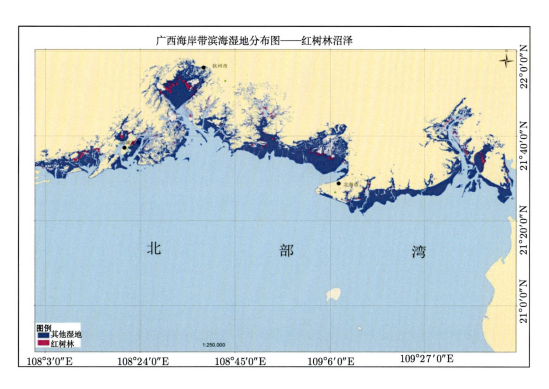

广西海岸带滨海湿地分布图——红树林沼泽

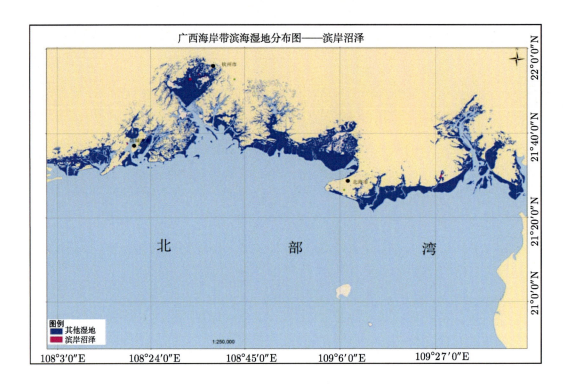

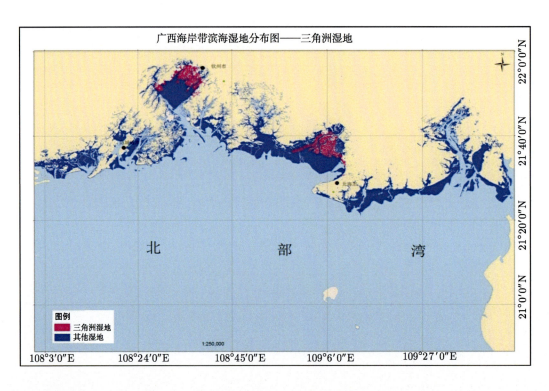

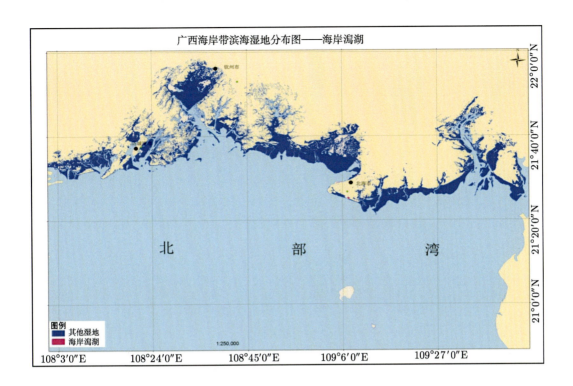

广西海岸带滨海湿地分布图——海岸潟湖

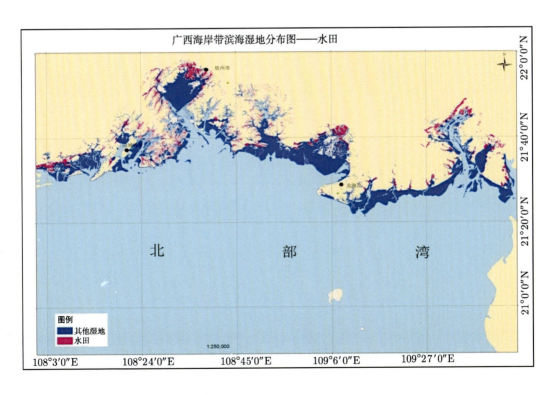

广西海岸带滨海湿地分布图——水田

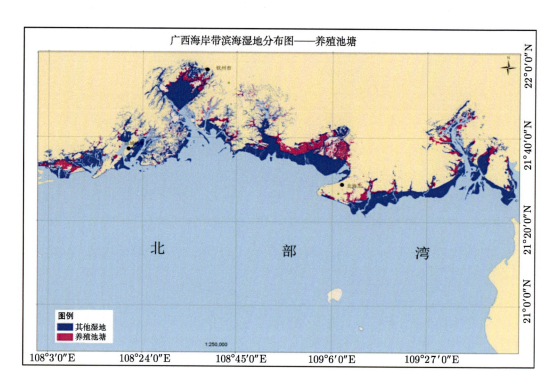

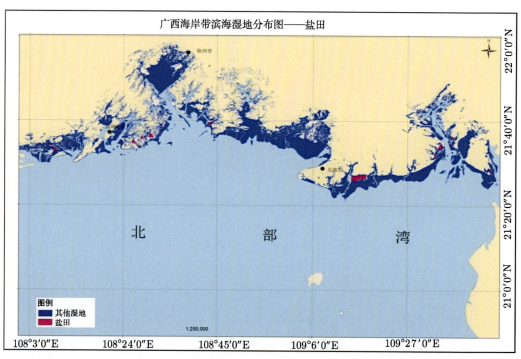

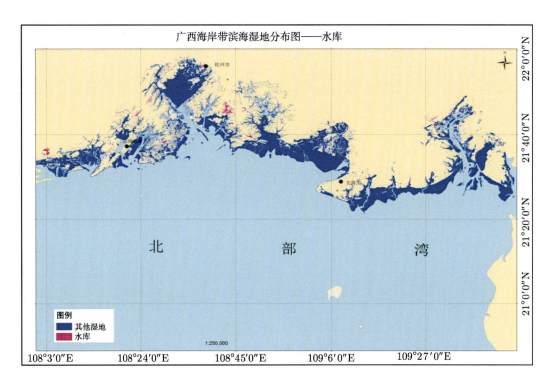

III 红树种类

白骨壤 *Avicennia marina*

海芒果 *Cerbera manghas*

海漆 *Excoecaria agallocha*

红海榄 *Rhizophora stylosa*

榄李 *Lumnitzera racemosa*

黄槿 *Hibiscus tiliscus*

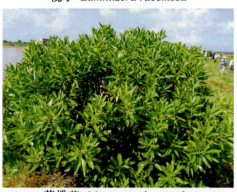
苦槛蓝 *Myoporum bontioides*

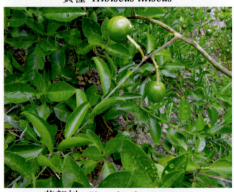
苦郎树 *Clerodendrum inerme*

阔苞菊 *Pluchea indica*

老鼠簕 *Acanthus ilicifolius*

卤蕨 *Acrostichum aureurm*

露兜树 *Pandanus tectorius*

木榄 *Bruguiera gymnorrhiza*

秋茄 *Kandelia obovata*

水黄皮 *Pongamia pinnata*

桐花树 *Aegiceras corniculatum*

无瓣海桑 *Sonneratia apetala*

杨叶肖槿 *Thespesia populnea*

银叶树 *Heritiera littoralis*

IV 珊瑚礁种类

粗野鹿角珊瑚 *Acropora humilis*

多孔鹿角珊瑚 *Acropora millepora*

浪花鹿角珊瑚 *Acropora cytherea*

美丽鹿角珊瑚 *Acropora formosa*

霜鹿角珊瑚 *Acropora pruinosa*

松枝鹿角珊瑚 *Aropora brueggemanni*

标准蜂巢珊瑚 *Favia speciosa*

帛琉蜂巢珊瑚 *Favia palauensis*

翘齿蜂巢珊瑚 *Favia matthaii*

海孔角蜂巢珊瑚 *Favites halicora*

秘密角蜂巢珊瑚 *Favites abdita*

多孔同星珊瑚 *Plesiastrea versipora*

扁脑珊瑚 *Platygyra* sp.

澄黄滨珊瑚 *Porites lutea*

紫小星珊瑚 *Leptastrea purpurea*

宝石刺孔珊瑚 *Echinopora gemmacea*

锯齿刺星珊瑚 *Cyphastrea serailia*

粗糙刺叶珊瑚 *Echinophyllia aspera*

繁锦蔷薇珊瑚 *Montapora peltiformis*

膨胀蔷薇珊瑚 *Montapora turgescens*

壳形足柄珊瑚 *Podabacia crustacea*

阔裸肋珊瑚 *Merulina ampliata*

同双星珊瑚 *Diploastrea heliopora*

稀杯盔形珊瑚 *Galaxea astreata*

丛生盔形珊瑚 *Galaxea fascicoularis*

二异角孔珊瑚 *Goniopora duofasciata*

斯氏角孔珊瑚 *Goniopora stutchburyi*

柱角孔珊瑚 *Goniopora columna*

盾形陀螺珊瑚 *Turbinaria peltata*

复叶陀螺珊瑚 *Turbinaria frondens*

十字牡丹珊瑚 *Pavona decussata*

叶形牡丹珊瑚 *Pavona frondifera*

V 海草种类

喜盐草 *Halophila ovalis*

贝克喜盐草 *Halophila beccarii*

矮大叶藻 *Zostera japonica*

二药藻 *Halodule univervise*

羽叶二药藻 *Halodule pinifolia*

小喜盐草 *Halophila minor*

川蔓藻 *Ruppia maritima*

针叶藻 *Syringodium isoetifolium*

VI 工作照

红树林面积修测

红树林光合作用测量

红树林植株测量

红树林油污调查

珊瑚礁调查

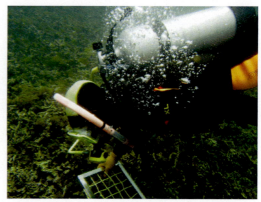
珊瑚礁调查

珊瑚礁调查

珊瑚礁调查

浮游生物调查

浮游生物调查

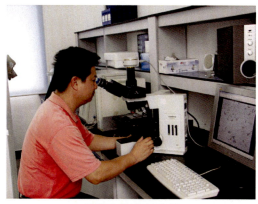
浮游生物样品分析

浮游生物样品处理

滨海湿地调查

滨海湿地调查

滨海湿地调查

滨海湿地调查